结晶学与矿物学基础

赵建刚 王娟鹃 孙舒东 编著

JIEJINGXUE YU
KUANGWUXUE JICHU

参编学校
上海建桥学院
金陵科技学院
河南广播电视大学
北京经济管理职业学院
揭阳职业技术学院
番禺职业技术学院
海南职业技术学院

中国地质大学出版社

图书在版编目(CIP)数据

结晶学与矿物学基础/赵建刚,王娟鹃,孙舒东编著. —武汉:中国地质大学出版社,2009.4(2021.10 重印)

ISBN 978-7-5625-2329-1

Ⅰ.结…

Ⅱ.①赵…②王…③孙…

Ⅲ.①晶体学-高等学校-教材 ②矿物学-高等学校-教材

Ⅳ.O7;P57

中国版本图书馆 CIP 数据核字(2009)第 008563 号

结晶学与矿物学基础		赵建刚 王娟鹃 孙舒东 编著		
责任编辑:张 琰			责任校对:林 泉	
出版发行:中国地质大学出版社(武汉市洪山区鲁磨路 388 号)			邮政编码:430074	
电话:(027)67883511 传真:67883580			E-mail:cbb@cug.edu.cn	
经 销:全国新华书店			http://www.cugp.cn	
开本:787 毫米×960 毫米 1/16			字数:306 千字 印张:15.125	
版次:2009 年 4 月第 1 版			印次:2021 年 10 月第 9 次印刷	
印刷:湖北睿智印务有限公司			印数:25001-27000 册	
ISBN 978-7-5625-2329-1			定价:30.00 元	

如有印装质量问题请与印刷厂联系调换

21世纪高等教育珠宝首饰类专业规划教材

编 委 会

主任委员：
  朱勤文 中国地质大学（武汉）党委副书记、教授

委　　员（按音序排列）：
  陈炳忠 梧州学院艺术系珠宝首饰教研室主任、高级工程师
  方　泽 天津商业大学珠宝系主任、副教授
  郭守国 上海建桥职业技术学院珠宝系主任、教授
  胡楚雁 深圳职业技术学院副教授
  黄晓望 中国美术学院艺术设计职业技术学院特种工艺系主任
  匡　锦 青岛经济职业学校校长
  李勋贵 深圳技师学院珠宝钟表系主任、副教授
  梁　志 中国地质大学出版社社长、研究员
  刘自强 金陵科技学院珠宝首饰系主任、教授
  秦宏宇 长春工程学院珠宝教研室主任、副教授
  石同栓 河南省广播电视大学珠宝教研室主任
  石振荣 北京经济管理职业学院宝石教研室主任、副教授
  王　昶 番禺职业技术学院珠宝系主任、副教授
  王莆锐 海南职业技术学院珠宝专业主任、教授
  王娟鹃 云南国土资源职业学院宝玉石与旅游系主任、教授
  王礼胜 石家庄经济学院宝石与材料工艺学院院长、教授
  肖启云 北京城市学院理工部珠宝首饰工艺及鉴定专业主任、副教授
  徐光理 天津职业大学宝玉石鉴定与加工技术专业主任、教授

薛秦芳　中国地质大学（武汉）珠宝学院职教中心主任、教授
杨明星　中国地质大学（武汉）珠宝学院院长、教授
张桂春　揭阳职业技术学院机电系（宝玉石鉴定与加工技术教研室）系主任
张晓晖　北京市商业学校商贸系主任、副教授
张义耀　上海新侨职业技术学院珠宝系主任、副教授
章跟宁　江门职业技术学院艺术设计系系副主任、高级工程师
赵建刚　安徽工业经济职业技术学院党委副书记、教授
周　燕　武汉市财贸学校宝玉石鉴定与营销教研室主任

特约编辑：
　　刘道荣　中钢集团天津地质研究院有限公司副院长、教授级高工
　　　　　　天津市宝玉石研究所所长
　　　　　　天津石头城有限公司总经理
　　王　蓓　浙江省地质矿产研究所教授级高工
　　　　　　浙江省浙江珠宝有限公司总经理

策　划：
　　梁　志　中国地质大学出版社社长
　　张晓红　中国地质大学出版社副总编
　　张　琰　中国地质大学出版社教育出版中心副主任

改版说明

——记庐山全国珠宝类专业教材建设研讨会之共识

中国地质大学出版社组织编写和出版的"高职高专教育珠宝类专业系列教材"从 2007 年 9 月面世至今已经过去三年。为了全面了解这套教材在各校的使用情况及意见，系统总结编写、出版、发行成果及存在问题，准确把握我国珠宝教育教学改革的新思路、新动态、新成果，中国地质大学出版社在深入各校调研的基础上，发起了召开"全国珠宝类专业课程建设研讨会"的倡议，得到各校专家的广泛响应。2010 年 8 月 10 日～13 日，来自全国 27 所大中专院校的 48 位珠宝教育界专家汇聚江西庐山，交流我国珠宝教育成果，研讨课程设置方案，并就第一版教材存在的问题、新版教材的编写方案等达成以下共识。

一、第一版教材存在的问题及建议

按照 2005、2006 年商定的编写和出版计划，"高职高专教育珠宝类专业系列教材"共组织了十多所院校的专家参加编写，计划出版 20 本，实际出版 12 本，从而结束了高职高专层次珠宝类专业没有自己的成套教材的历史。在编写、出版、发行过程中存在的主要问题是：

（1）整套教材在结构上明显失衡，偏重宝玉石加工与鉴定，首饰设计、制作工艺、营销和管理方面的教材比重过小。已经出版的 12 本教材中，属于宝石学基础、宝玉石鉴定方面占 2/3，而属于设计、制作工艺、管理及营销方面的只占 1/3，不能满足当前珠宝首饰类专业人才培养的需要。造成这种状况的一个重要原因是，编委会所组织的参编学校中，结晶学、矿物学、岩石学基础普遍较好，宝石加工、鉴定力量较强，而作为首饰设计、制作工艺基础的艺术学基础和作为经营管理基础的管理学相对薄弱。因此建议在改版时加强薄弱环节,并补充急需的教材选题。

(2)编写计划在各校实施不平衡,金陵科技学院、安徽工业经济职业学院、上海新侨学院、上海建桥学院等院校较好地完成了预定编写计划。但有些学校由于各种原因,计划实施得并不顺利,有些学校甚至一本都没有完成。造成有些用量很大而极其重要的教材至今仍然没有出来,影响了正常的教学需要。因此建议改版时将这些选题作为重点重新配备编写力量,以保证按时出版。

(3)或多或少都存在着内容重复或缺失现象。调查发现,有的内容多本教材涉及,但又都没交代清楚,感觉不够用;而有的重要内容,相关教材都未涉及。造成这种状况的一个重要原因是,主编单位由编委会指定,既没有发动各校一起讨论编写大纲,也没有组织编委会审稿,主要由主编依据本校教学要求编写定稿,无法充分考虑其他学校的基本要求和吸收各校的教学成果。因此建议加强各校之间的交流,改版时主编单位拟好编写大纲后要广泛征求使用单位的意见,编委会要对大纲和初稿审查把关,以确保编写质量。

二、新版教材的编写方案

(1)丛书名称改为"21世纪高等教育珠宝首饰类专业规划教材",以适应服务目标的变化。第一版的目标定位是以满足高职高专教育珠宝类专业教学需要为主,兼顾中职中专珠宝教育及珠宝岗位培训需要。当时根据高职高专教育主要培养高技能人才的目标要求,提出了五项基本要求:以综合素质教育为基础,以技能培养为本位;以社会需求为基本依据,以就业需求为导向;以各领域"三基"为基础,充分反映珠宝首饰领域的新理念、新知识、新技术、新工艺、新方法;以学历教育为基础,充分考虑职业资格考试、职业技能考试的需要;以"够用、管用、会用"为目标,努力优化、精炼教材内容。

这几年,珠宝教育有了比较大的变化,社会对珠宝人才的需求也有变化,其中上海建桥学院、南京金陵学院、梧州学院等院校已经升为本科,原来的目标定位和编写要求已经不合适。为此,编委会经过认真研究,决定将丛书名改为"21世纪高等教育珠宝首饰类专业规划教材",以适应培养珠宝首饰行业各类应用人才的需要,同时兼顾中职中专及岗位培训的需要。在内容安排上,要反映珠宝行业的新发展和珠宝市场的实际需求,要反映新的国家标准,要突出实际操作和应用能力培养的需求。

(2)调整和充实编委会,明确编委会职责,增强编委会的代表性和权威性。与会代表建议,在原有编委会组成人员的基础上,广泛吸收本科院校、企业界的专家参与,进一步充实编委会,增强其权威性。在运作上,可以分成两个工作组,一个主要面向研究型人才培养的,一个主要面向应用型人才培养的。编委会是主要职责是:①拟定编写和出版计划、规范、标准等,为编写和出版提供依据;②确定主编和参编单位,审定编写大纲,落实编写和出版计划;③审查作者提交的稿件,把好业务质量关;④监督教材编辑出版进程,指导、协调解决编辑出版过程中的业务问题。

(3)按照分批实施、逐步推进的思路确定新的编写计划。编委会计划用三年时间构建一个"21世纪高等教育珠宝首饰类专业规划教材"体系,整个体系由基础、鉴定、设计、加工、制作、经营管理、鉴赏等模块组成,每个模块编写3~6门主干课程的教材,共计编写、出版教材32种。与原来的体系相比,新体系着重加强了制作(8种)、设计(4种)、经营管理(4种)等模块的分量,并增列了文化与鉴赏方面的教材。会上,按照整合各校优势、兼顾各校参编积极性的原则,建议每种教材由1~2所学校主编,其他学校参编;基础好的学校每校可以主编2~3种教材,参编若干种。

编写出版的进度安排:2010年底前完成编写大纲的修订、定稿工作,确定每个年度的编写和出版计划,修编出版珠宝英语口语等选题;2011年秋季参编宝石学基础、贵金属材料及首饰检验、首饰设计与构思、翡翠宝石学基础、首饰制作工艺、珠宝首饰营销基础、首饰评估实用教程、钻石及钻石分级、宝石鉴定仪器与鉴定方法等;其他品种2011年着手编写/修编,争取2012年秋季出版。

三、固化会议形式,建立固定交流平台

与会专家认为,随着珠宝行业的快速发展,我国珠宝教育有了长足的进步,开办珠宝首饰类专业的学校也越来越多,但是由于业界没有一个共同的交流平台,相互之间缺乏沟通,无法相互取长补短,共同提高。这次中国地质大学出版社牵头,把相关学校召集在一起交流经验,探讨专业建设和教材建设大计,为我们搭建了很好的平台,意义非凡而深远,为珠宝教育界做了一件大好事,由衷地感谢中国地质大学出版社,同时也希望中国地质大学整合珠宝学院和出版社的力量,牵头建立全国性的珠宝教育研究组织,作为全国珠宝教育界联系和交流的平台,每1~2年召开一次会议,承办单位和地点,可以采取轮流坐庄的办法,由会员单位提出申请,理事会确定。

《21世纪高等教育珠宝首饰类专业规划教材》编委会
2010年7月6日于武汉

前　言

随着我国职业教育的发展，许多高等职业技术院校相继开设了地质类、宝玉石类专业。结晶学与矿物学是地质类专业、宝玉石专业必修的重要基础课程，而职业教育的特点是使学生在掌握必要的基础知识的前提下，侧重实践教学。因此我们在多年地质学、宝石学职业教学的基础上，参考了其他高等职业院校有关教学资料编写完成了本教材。编写过程中，在保证基本理论体系相对完整的基础上，对一些理论性较强的内容做了删减和调整，内容上力求少而精且重点突出。本书既可作为职业教育院校地质类专业、宝玉石类专业的教材使用，也适合地质学爱好者和珠宝爱好者阅读自学。

本书第一章和第十一章由赵建刚编写，第二章至第五章由王娟鹃编写，第六章至第十章由孙舒东编写，第十二章至第十六章由李孔亮编写，第十七章由曾凯编写，全书由赵建刚负责统稿。

在我们开展地质学、宝石学职业教育和本书的编写过程中,得到了中国地质大学(武汉)朱勤文教授、珠宝学院袁心强教授、李娅莉副教授、薛秦芳副教授、李立平教授、陈美华教授、尹作为副教授、中山大学丘志力教授、南京地矿所张丛森教授等专家和学者的支持和帮助,在本书的出版过程中,中国地质大学出版社给予了大力的支持和指导,在此一并表示衷心感谢。由于编者水平和经验有限,错误和不当之处在所难免,欢迎读者批评指正。

编 者

2009 年 1 月

目 录

第一章 绪论 ··· (1)
  一、结晶学概况 ··· (1)
  二、矿物学概况 ··· (2)

第二章 晶体和非晶质体 ··· (4)
  一、晶体的定义 ··· (4)
  二、晶体的空间格子构造规律 ···································· (5)
    (一)空间格子 ··· (5)
    (二)空间格子要素 ·· (6)
    (三)14 种空间格子 ·· (8)
    (四)晶体的基本性质 ··· (11)
  三、晶体的形成 ··· (12)
    (一)晶体形成的方式 ··· (13)
    (二)晶核的形成和晶体生长理论 ····························· (13)
    (三)面角恒等定律 ·· (16)
    (四)影响晶体生长的外部因素 ······························· (18)
    (五)非晶质体 ··· (18)
    (六)准晶体 ·· (19)

第三章 晶体的宏观对称 ··· (21)
  一、对称的概念和晶体的对称 ···································· (21)
    (一)晶体对称的特点 ··· (22)
    (二)晶体的对称操作和对称要素 ····························· (22)
    (三)对称型的概念 ·· (26)
    (四)晶体的对称分类 ··· (28)

第四章 单形和聚形 ··· (29)
  一、单形 ·· (29)
    (一)单形的概念 ··· (29)
    (二)单形的数目 ··· (29)

（三）47种几何单形 …………………………………………（30）
　二、聚形 ……………………………………………………………（38）
　　（一）聚形概念 ……………………………………………………（38）
　　（二）聚形分析 ……………………………………………………（38）

第五章　晶体定向和结晶学符号 ……………………………………（40）
　一、晶体定向 ………………………………………………………（40）
　　（一）晶轴和晶体常数 ……………………………………………（40）
　　（二）晶轴的选择原则 ……………………………………………（42）
　　（三）各晶系晶体的定向 …………………………………………（42）
　二、结晶学符号 ……………………………………………………（47）
　　（一）整数定律 ……………………………………………………（47）
　　（二）晶面符号 ……………………………………………………（48）
　　（三）单形符号 ……………………………………………………（50）
　　（四）晶带及晶带符号 ……………………………………………（52）

第六章　晶体化学与晶体结构基本理论 ……………………………（55）
　一、原子和离子半径 ………………………………………………（55）
　二、元素的离子类型 ………………………………………………（56）
　　（一）惰性气体型离子（亲氧元素、造岩元素） …………………（56）
　　（二）铜型离子（亲硫元素、造矿元素） …………………………（57）
　　（三）过渡型离子（亲铁元素、色素离子） ………………………（57）
　三、球体的最紧密堆积原理 ………………………………………（57）
　　（一）等大球体的最紧密堆积 ……………………………………（58）
　　（二）不等大球体的紧密堆积 ……………………………………（60）
　四、配位数和配位多面体 …………………………………………（61）
　五、矿物中的键型与晶格类型 ……………………………………（62）
　　（一）离子晶格 ……………………………………………………（63）
　　（二）原子晶格 ……………………………………………………（63）
　　（三）金属晶格 ……………………………………………………（63）
　　（四）分子晶格 ……………………………………………………（63）
　六、类质同像 ………………………………………………………（65）
　　（一）类质同像的概念 ……………………………………………（65）
　　（二）类质同像的类型 ……………………………………………（65）
　　（三）类质同像产生的条件 ………………………………………（66）
　　（四）研究类质同像的意义 ………………………………………（67）

七、同质多像及多型 (68)
(一)同质多像 (68)
(二)多型 (69)

第七章 矿物的化学成分及化学性质 (71)
一、矿物的化学成分类型 (71)
二、胶体矿物的化学组成特点 (72)
三、矿物中的"水" (74)
(一)吸附水 (74)
(二)结晶水 (75)
(三)结构水 (75)
(四)层间水 (76)
(五)沸石水 (76)
四、矿物的化学式 (77)
(一)实验式 (77)
(二)结构式(又称晶体化学式)及其书写原则 (78)
五、矿物的化学性质 (81)
(一)矿物的可溶性 (81)
(二)矿物的可氧化性 (82)
(三)矿物与酸、碱的反应 (83)

第八章 矿物的形态 (85)
一、矿物单体的形态 (85)
(一)结晶习性 (86)
(二)晶面特征 (87)
二、晶体的规则连生 (88)
(一)平行连生 (88)
(二)双晶 (89)
三、矿物集合体的形态 (91)
(一)显晶集合体 (91)
(二)隐晶及胶态集合体 (92)

第九章 矿物的物理性质 (95)
一、矿物的光学性质 (95)
(一)颜色 (95)
(二)条痕(粉末色) (98)
(三)光泽 (98)

（四）透明度 ……………………………………………… (99)
　二、矿物的力学性质 …………………………………………… (100)
　　（一）解理、裂理和断口 ………………………………… (100)
　　（二）硬度 ………………………………………………… (102)
　　（三）其他力学性质 ……………………………………… (103)
　三、矿物的其他物理性质 ……………………………………… (103)
　　（一）相对密度 …………………………………………… (103)
　　（二）磁性 ………………………………………………… (104)
　　（三）导电性和荷电性 …………………………………… (105)
　　（四）发光性 ……………………………………………… (106)

第十章　矿物的形成与变化 ………………………………………… (108)
　一、形成矿物的地质原因（作用） …………………………… (108)
　　（一）内生作用 …………………………………………… (108)
　　（二）外生作用 …………………………………………… (111)
　　（三）变质作用 …………………………………………… (114)
　二、影响矿物形成的因素 ……………………………………… (115)
　　（一）矿物形成的条件 …………………………………… (115)
　　（二）反映矿物形成条件的标志 ………………………… (117)
　三、矿物的变化 ………………………………………………… (119)
　　（一）溶蚀 ………………………………………………… (119)
　　（二）交代 ………………………………………………… (119)
　　（三）晶化和非晶质化 …………………………………… (120)
　　（四）假像 ………………………………………………… (120)

第十一章　矿物的分类和命名 ……………………………………… (122)
　一、矿物的分类 ………………………………………………… (122)
　　（一）根据化学成分的分类方案 ………………………… (122)
　　（二）根据晶体化学的分类方案 ………………………… (122)
　　（三）根据地球化学的分类方案 ………………………… (122)
　　（四）根据成因的分类方案 ……………………………… (122)
　二、矿物的命名 ………………………………………………… (123)

第十二章　自然元素矿物 …………………………………………… (125)
　一、概述 ………………………………………………………… (125)
　二、自然金属元素矿物 ………………………………………… (125)
　三、自然非金属元素矿物 ……………………………………… (129)

第十三章　硫化物及其类似化合物矿物 ……………………………… (133)
一、概述 …………………………………………………………………… (133)
二、单硫化物及其类似化合物矿物 ……………………………………… (135)
三、对硫化物及其类似化合物矿物 ……………………………………… (144)
四、硫盐矿物 ……………………………………………………………… (146)

第十四章　卤化物矿物 ……………………………………………… (149)
一、概述 …………………………………………………………………… (149)
二、氟化物矿物 …………………………………………………………… (150)
三、氯化物矿物 …………………………………………………………… (151)

第十五章　氧化物和氢氧化物矿物 ………………………………… (153)
一、概述 …………………………………………………………………… (153)
二、氧化物矿物 …………………………………………………………… (154)

第十六章　含氧盐矿物 ……………………………………………… (166)
一、碳酸盐矿物 …………………………………………………………… (166)
二、硝酸盐矿物 …………………………………………………………… (172)
三、硼酸盐矿物 …………………………………………………………… (173)
四、硫酸盐矿物 …………………………………………………………… (174)
五、钨酸盐矿物 …………………………………………………………… (178)
六、磷酸盐矿物 …………………………………………………………… (178)
七、硅酸盐矿物 …………………………………………………………… (181)

第十七章　矿物鉴定和研究方法 …………………………………… (219)
（一）鉴定和研究矿物的化学方法 ……………………………………… (219)
（二）鉴定和研究矿物的物理方法 ……………………………………… (220)
（三）鉴定和研究矿物的物理化学方法 ………………………………… (222)

主要参考文献 ………………………………………………………… (226)

第一章 绪 论

一、结晶学概况

结晶学和矿物学分别是以晶体和矿物为研究对象的两门自然科学,所有的矿物均为天然产出的晶体,结晶学和矿物学之间一直有着十分密切的关系。

结晶学具体研究晶体的发生、成长、变化和人工合成,是研究晶体的几何外形和内部结构的一门科学。但在17世纪以前,人们仅是对矿物晶体几何外形的认识,到了17世纪中叶,逐渐在矿物学的基础上形成了结晶学,并成为矿物学的一个分支。1912年,由于X射线晶体衍射实验的成功,导致结晶学进入了一个崭新的阶段,在晶体结构本身以及在晶体结构与晶体性质之间关系的各个领域中,都取得了巨大的进步,使晶体的应用范围不断扩大,既满足了工业上对晶体日益增长的大量需求,同时又促使了对晶体生长及晶体成因等研究的迅速发展。

20世纪下半叶,由于近代物理学、近代化学等理论与结晶学之间的强烈相互渗透,以及电子显微术、化学成分的微束分析技术和各种谱学研究等手段日益广泛的应用,已经使人们有可能直接观察到原子在晶体中的实际排布和测定出其电子的状态,从而使结晶学的研究进入了一个以微区、高分辨、精细结构为特征的新阶段。

由于结晶学是矿物学的重要基础,因此与矿物学密切相关的各个基础学科,例如地球化学、岩石学、矿床学、宝石学以及构造地质学、工程地质学、土壤学等,也都离不开结晶学的知识。

在应用技术科学中,许多学科也与结晶学有着密切的关系,例如选矿学、冶金学、金属学、非金属材料学、陶瓷工艺学、化学工艺学、药物学等;以及在半导体、无线电、超声波、激光等技术中,应用特定的晶体材料作为它们的核心关键部件,从而使相应的有关理论也与结晶学有着密切关系。

由于结晶学与众多的应用技术学科关系密切,因此它在国民经济中占有重要的地位。不仅晶体的利用及新用途的开发需要结晶学知识,而且结晶学理论可以指导特殊性能晶体的寻找和人工合成,而现代科学技术的各个部门,尤其是尖端科技部门,都离不开具有特定性能的晶体材料。

二、矿物学概况

矿物是自然界中的化学元素在一定的物理、化学条件下形成的,具有一定的内部结构、形态和物理性质的单质和化合物。是组成岩石、矿石的基本单位。矿物是各种地质作用的产物,除少数呈液态(如水银、水)和气态(如 CO_2 和 H_2S 等)外,绝大多数呈固态。固态矿物大多数具有固定的化学成分和内部结构。

矿物学具体研究矿物的化学成分、内部结构、外表形态、物理性质和化学性质在地质作用过程中形成和变化的条件等方面的现象和规律,以及它们相互之间的内在联系。矿物学的研究,为开发工农业生产和国防建设所需要的矿物原料及其合理综合利用提供必要和充分的依据。同时,也为探索并阐明地壳及地壳下层以至其他天体的物质组成及演化规律,提供重要的信息。

此外,矿物学与结晶学、数学、物理学和化学,特别是物理化学等基础学科的关系十分密切,这些学科为矿物学的发展提供了必要的理论基础和研究方法。近年来,由于基础学科的新理论和实验技术在矿物学中的普遍应用,使得矿物学的一些内容正在经历着一场深刻的变化。

矿物学是地球科学中很古老的一门基础学科,早在石器时代,人类就已知道利用多种矿物如石英、蛋白石等制作工具和饰物,以后又逐渐认识了金、银、铜、铁等若干金属及其矿石,从而过渡到铜器和铁器时代。到了 18、19 世纪,矿物的研究得到了多方面进展,逐步建立起理论基础,丰富了研究内容和研究方法,形成了一门学科。

1912 年德国学者劳厄成功地进行了晶体对 X 射线衍射的实验,从而使晶体结构的测定成为可能,并导致矿物学研究从宏观进入到微观的新阶段。大量矿物晶体结构被揭示,建立了以成分、结构为依据的矿物的晶体化学分类。

20 世纪中期以来,矿物原料和矿物材料得到更广泛的开发。开展了矿物的人工合成,高温、高压实验和天然成矿作用模拟。同时促使了矿物学、物理化学和地质作用的研究相结合的分支学科——成因矿物学和找矿矿物学逐步形成,使矿物学在矿物资源的寻找与开发方面获得了更广泛的应用。

尤其值得指出的是近 20 多年来,矿物学受到现代核子科学、宇航技术、合成实验和电子计算机四大科技领域最新成就的促进和其他自然学科深入渗透的影响,内容上再一次得到充实和完善将是无疑的,因此它们必将对整个地质科学带来深远的影响。

随着生产和现代科学技术的发展,现在的矿物学不仅在很大程度上摆脱了单纯描述矿物表面特征的阶段,而且有关矿物成因和晶体学问题的一般性研究,也已经不能满足当前的要求了。在过去的 20 多年来,由于运用了晶体场理论、配位场理论、分子轨道理论和能带理论解决含过渡元素的硫化物、氧化物和硅酸盐等的一些矿物学问题上，已取得了很多有益的成果；由于固体物理学的理论和测试方法（如核磁共振谱、电子顺磁共振谱、红外吸收光谱、晶体场光谱、穆斯鲍尔谱）的引入矿物学，通过研究矿物晶体中原子、原子核以及电子的结构来阐明矿物的形成条件、标型特征和物理性质等也已获得了良好的效果；由于运用了高分辨率透射电子显微镜对矿物晶胞大小和晶体精细结构的观察，发现了很多新现象，其中尤其令人鼓舞的是它使得人们长期以来渴望直接观察晶体结构的愿望终于得到实现；由于电子探针和离子探针的问世，使鉴定和研究微粒、微量矿物、察明微区内元素的分布状态成为可能，从而为矿物学的研究跨入更新领域开拓了广阔的前景，可以说今天的矿物学无论在深度和广度上，都达到了一个前所未有的新阶段。

当前，矿物学的主要任务，就是要在不断总结上述成果的基础上，更加深入系统地了解矿物的化学成分、晶体结构、物理性质、形态和形成条件以及这些方面的内在联系，进一步发掘矿物的新用途，揭示矿物在地壳中的分布规律及其形成的历史，并与地质学、材料学的其他分支学科相配合，为解决当前科研和生产中的一些带有关键性的理论和实际应用问题，提供必要的依据。

我国是世界上从事采矿实业最早的国家之一，对矿物的研究和利用具有悠久的历史。特别是新中国成立后，随着大规模经济建设的开展，地质矿产普查和采矿业的突飞猛进，我国矿物学的研究也开始跨入了一个新的时期。在此期间，除先后发现了30多种新矿物、新测定了近30种矿物的晶体结构、编写出版了几个地区的区域矿物志和矿物学专著外，还在矿物学的十多个分支学科——宇宙矿物学、矿物物理学、矿物化学、实验矿物学、应用矿物学和成因矿物学等方面，也都取得了丰硕成果，为进一步丰富矿物学内容，作出了有益的贡献。当前，一个从地壳到地幔，从陆地到海洋，从地球到宇宙，从无机矿物到有机矿物，从天然矿物到人造矿物，从矿物到新材料的研究热潮，正在我国蓬勃兴起。

第二章　晶体和非晶质体

一、晶体的定义

自然界已发现的天然矿物约 3 800 多种,绝大多数都是晶体。要学习矿物,掌握常见的宝石矿物和造矿矿物,必然要涉及到晶体。而在古代,人们并不知道什么是晶体,最早将具有规则几何多面体形态的水晶(石英 SiO_2)称为晶体[图 2-1(a)],后来,发现很多矿物也可表现出天然的规则几何多面体形态,如石盐(NaCl)等[图 2-1(b)],于是,将这些能自发地生长为规则的几何多面体形态的固体也称为晶体。其实,晶体并不一定都具备规则几何多面体的形状。例如,盐湖中产出的石盐,有的呈规则立方体,有的却是形态任意的颗粒,这是后者在结晶时受外界条件影响的结果,而非石盐本质不同造成。因此,晶体应从其本质上进行解释。

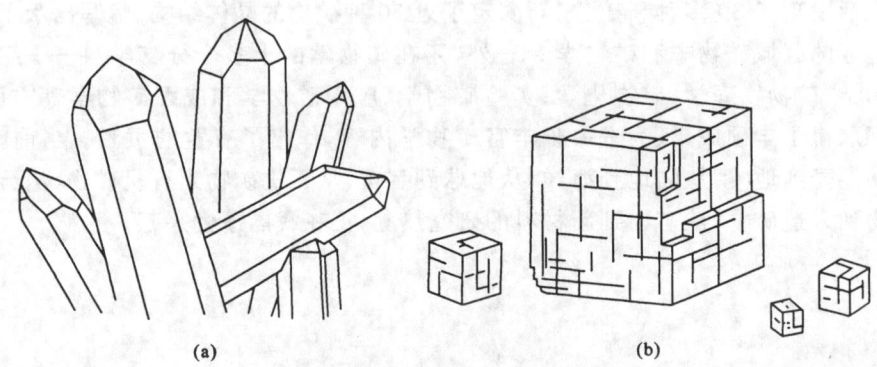

图 2-1　呈几何多面体外形的晶体;
(a)石英晶体;(b)石盐晶体及其解理块

20 世纪 20 年代 X 射线应用于晶体结构的研究,证实了在一切晶体中,其组成物质质点(原子、离子、离子团或分子等)在三维空间都是按格子构造规律分布的。以石盐晶体的结构为例:图 2-2(a)为石盐晶体的结构图;图 2-2(b)是从石盐晶体结构中按一定条件截取的能代表石盐晶体结构规律的最小单位(晶胞)。图中大球代表氯离子(Cl^-),小球代表钠离子(Na^+)。

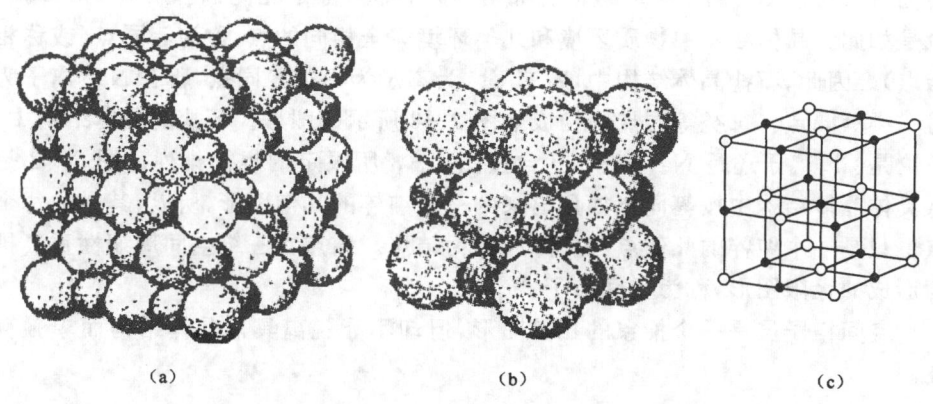

图 2-2 石盐的晶体结构

从图中可以看出,氯离子(Cl^-)和钠离子(Na^+)在三维空间各自按一定的间距重复排列。如:沿着立方体的三条棱的方向,Cl^- 与 Na^+ 都是每隔 0.5628nm 重复一次,而沿着对角线方向,都是每隔 0.3973nm 再现一次,其他方向情况相似,只是重复的间距不同。我们分别用圈和点代表 Cl^- 与 Na^+ 中心点,用直线将 Cl^- 与 Na^+ 中心点连接起来,就得出图 2-2(c)所示格子状图形。实践证明,所有石盐,不论外部形态是否规则,其内部质点都是作如图 2-2(c)所示的立方格子排列。石盐之所以能够成为立方体的规则外形,是格子构造规律制约的结果。

不同的晶体,其晶体结构也不同,但都具有格子状构造,这是所有晶体的共同属性。因此,晶体是内部质点在三维空间呈周期性重复排列的固体。或者说,晶体是具有格子状构造的固体。

蛋白石($SiO_2 \cdot nH_2O$)和玻璃(SiO_2)等,它们的内部质点不作周期性的重复排列,即不具格子状构造,称为非晶质体。

二、晶体的空间格子构造规律

(一)空间格子

晶体的本质是内部质点在三维空间上的周期性重复,表示这种重复规律的几何图形即为空间格子。

以石盐的晶体结构为例。在图 2-2(a)所示的石盐晶体结构中,每一个 Cl^-

离子的上下、前后和左右都是 Na$^+$ 离子;每个 Na$^+$ 离子的上下、前后和左右都是 Cl$^-$ 离子,即所有 Cl$^-$ 离子的周围物质环境(即周围质点的种类)和几何环境(即周围质点对该 Cl$^-$ 离子中心点的分布方位和距离)都是相同的。所有 Na$^+$ 离子也是如此。晶体结构中物质环境和几何环境完全相同的点,称为等同点(或称相当点)。因此,石盐晶体结构中,所有 Cl$^-$ 离子为一类等同点,所有 Na$^+$ 离子为另一类等同点。每类等同点都构成如图 2-3 所示的图形。石盐的晶体结构中,不论是 Cl$^-$ 离子还是 Na$^+$ 离子,各自按图 2-3 所限定的规律排列。图 2-3 是从具体晶体结构中按等同点抽象出来的一个纯粹的几何图形,所以,其中每个点也只是一个纯粹的几何点,这种点,称为结点。结点在三维空间周期性重复排列形成的无限图形,称为空间格子。

空间格子虽是一个抽象的几何图形,但却不能脱离具体晶体结构而单独存在。

(二)空间格子要素

空间格子表明了晶体结构中各类等同点的排列规律。空间格子的一般形式如图 2-4 所示。

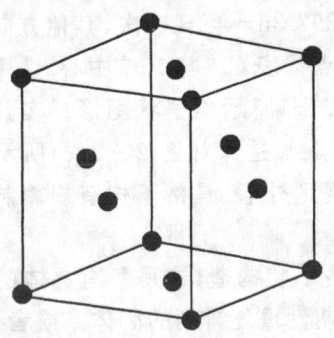
图 2-3　石盐晶体的空间格子

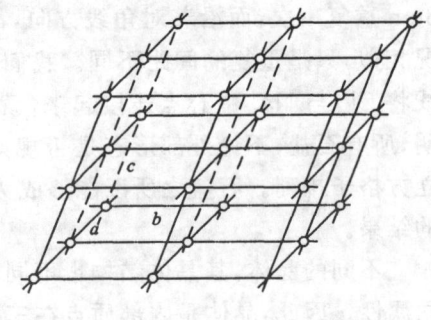
图 2-4　空间格子的一般形式

1. 结点

结点是空间格子上的等同点(几何点)。如图 2-5 中 A_1、A_2、A_3…A_n。无物理化学意义。实际晶体中,结点被相同的离子、分子、原子所占据。

2. 行列

空间格子中由结点组成的直线,称为行列(图 2-5)。空间格子中任意两个结点就能决定一条行列。

每一行列都有一个最小的结点重复周期,等于行列上两个相邻结点间的距离,简称结点间距,如图2-5中的 a。

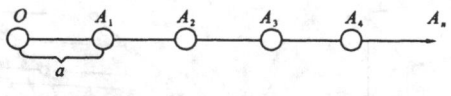

图2-5 行列

在空间格子中,有无数不同方向的行列。相互平行的行列,结点间距相等;不相平行的行列,结点间距一般不等。

3. 面网

连接空间格子中分布在同一平面内的结点,即构成一个面网。任意两个相交行列,就可决定一个面网(图2-6)。

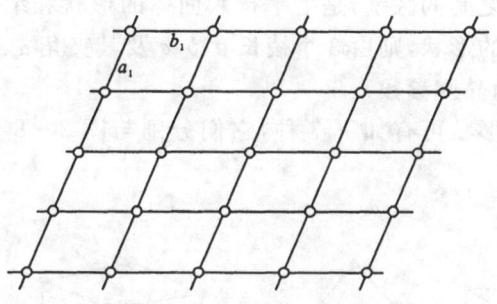

图2-6 空间格子的面网

空间格子中,可有无数不同方向的面网。

两个相邻面网间的垂直距离称面网间距。

单位面积内的结点数目称网面密度。

相互平行的面网,面网间距相等,网面密度相等;不相平行的面网,网面密度和面网间距一般不相等。网面密度大的面网之间,其面网间距也大,反之,网面密度小的,其面网间距也小。

4. 平行六面体

平行六面体即空间格子的最小单位,由6个两两平行且相等的面组成。空间格子可视为平行六面体在三维空间平行、无间隙地重复堆砌而成。

在实际晶体结构中所划分出来的相应单位,称为晶胞。单位平行六面体的3个棱长及其间的夹角,分别与晶胞的3个棱长及其夹角对应。整个晶体结构可视为晶胞在三维空间平行地、毫无间隙地重复堆砌。晶胞的形状与大小,取决于彼此相交棱的长度和它们之间的夹角(图2-7)。

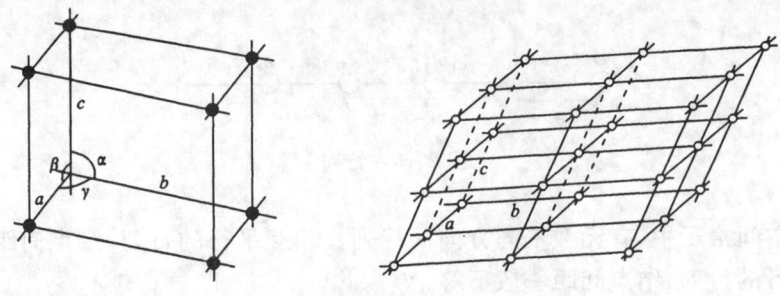

图 2-7 平行六面体

(三)14 种空间格子

各种空间格子之间的区别,是由平行六面体的形状和结点的分布位置决定的。而平行六面体的形状,则由 3 个棱长 a、b、c 及其夹角 α、β、γ 确定(图 2-7,a、b、c 和 α、β、γ 称为晶胞参数)。

平行六面体的形状可有如下 7 种,它们分别与图 2-8 中的各种格子相对应。

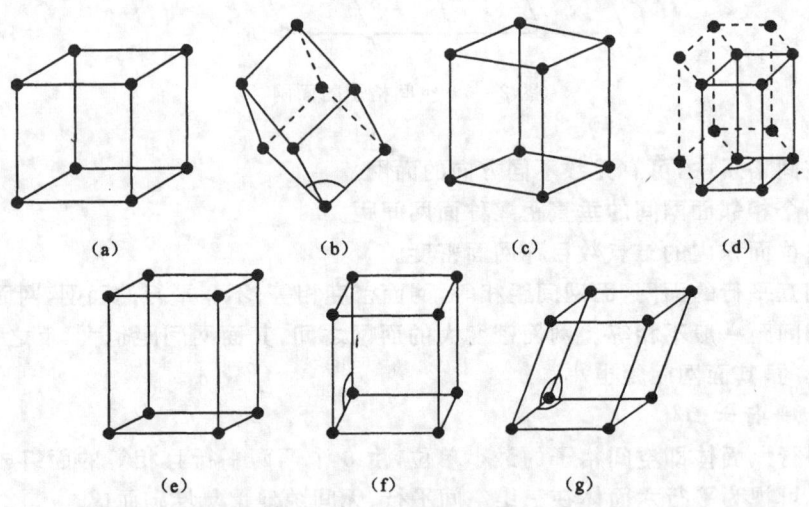

图 2-8 各晶系平行六面体的形状

(引自潘兆橹等,1993)

立方格子：$a=b=c, \alpha=\beta=\gamma=90°$［图2-8(a)］。
三方格子：$a=b\neq c, \alpha=\beta=90°\ \gamma\neq 90°$［图2-8(b)］。
四方格子：$a=b\neq c, \alpha=\beta=\gamma=90°$［图2-8(c)］。
六方格子：$a=b\neq c, \alpha=\beta=90°, \gamma=120°$［图2-8(d)］。
斜方格子：$a\neq b\neq c, \alpha=\beta=\gamma=90°$［图2-8(e)］。
单斜格子：$a\neq b\neq c, \alpha=\gamma=90°, \beta>90°$［图2-8(f)］。
三斜格子：$a\neq b\neq c, \alpha\neq\beta\neq\gamma\neq 90°$［图2-8(g)］。

在上列7种格子中，按结点分布位置的不同，可有如图2-9所示的4种类型，即 $P、C、I、F$。

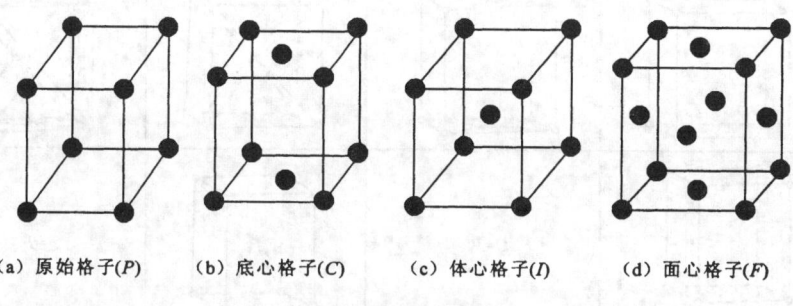

(a) 原始格子(P)　　(b) 底心格子(C)　　(c) 体心格子(I)　　(d) 面心格子(F)

图2-9　4种类型格子

P——原始格子。结点只分布在格子的每个角顶上［图2-9(a)］。

C——底心格子。除各角顶上的结点外，还在格子顶、底面的中心处，各有一个结点［图2-9(b)］。

I——体心格子。除各角顶上的结点外，还在格子的体中心处有一个结点［图2-9(c)］。

F——面心格子。除各角顶上的结点外，在格子的每个面中心处，还各有一个结点［图2-9(d)］。

考虑将空间格子的形状和结点的分布位置，除去几何上重复的和不符合空间格子规律的，得出如表2-1中的14种空间格子，即14种布拉维(Bravais)格子。

不同种类的晶体，由于各自结构中质点的种类和各类质点的重复周期不相同，而构成了互不相同的晶体结构，但就晶体结构中各类等同点的结点在空间的排列方式而言，格子的种类只有上述14种。

表 2-1 14种空间格子

	原始格子（P）	底心格子（C）	体心格子（I）	面心格子（F）
三斜晶系		C=P	I=P	F=P
单斜晶系			I=C	F=C
斜方晶系				
四方晶系		C=P	I=C	F=I
三方晶系	R	与本晶系对称不符	I=R	F=R
六方晶系		不符合六方对称	与空间格子的条件不符	与空间格子的条件不符
等轴晶系		与本晶系对称不符		

资料来源：引自据潘兆橹等，1993

(四)晶体的基本性质

晶体是具有格子状构造的固体,也就具备晶体所共有的、由格子状构造所决定的基本性质。

1. 内能最小

在相同的热力学条件下,晶体与同种物质的气体、液体和非晶质体相比较,其内能最小。

晶体内能之所以最小,是由于组成它的质点作规则地格子状排列后,其内部原子或离子相互间的吸引和排斥完全达到平衡状态时而赋予晶体的一种必然性质。

当物体由气态、液态、非晶质状态过渡到结晶状态时,都有热能的析出,晶格的破坏也伴随着吸热效应。晶体和非晶质体的加热曲线(图2-10)不同,在晶体的加热曲线中,温度停顿时,晶体吸收了一定的热量而使自己转变为液体。由于晶体的格子构造中各个部分的质点是按同一方式排列的,破坏晶体各个部分需要同样的温度,因此,晶体具有一定的熔点。

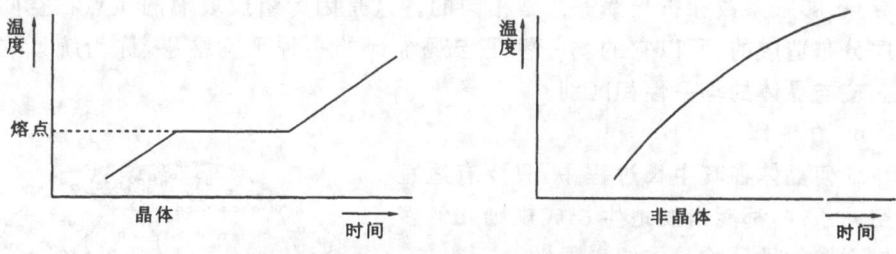

图2-10 晶体和非晶体的加热曲线

2. 稳定性

对于化学成分相同的物质,以不同的物理状态存在时,其中以结晶状态最为稳定。晶体的这一性质与晶体的内能最小是密切相关的。如果在没有外加能量的情况下,晶体是不会自发地向其他物理状态转变的,这种性质即称为晶体的稳定性。

3. 对称性

晶体内质点排列的周期重复本身就是一种对称,这种对称是由晶体内能最小所促成的一种微观范畴的对称,即微观对称。因此,一切晶体都是具有对称性的。另外,晶体内质点排列的周期重复性是因方向而异的,但并不排斥质点在某些特定方向上出现相同的排列情况。晶体中这种相同情况的有规律出现以及由此而导致的晶体在形态(即晶面、晶棱和角顶)及各项物理性质上相同部分的规律重复,即构成了晶体的对称性(晶体的宏观对称性)。

4. 异向性

晶体结构中不同方向上质点的种类和排列间距是互不相同的,从而反映在晶体的各种性质(化学的和物理的)上,也会因方向而异,这就是晶体的异向性。例如,蓝晶石的硬度在不同的方向上差异(图2-11),就是这一性质的典型表现。

5. 均一性

由于晶体结构中质点排列的周期重复性,使得晶体的任何一个部分在结构上都是相同的。因而,由结构所决定的一切物理性质,如相对密度、导热和膨胀等,也都无例外地保持着各自的一致性,这就是晶体的均一性。

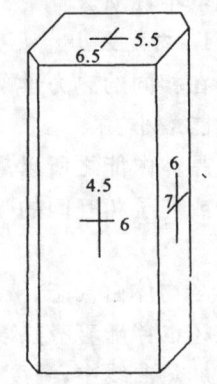

图 2-11 蓝晶石的异向性

非晶质体也具有均一性。例如,玻璃不同部分的导热、膨胀系数和折光率等都是相同的。这是因为组成玻璃的质点在空间呈无序分布造成的,所以它的均一性是宏观统计的一种平均结果,称为统计均一性。应与晶体的均一性相区别。

6. 自限性

任何晶体在其生长过程中,只要有适宜的空间条件,都能自发地生长成规则几何多面体形态的性质称晶体的自限性。

晶体因自限性而导致的规则形态,是由质点按空间格子的周期重复性规律而产生的必然结果,绝非人工加工雕琢的产物,如图2-12所示晶体要素与空间格子要素间的关系。

三、晶体的形成

矿物晶体和其他物体一样,都有发生、成长和变化的历史,研究晶体发生和成长的规律是了解矿物个体发育的基础,可帮助理解晶体的宏观性质。

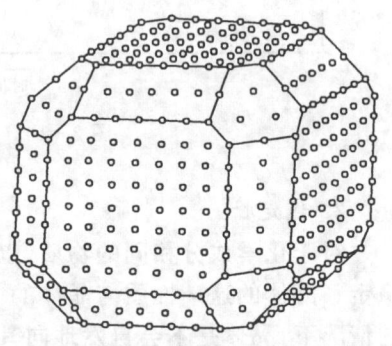

图 2-12 晶面、晶棱、角顶与面网、行列、结点的关系示意图
(引自潘兆橹等,1993)

(一)晶体形成的方式

晶体形成是物质相变的一种结果。其形成方式主要有:

1. 由气相转变为晶体

从气相直接转变为固相的条件是气体处于过饱和蒸汽压或温度过冷却。如火山口附近的自然硫晶体,是在火山喷发过程中,由火山喷出的气体受冷却或气体间相互发生反应而形成的。

2. 由液相转变为晶体

既有自熔体直接结晶的,也有自溶液直接结晶的两种情况。前者条件过冷却,如岩浆和工业上各式铸锭、钢锭的结晶;后者条件溶液处于过饱和状态,如各种热液矿床中的矿物结晶和内陆湖泊以及泻湖中的石膏、岩盐等盐类矿物的形成等。

3. 由固相转变为晶体

这种相变可有两种方式:①由固态非晶质结晶。结晶在同一温、压条件下,某物质的非晶质体与它的结晶相相比较,非晶质体因具有较大的自由,能自发地向自由能较小的晶质转变。如火山玻璃脱玻璃化后形成的细小长石和石英等(图2-13)。②同质多像转变。由一种结晶相转变为另一种结晶相。这种相变,即通常所谓的同质多像转变。如酸性和中酸性火山岩中的 β-石英(β-SiO_2)转变为 α-石英(α-SiO_2)的相转变。

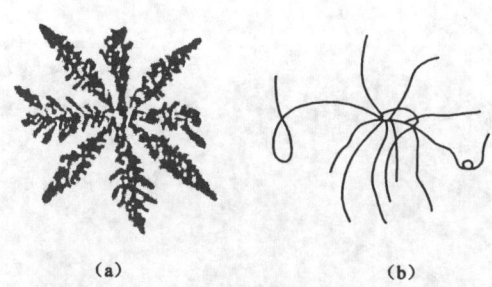

图2-13 雏晶的两种形态(仿 ford)

(二)晶核的形成和晶体生长理论

当液(熔)体或气体达到过饱和或过冷却状态时,原来在液(熔)体或气体中作无序运动的质点按空间格子规律,自发地集结成微晶粒即晶核。晶核除自发形成外,也可以是其他的杂质、晶体碎块、胶体质点、气泡等,成为溶液中物质结晶的中心。

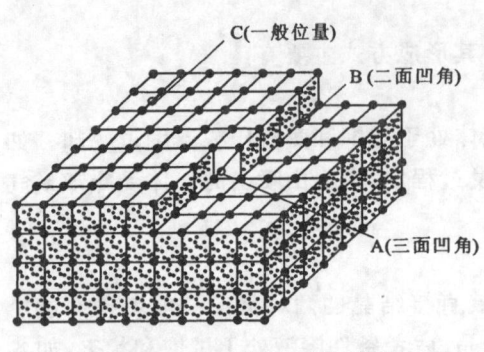

图 2-14 晶体生长示意图

晶核形成后,便以此为中心生长,即溶液中过剩的质点向晶核上黏附并按结晶格子扩大的过程。

1. 科塞尔理论

这一理论的简要实质,可用图 2-14 所示的情况来说明:

设图 2-14 是一个具有简单立方晶格的晶核,当晶体围绕该晶核生长时。介质中质点黏附到晶核表面可有 3 种不同的位置,即三面凹角 A、二面凹角 B 和一般位置 C。A、B、C 三处的质点分别受格子上的 3 个、2 个和 1 个最邻近质点的吸引,即该质点在不同位置上所受引力的大小是不同的。介质中的质点必须要释放出与该处引力相适应的能量,才能占领该位置。质点优先进入 A 位置,并逐步前移,一直到沿 A 前进的整个质点列被占据,三面凹角消失。如果晶体继续生长,质点将进入二面凹角的位置 B,并导致三面凹角的再次出现,即重复上一生长程序,直到该质点列又全部被占据后,三面凹角再次消失。即长完一条行列,再长相邻的行列,直到长满一层面网。此时,如晶体继续生长,则质点将进入一般位置 C,新的面网又开始发育。因此,晶体的生长是面网平行向外推移的结果。见图 2-15 石英晶面的平行向外推移生长。

图 2-15 石英晶体的生长纹

研究表明,上述理论与从气相或过饱和度很低的溶液中人工晶体生长实验的事实相矛盾。实验证明,在低过饱和条件下,晶体的生长主要是通过晶核的螺旋位错,而不是只靠二维扩散的方式来进行的。

2. 位错理论(螺旋生长理论)

螺旋位错的形成如图 2-16 所示,图中 A、B、C、D 的右方比左方相对错动了一个行列间距,AD 为位错线或称轴线。由于晶核中螺旋位错的出现,晶核表面呈现出了永不消失的阶梯,在邻近位错线处,永远存在三面凹角。晶体生长时,质点首先将在位错线附近的三面凹角处填补(图 2-17),从而使新的质点面网一层接续一层地作螺旋式地生长。金刚砂(SiC)晶体在电子显微镜下实际观察到的晶面生长螺纹,就是这一理论的无可辩驳的证据。见图 2-18 SiC 晶体表面的生长纹。

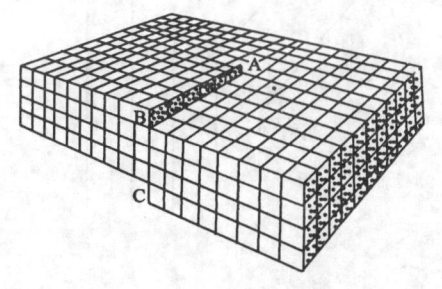

图 2-16 螺旋位错的形成

图中的 D 点在过 A 并平行 BC 的直线下端

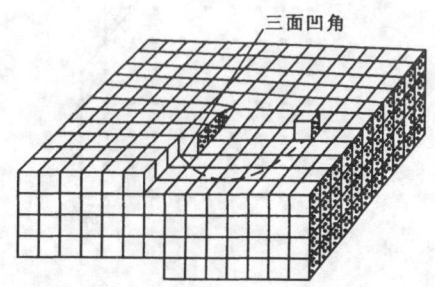

图 2-17 晶体螺旋位错生长过程

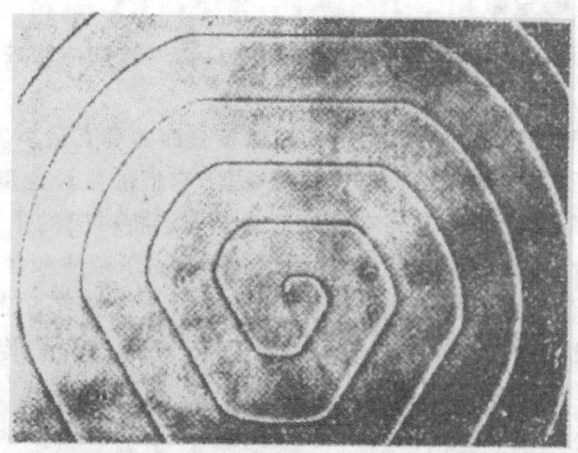

图 2-18 SiC 晶体表面的生长螺旋

3. 布拉维法则

布拉维法则：即实际晶体的晶面常常平行网面结点密度最大的面网。

晶面在单位时间内沿其法线方向向外推移的距离，称为晶面的生长速度。

在一个晶体上，各晶面之间的相对生长速度与晶面本身的面网密度成反比。一般面网密度较大的晶面其生长速度较慢，而面网密度较小的晶面，则生长速度较快。生长速度快的晶面[图2-19(a)中BC]逐渐缩小，以至消失；而生长速度慢的晶面[图2-19(a)中AB、CD]逐渐扩大最后保留在晶体上[图2-19(b)]。因此，实际晶体被面网密度大的晶面所包围。

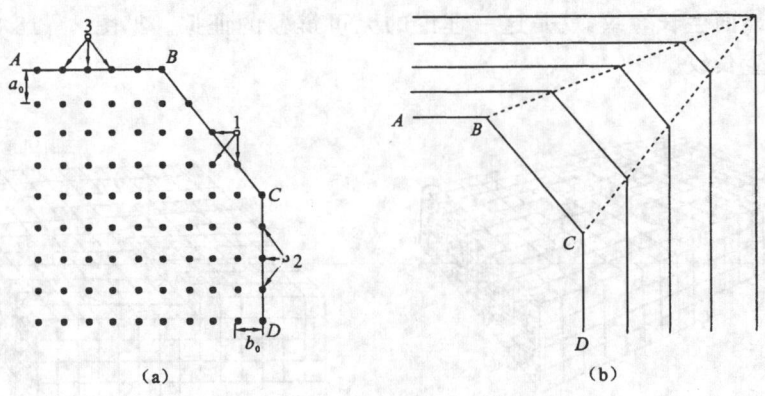

图2-19 布拉维法则图解

(三) 面角恒等定律

天然的几何多面体外形是晶体中最引人注意的特性。这种特性我们可以用布拉维法则进行解释。

晶体在理想的条件中生长时，分布在晶核表面的具有最小表面能（与介质的热力学条件相适应的）的某一类质点面网，由于它们的生长速度相同，因而由它们构成的结晶多面体，必然是与本身内部格子构造相对应的十分规则的几何多面体，如图2-20所示。但在自然界，天然介质中由于杂质和伴随晶体生长而出现的涡流等因素，常常造成同一类的质点面网，在生长速度方面出现差异，结果本应是理想的几何多面体这时却成了一个偏离理想形态的晶形——歪晶（图2-21）。

歪晶在自然界是非常常见的。同一种物质的各个歪晶与其相应的规则晶体之间，虽然在轮廓上互不相同，但相对应的晶面之间的面角是恒等的。

面角是指晶面法线之间的夹角，其数值等于相应晶面间的实际夹角之补角

第二章　晶体和非晶质体

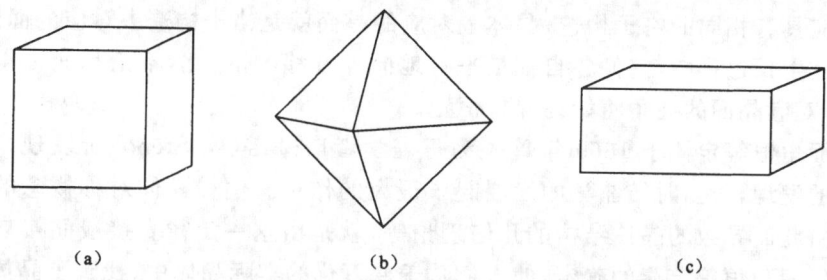

图 2-20　NaCl 晶体的几种晶形

(a)理想条件下生长的立方体晶形；(b)从高饱和度且含有 $K_2[Fe(CN)_6]$ 杂质的溶液中结晶的八面体晶形；(c)对应于立方体的歪形

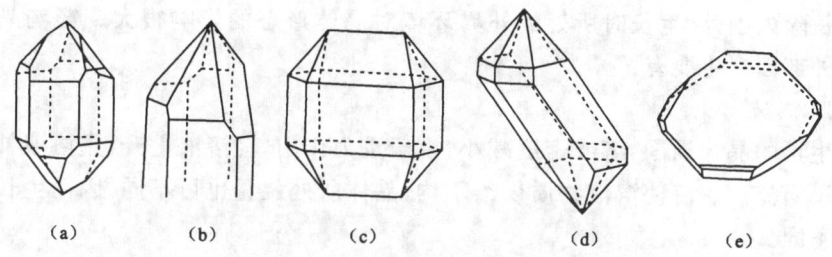

图 2-21　石英晶体的理想形(a)及其几种歪形(b)～(e)

均由六方柱$\{10\bar{1}0\}$及主菱面体$\{10\bar{1}1\}$和副菱面体$\{01\bar{1}1\}$组成

[(c)、(d)据 Hauy,1823；(e)据 Collins,1879]

(图 2-22)。

在晶体测量和矿物学中，凡涉及到晶面间的角度时，所列数值均系面角。这是因为：① 面角是晶面实际夹角的补角；② 在绘制晶体投影图(晶体的极射赤平投影图等)时，利用面角作图比用晶面夹角在手续上要简便得多，故习惯上都采用面角。

面角恒等定律是指在相同的温度、压力条件下，成分和结构相同的所有晶体其对应晶面间的面角恒等。同种晶体间表现在面角上的这种关系，即称为面角恒等定律。面角可以用测角仪测定。

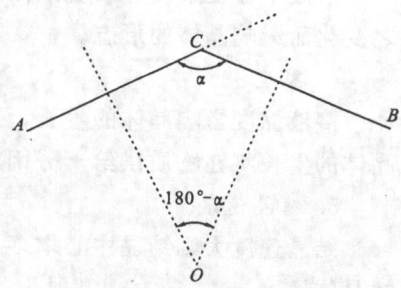

图 2-22　晶面夹角与面角

根据晶体的格子构造,不难阐明面角恒等现象的必然性。这是因为,同种晶体对应具有相同的格子构造,晶体上对应的晶面就是格子构造中对应的面网,而在晶体生长过程中,它们各自都是平行地向外推移的,因此,不论晶面长得大小如何,对应晶面的夹角将始终保持恒定。

面角恒等定律于1669年首先为丹麦学者斯丹诺(N. Steno)所发现。这一定律的发现,对当时结晶学的发展起了很大的作用。例如晶体对称概念的形成以及由此而导致的晶体结构的几何理论等,就是由这一定律直接或间接启迪的结果。面角恒等定律的确定,使人们从千变万化的实际晶体中,找到了晶体外形上所固有的规律性,得以根据面角关系来恢复晶体的理想形态,从而奠定了结晶学的基础。

(四)影响晶体生长的外部因素

同一种晶体在不同的条件下生长时,晶体形态可能有所差别,这是因为,晶体生长除内因外,生长时所处的外界环境对晶体形态的影响很大。影响晶体生长的外部因素主要有:

1. 涡流

生长的晶体周围,溶液密度减小,由于重力作用,轻溶液上升,重溶液补充而形成了涡流。涡流使溶液物质供给不均,晶体所处位置也可不同,因而生长形态特征不同。

2. 温度

同种物质的晶体,在不同的温度下生长,其不同的晶面相对生长速度有所改变,从而影响晶体的形态。

3. 杂质

溶液中存在杂质可改变晶体上不同面网的表面能,其相对应生长速度也随之变化而影响晶体的形态。

4. 黏度

溶液黏度影响晶体的生长,黏度加大妨碍涡流产生,溶质以扩散方式供给,晶体的生长将在物质供给十分困难的条件下进行。

5. 结晶速度

结晶速度大则结晶中心增多,常形成细小的晶体,结晶速度小,常形成粗大的晶体。

除此之外,晶体析出的先后次序等都可影响晶体的形态及大小。

(五)非晶质体

质点在空间的排列是无序的,不具格子构造称为非晶质体。是"硬化了的液体",在外形上无定形,内部结构无规律[图2-23(b)]。

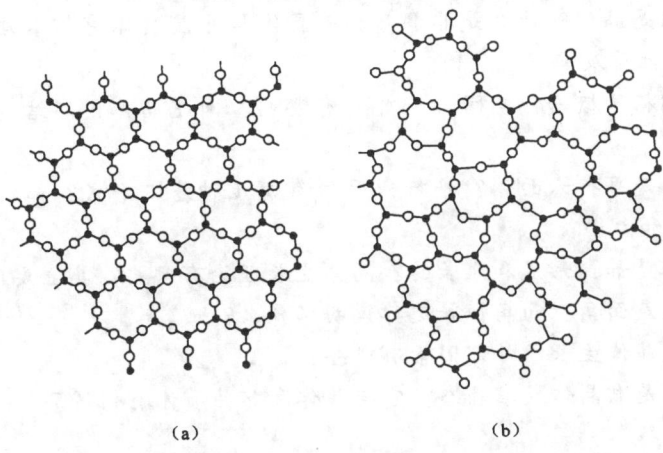

图2-23 晶体(a)与非晶质体(b)内部质点排列情况

非晶质体具有的特点是:①不具有结晶结构,原子排列无规则;②无固定外表形态;③无固定熔点(参见图2-10);④不能用射线法测定其内部结构;⑤各方向上的物理性质相同;⑥具有晶质化的趋势。

非晶质体与晶体在性质上是截然不同的两类物体。非晶质体虽然也呈"固态"存在,但组成它的质点在空间的排列却是无序的,而晶体是有规律的。因此,它不具有受空间格子规律支配形成外形规则的几何多面体和为晶体所固有的那些基本性质。

非晶质体和晶体在一定条件下是可以相互转化的。由于非晶质体是内能没有达到最小的不稳定物态,因此,必然要向内能最小的结晶状态转化,最终成为稳定的晶体。由非晶质体到晶体的这种转变是自发进行的,例如在地球的各个地质时期曾存在过的玻璃质岩石,迄今大都已成为结晶质的。这种由玻璃质转变为结晶质的作用,称为晶化作用或脱璃化作用。与上一作用相反,一些含放射性元素的晶体,由于受放射性元素发生蜕变时释放出来的能量的影响,使原晶体的格子构造遭到破坏变为非晶质体,这种作用称为非晶质化或玻璃化作用。

(六)准晶体

1985年在电子显微镜研究中,发现了一种新的物态,其内部质点排列具有远程规律,但不具格子状构造,是介于晶体与非晶质体间的一种状态,称为准晶体或准晶态。

思考题

1. 什么是晶体？什么是非晶质体？晶体与非晶质体有何本质区别？阐述晶体的基本性质及其产生原因。
2. 空间格子概念？空间格子要素有哪些？阐述晶体内部结构与晶体外形之间的关系。
3. 什么是平行六面体？平行六面体有哪几种基本形式？如何确定平行六面体的形状和大小？
4. 晶体是如何形成和生长的？晶体生长理论有哪些？其主要内容是什么？
5. 什么是面角？面角恒等定律说明了什么？
6. 影响晶体生长的外部因素有哪些？
7. 什么是准晶体或准晶态？它与晶体和非晶质体有何区别？

第三章 晶体的宏观对称

晶体的对称性是晶体的基本性质之一。晶体的对称性是由晶体的格子构造所决定的。

晶体结构的对称性必然会在晶体的各项外部现象如晶体的几何多面体形态、晶体的各项物理性质以及化学性质上反映出来。因此,研究晶体的对称性对于认识晶体的各项性质有着很重要的实际意义。

本章内容仅限于晶体外部性质(主要是外表形态)上的对称性,即晶体的宏观对称。

一、对称的概念和晶体的对称

在自然界和日常生活中,对称现象是广泛存在的,如人的双手、花朵、许多建筑物以及各种工艺品等等,它们所具有的形态和图形,大都是对称的(图3-1、图3-2、图3-3)。

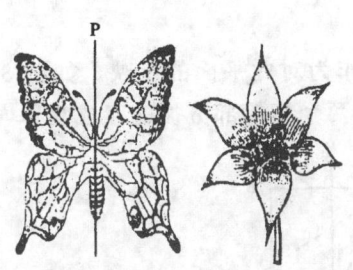 

图3-1 蝴蝶和花朵的对称   图3-2 伞的旋转对称

上述形态和图形之所以具有对称性,首先是因为它们各自都可以划分出两个或两个以上的相等部分,而且这些相等部分在通过某种操作后,彼此能完全重合。例如人的双手,可以通过一个垂直平分它的镜面(图3-3中的 P)的反映,使它的左右两个相等部分相互重合;花朵的各个花瓣,可以沿着过花芯的轴线,将花朵旋转一定角度后而重合。

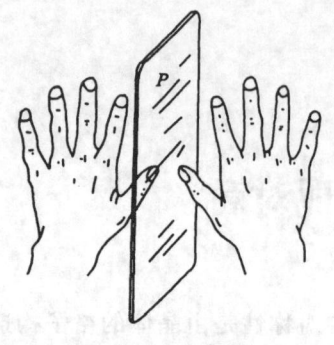

图 3-3 双手的对称

对称是指物体相等部分有规律的重复。晶体的对称是由格子状构造所决定的,其对称最直观地表现在晶体的几何多面体外形上,同时,也表现在力学、电学、光学等性质上。晶体的对称和其他物体的对称不同,是表里一致的,是内部构造的反映。

(一)晶体对称的特点

(1)一切晶体都是对称的,因为晶体是具有格子状构造的固体,格子状构造就是质点在三维空间的重复,本身就是对称的。

(2)晶体的对称是有限的。晶体对称严格受格子状构造所控制,只有格子状构造允许的对称,才能在晶体上表现出来。

(3)晶体的对称不仅表现在外部形态上,同时表现在物理、化学性质上。晶体的外形和物理、化学性质上的对称是由其内部结构的对称性所决定的。

晶体的对称是晶体最重要的性质,是种类繁多的晶体分类的依据。

(二)晶体的对称操作和对称要素

使晶体上相等部分有规律地重复所进行的操作,称为对称操作。在操作中所凭借的几何要素(点、线、面),称为对称要素。

研究晶体外形对称时可能运用的对称操作及与之相应的对称要素有:

1. 对称面(P)

对称面为一假想平面,与之相应的对称操作为对此平面的反映。如图 3-4(a)所示,由这个平面将物体(或图形)平分后的两个相等部分彼此互成物体与镜

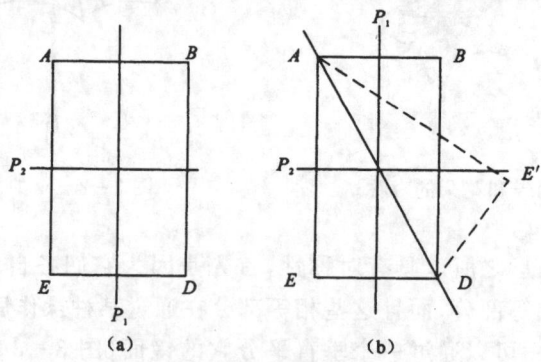

图 3-4 对称面示意图
(a)具对称面;(b)不具对称面

像的关系。关键是两相等部分上对应点的连线是否与对称面垂直等距,如果垂直等距,就是镜像反映关系。如图 3-4(b),尽管 AD 将 $ABDE$ 平分成两个相同的三角形,但彼此不互成物体与镜像的关系,所以 AD 不是对称面。只有当图形成 $AEDE_1'$ 时,AD 才是对称面。

对称面可能出现的位置主要有(图3-5):

(1)垂直并平分晶体上的晶面或晶棱;

(2)垂直晶面并平分它的两个晶棱的夹角;

(3)包含晶棱。

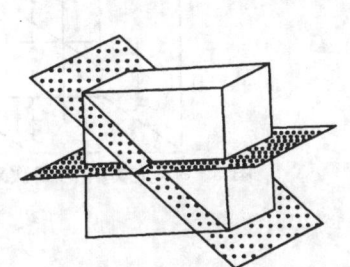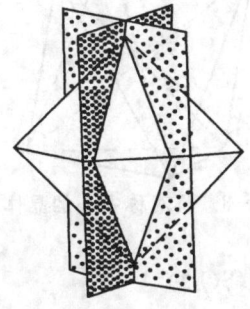

图3-5 晶体中对称面可能出现的位置

在一个晶体上可以不存在对称面,也可以有一个或多个对称面,但最多不超过9个。如图 3-6 所示立方体的9个对称面。对称面用 P 表示,如 $1P$、$2P$、$3P$……$9P$。

2. 对称中心(C)

对称中心是一个假想的点,与之相应的对称操作为对此一点的反伸(图3-7)。

当晶体具有对称中心时,通过晶体中

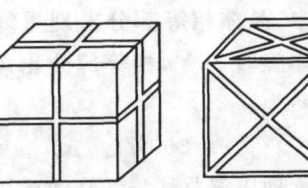

图3-6 立方体的9个对称面

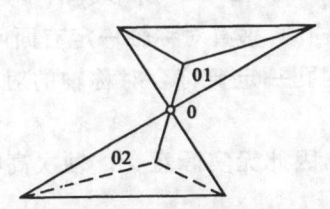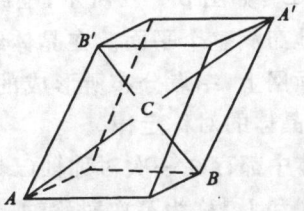

图3-7 对称中心示意图

心点的任一直线,在其距中心点等距离的两端必定出现晶体上两个相等部分(面、棱、角),如图 3-8 所示。

晶体具有对称中心的标志是:晶体上所有的晶面都两两平行,形状相同,大小相等,方向相反。

在晶体外形的对称中,对称中心可能没有或可能有,若有,只有一个。对称中心用 C 表示。

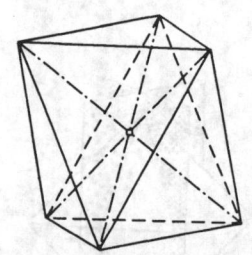

图 3-8 具对称中心的晶体

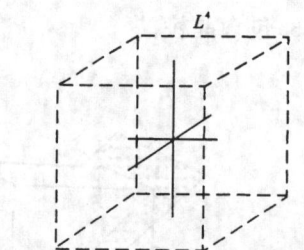

图 3-9 立方体的四次对称轴

3. 对称轴(L^n)

对称轴为一假想的通过晶体几何中心的直线,与之相应的对称操作为绕此直线的旋转。

当晶体围绕该直线每旋转一定角度后,晶体上的相等部分便出现一次重复。在旋转中,晶体相等部分出现重复时所必需的最小旋转角,称为基转角,用 α 表示。晶体旋转 360°,相等部分出现重复的次数,称为轴次,以 n 表示。n 与 α 之间的关系为:

$$n = 360°/\alpha \quad \text{或} \quad \alpha = 360°/n$$

对称轴用符号 L^n 表示,如图 3-9,垂直立方体各面中心的一条直线即为一对称轴,基转角为 90°,轴次 $n=4$,称为四次对称轴。记为 L^4。

晶体由于受空间格子规律限制,在外形上可能出现的对称轴只可能是 L^1、L^2、L^3、L^4 和 L^6,如图 3-10 所示,围绕 L^2、L^3、L^4、L^6 所形成的多边形网孔,可以毫无间隙地布满整个平面。在晶体结构中,垂直对称轴一定有面网存在,在垂直对称轴的面网上,结点分布所形成的网孔一定要符合对称轴的对称规律。这一规律,称为晶体的对称定律。

所有晶体中都存在一次对称轴(L^1),因此无实际意义。轴次高于 2 的对称轴,即 L^3、L^4 和 L^6 称为高次对称轴。

在一个晶体中,可以没有对称轴,也可以有一个或多个多次对称轴。如立方体的全部对称轴为 $3L^4 4L^3 6L^2$。

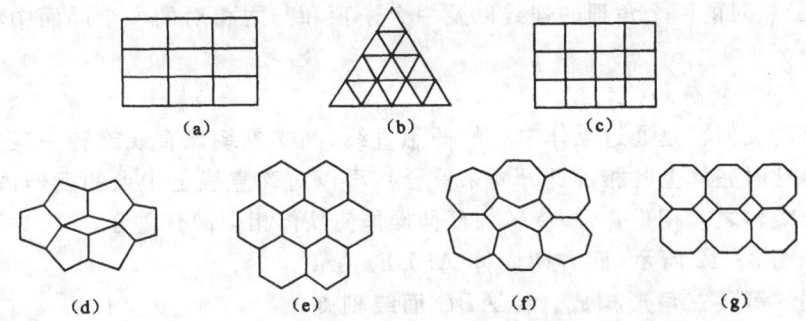

图 3-10 垂直对称轴的面网网孔
(引自潘兆橹等，1993)

(a)、(b)、(c)、(d)、(e)、(f)、(g)分别表示垂直 L^2、L^3、L^4、L^5、L^6、L^7、L^8 的多边形网孔，五、七、八边形网孔不能无间隙地排列

晶体上可能出现的对称轴见表 3-1。

表 3-1 晶体上可能出现的对称轴

对称轴	基转角	作图符号
L^1	360°	
L^2	180°	●
L^3	120°	▲
L^4	90°	■
L^6	60°	⬢

晶体上对称轴可能出露的位置(图 3-11)：

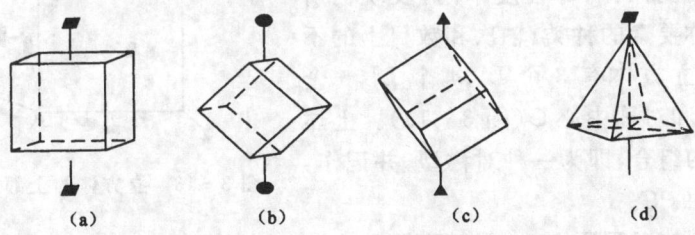

图 3-11 对称轴在晶体上出露的位置

(1) 两个相对晶面中心的连线；
(2) 两个相对晶棱中点的连线；

(3) 相对的两个角顶的连线以及一个角顶和与之相对的一个晶面中心的连线。

4. 旋转反伸轴(L_i^n)

旋转反伸轴是通过晶体中心的假想直线,晶体围绕该直线旋转一定角度后(注意,此时晶体上各相等部分尚未重合),再以对该直线上中点的反伸,才使晶体与未旋转之前相重合,即旋转加反伸操作使晶体相同部分重合。

如图 3-12 所示,四方四面体 $ABDE$,由 4 个相同的等腰三角形构成。将 ABD 面绕轴旋转 90°,则 ABD 面移到 $A_1B_1D_1$ 的位置,$A_1B_1D_1$ 面再通过对称中心的反伸,$A_1B_1D_1$(实际是 ABD)晶面才与(未转动时的)DEB 晶面重合,即 A_1 与 D 重合,B_1 与 E 重合,D_1 与 B 重合。其余晶面也以同样方式重合,整个图形便恢复了原来所处的空间位置。由于各晶面重合时所需要的基转角为 90°,故为四次旋转反伸轴,记为 L_i^4。旋转反伸轴通常使用的符号为 L_i^n,其中 i 表示反伸,n 代表轴次。

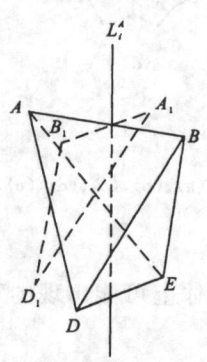

图 3-12 四次旋转反伸轴(L_i^4)

旋转反伸轴也只有 L_i^1、L_i^2、L_i^3、L_i^4 和 L_i^6 5 种。但有实际意义的只有 L_i^4 和 L_i^6。因为 L_i^4 是一个完全独立的不能用其他对称操作来代替的对称要素,L_i^6 虽与 $L_i^3+P_\perp$ 的组合等效,但在晶体对称分类中具有特殊的意义,因为,L_i^6 属六方晶系,所以不能用三方晶系的 $L_i^3+P_\perp$ 组合来代替它。

(三)对称型的概念

对称型是晶体上全部对称要素的组合。

不同的晶体,对称程度不同,表现在所具有的对称要素的种类、轴次和数目上的不同。例如,立方体有 3 个 L^4,4 个 L^3,6 个 L^2,9 个 P 和对称中心 C(图 3-13)。上述对称要素的组合,即为一种对称型,并记作:$3L^4 4L^3 6L^2 9PC$。

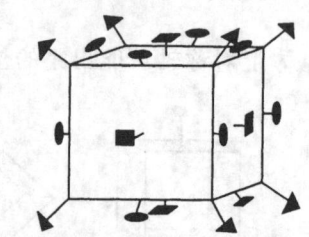

图 3-13 立方体的全部对称要素

对称型的书写原则:先写对称轴和旋转反伸轴,并按轴次由高次到低次排列;再写对称面;最后写对称中心。

由于晶体外形上出现的对称要素是有限的,其组合又必须服从对称组合定理,因此,晶体的对称型在数目上是有限的。晶体对称要素的组合必须服从晶体内部格子构造的对称性,服从于对称组合的规律。根据推导,晶体对称要素的组合只有32种。

32种对称型见表3-2。

表3-2 32种对称型及晶体的对称分类

32种对称型		对称特点	晶系	晶族
种类	国际符号			
1. L^1	1	无L^2,无P	三斜晶系	低级晶族 (无高次轴)
2. C^*	$\bar{1}$			
3. L^2	2	L^2或P仅1个	单斜晶系	
4. P	m			
5. L^2PC^*	$2/m$			
6. $3L^2$	222	L^2或P多于1个	斜方晶系	
7. $L^2 2P$	$mm(mm2)$			
8. $3L^2 3PC$	$mmm(\frac{2}{m}\frac{2}{m}\frac{2}{m})$			
9. L^4	4	有1个L^4或1个L_i^4	四方晶系	中级晶族 (仅1个高次轴)
10. $L^4 4L^2$	42(422)			
11. L^4PC^*	$4/m$			
12. $L^4 4P$	$4mm$			
13. $L^4 4L^2 5PC^*$	$4/mmm(\frac{4}{m}\frac{2}{m}\frac{2}{m})$			
14. L_i^4	$\bar{4}$			
15. $L_i^4 2L^2 2P$	$\bar{4}2m$			
16. L^3	3	有1个L^3	三方晶系	
17. $L^3 3L^{2*}$	32			
18. $L^3 3P$	$3m$			
19. $L^3 C^*$	$\bar{3}$			
20. $L^3 3L^2 3PC^*$	$\bar{3}m(\bar{3}\frac{2}{m})$			
21. L_i^6	$\bar{6}$ 8	有1个L^6或L_i^6	六方晶系	
22. $L_i^6 3L^2 3P$	$\bar{6}2m$			
23. L^6	6			
24. $L^6 6L^2$	62(622)			
25. $L^6 6P$	$6mm$			
26. $L^6 PC^*$	$6/m$			
27. $L^6 6L^3 7PC^*$	$6/mmm(\frac{6}{m}\frac{2}{m}\frac{2}{m})$			
28. $3L^2 4L^3$	23	有4个L^3	等轴晶系	高级晶族 (有多个高次轴)
29. $3L^2 4L^3 3PC^*$	$m3(\frac{2}{m}\bar{3})$			
30. $3L_i^4 4L^3 6P^*$	$\bar{4}3m$			
31. $3L^4 4L^3 6L^2$	43(432)			
32. $3L^4 4L^3 6L^2 9PC^*$	$m3m(\frac{4}{m}\bar{3}\frac{2}{m})$			

(四)晶体的对称分类

晶体的格子构造规律决定了晶体的对称。不同的晶体,虽然在形态和物理、化学性质上有区别,但其晶体内部结构相似的晶体都可以具有相同的对称特点,因此,晶体根据其对称特点进行分类。

首先,将属于同一个对称型的所有晶体,归为一类,称为晶类,共有 32 个晶类。

其次,在 32 种对称型中,根据对称型中有无高次轴及高次轴的多少,将晶体分为 3 个晶族:有多个高次轴的对称型为高级晶族;仅有一个高次轴的对称型为中级晶族;无高次轴的对称型为低级晶族。

最后,在各晶族中,按其对称特点进一步划分为 7 个晶系。高级晶族只有一个晶系即等轴晶系;中级晶族划分为 3 个晶系:只有一个 L^6 或 L_i^6 的对称型为六方晶系,只有一个 L^4 或 L_i^4 的对称型为四方晶系,只有一个 L^3 的对称型为三方晶系;低级晶族划分为 3 个晶系:L^2 或 P 多于一个的对称型属斜方晶系;只有一个 L^2 或 P 的对称型属单斜晶系,无 P 及无 L^2 的对称型属三斜晶系。

高、中、低级 3 个晶族的矿物晶体,不仅在形态上各有特点,而且在物理性质上也截然不同。7 个晶系的矿物,在形态和物理性质上也有明显差异。掌握各晶系、晶族的对称特点,是对矿物进行鉴定和研究必备的基础知识。

思考题

1. 简述对称概念及晶体对称特点。晶体的对称与其他物体的对称有何本质区别?
2. 对称要素有哪些?如何在晶体上寻找对称面、对称中心、对称轴及旋转反伸轴?
3. 什么是对称型?对称型的书写原则?
4. 晶体分类的依据是什么?晶体是如何分类的?具体分为哪些类型?各晶系的对称特点如何?
5. 晶体上只可能存在 L^1、L^2、L^3、L^4 和 L^6 次对称轴吗?为什么?

第四章 单形和聚形

晶体的对称和分类只说明了晶体上相同部分重复的规律性，反映了晶体的对称特点，尚未涉及晶体的具体形态。32 种对称型中，同属一个对称型的晶体，形状可能完全不同，图 4-1 中的立方体、八面体、菱形十二面体对称型同为 $3L^44L^36L^29PC$，形态却不相同。因此，仅研究晶体的对称，不能解决晶体的形态问题，在研究晶体对称的基础上，还必须进一步研究晶体的形态。

此章主要学习晶体的具体形态——单形和聚形。

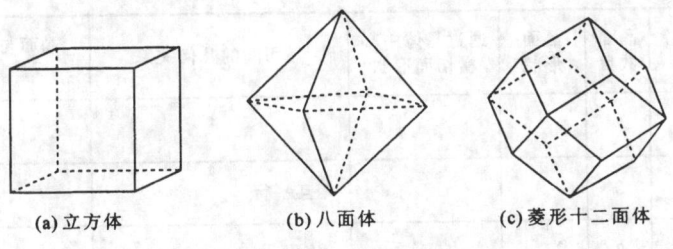

图 4-1 不同形态的晶形

一、单形

(一) 单形的概念

单形：是由对称要素联系起来的一组晶面的总和。即在具有几何多面体的晶体上，各同等形状同等大小的晶面(或称同种晶面)都能通过对称操作重复出现。因此由同种晶面组成的晶体(理想条件下，同种晶面其形状相同，大小相等)即为单形(图 4-1)。

(二) 单形的数目

一切可能存在的单形都可由 32 种对称型推导出来。据各种对称型的具体特征，分析晶面与对称要素之间的相对位置共有 7 个位置。因此，单形总数：

32 种对称型×7 个位置＝224 种单形

在 224 种单形中,每一个对称型保留一个相同的单形,即 146 种结晶单形。结晶单形是只考虑对称型的单形。

在 146 种结晶单形中,不考虑对称型,只考虑其几何形状,去掉形状相同的单形,即 47 种几何单形。

(三)47 种几何单形

不考虑对称型,只考虑几何形状的单形,47 种几何单形的形状见图 4-2、图 4-3、图 4-4、图 4-5、图 4-6、图 4-7、图 4-8、图 4-9、图 4-10,其特点见表 4-1、表 4-2、表 4-3。

现将它们按低、中、高级晶族依次进行描述,单形的描述,包括晶面的形状、数目、相互关系,晶面与对称要素的相对位置以及单形横切面的形状等。

1. 低级晶族的单形

低级晶族共有 7 种单形,见表 4-1、图 4-2。

表 4-1 低级晶族的单形

名 称	晶面数目	晶面形状	通过晶体中心横切面形状	晶面间的几何关系	晶面与对称轴间的关系
1.单面	1				
2.平行双面	2			相互平行	
3.双面	2			相交	
4.斜方柱	4	长方形	菱形	成对平行,交棱平行,交角相间相等	所有晶面及交棱平行 L^2
5.斜方四面体	4	不等边三角形	菱形	成对错开	交棱中点为 L^2
6.斜方单锥	4	不等边三角形	菱形	全部相交	所有晶面交于 L^2 一点
7.斜方双锥	8	不等边三角形	菱形	成对平行,上下晶面对称	上下晶面分别交于 L^2 的两点

(1)单面:由一个晶面组成。

(2)平行双面:由一对相互平行的晶面组成。

(3)双面:由两个相交的晶面组成,若此二晶面由二次轴 L^2 相联系时称轴双面,若由对称面 P 相联系时称反映双面。

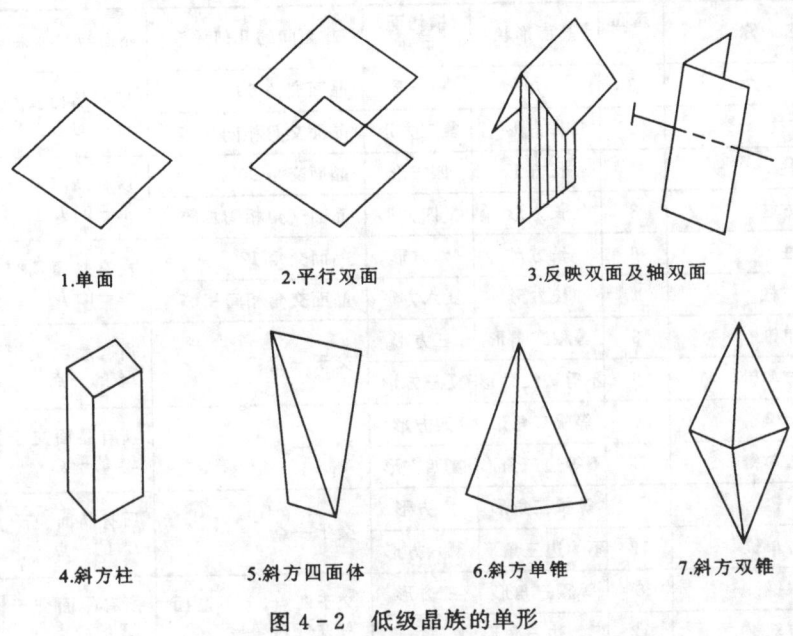

图 4-2 低级晶族的单形
（引自潘兆橹等，1993）

(4) 斜方柱：由 4 个两两平行的晶面组成。它们相交的晶棱互相平行而形成柱体，横切面为菱形。

(5) 斜方四面体：由 4 个不等边的三角形晶面组成。晶面互不平行，通过晶体中心的横切面为菱形。

(6) 斜方单锥：由 4 个不等边三角形的晶面相交于一点形成单锥体，锥顶出露 L^2，横切面为菱形，仅见于斜方晶系 $L^2 2P$ 对称型中。

(7) 斜方双锥：由 8 个不等边三角形晶面组成的双锥体。犹如两个斜方单锥以底面相联结而成。每 4 个晶面会聚于一点，横切面为菱形。仅见斜方晶系 $3L^2 3PC$ 对称型中。

低级晶族 7 种单形中，三斜晶系仅见单面（不具对称中心时）和平行双面（具对称中心时）；单斜晶系增加了双面和斜方柱；斜方晶系又增加了斜方单锥、斜方双锥和斜方四面体。

2. 中级晶族的单形

在中级晶族中，除垂直高次轴可出现的单面或平行双面，还可出现下列 25 种单形，见表 4-2。现分类简述如下。

表 4-2 中级晶族的单形

名称	晶面数目	晶面形状	横切面形状	晶面间的几何关系	晶面与对称轴间的关系
8. 三方柱	3	长方形	三方形	晶面交角 60°	所有晶面及交棱平行惟一的 L^3
9. 复三方柱	6	长方形	复三方形	晶面交角相间相等	所有晶面及交棱平行惟一的 L^3
10. 四方柱	4	长方形	四方形	晶面交角 90°	所有晶面及交棱平行惟一的 L^4
11. 复四方柱	8	长方形	复四方形	晶面交角相间相等	所有晶面及交棱平行惟一的 L^4
12. 六方柱	6	长方形	六方形	晶面交角 120°	所有晶面及交棱平行惟一的 L^6
13. 复六方柱	12	长方形	复六方形	晶面交角相间相等	所有晶面及交棱平行惟一的 L^6
14. 三方单锥	3	等腰三角形	三方形	交于一点	所有晶面交于惟一的 L^3 的一点
15. 复三方单锥	6	不等边三角形	复三方形	交于一点	所有晶面交于惟一的 L^3 的一点
16. 四方单锥	4	等腰三角形	四方形	交于一点	所有晶面交于惟一的 L^4 的一点
17. 复四方单锥	8	不等边三角形	复四方形	交于一点	所有晶面交于惟一的 L^4 的一点
18. 六方单锥	6	等腰三角形	六方形	交于一点	所有晶面交于惟一的 L^6 的一点
19. 复六方单锥	12	不等边三角形	复六方形	交于一点	所有晶面交于惟一的 L^6 的一点
20. 三方双锥	6	等腰三角形	三方形	交于两点，上下晶面对称排列	所有晶面交于惟一的 L^3 的两点
21. 复三方双锥	12	不等边三角形	复三方形	交于两点，上下晶面对称排列	所有晶面交于惟一的 L^3 的两点
22. 四方双锥	8	等腰三角形	四方形	交于两点，上下晶面对称排列	所有晶面交于惟一的 L^4 的两点
23. 复四方双锥	16	不等边三角形	复四方形	交于两点，上下晶面对称排列	所有晶面交于惟一的 L^4 的两点
24. 六方双锥	12	等腰三角形	六方形	交于两点，上下晶面对称排列	所有晶面交于惟一的 L^6 的两点
25. 复六方双锥	24	不等边三角形	复六方形	交于两点，上下晶面对称排列	所有晶面交于惟一的 L^6 的两点
26. 四方四面体	4	等腰三角形	四方形	成对错开	三角形底边为 L_i^4 的出露点
27. 菱面体	6	菱形	六方形	两两平行	上下晶面绕 L^3 错开 60°
28. 复四方偏三角面体	8	不等边三角形	复四方形	似四方四面体每个晶面变为两个不等边三角形而成	
29. 复三方偏三角面体	12	不等边三角形	复六方形	似菱面体每个晶面变为两个不等边三角形而成	
30. 三方偏方面体	6	两边相等的四边形	复三方形	上下晶面错开	上下晶面绕惟一的 L^3 错开一定角度
31. 四方偏方面体	8	两边相等的四边形	复四方形	上下晶面错开	上下晶面绕惟一的 L^4 错开一定角度
32. 六方偏方面体	12	两边相等的四边形	复六方形	上下晶面错开	上下晶面绕惟一的 L^6 错开一定角度

(1) 柱类（图 4-3）

本类单形由若干晶面围成柱体，晶面交棱相互平行并平行于惟一的高次轴。

包括6种单形：三方柱、复三方柱、四方柱、复四方柱、六方柱、复六方柱。

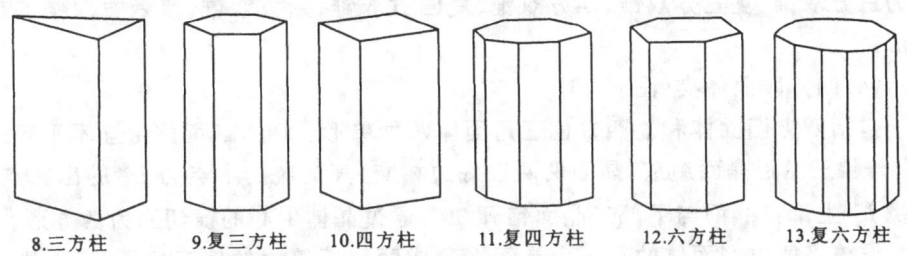

8.三方柱　9.复三方柱　10.四方柱　11.复四方柱　12.六方柱　13.复六方柱

图4-3　中级晶族的单形——柱类

（引自潘兆橹等，1993）

(2)单锥类(图4-4)

本类单形由若干晶面相交于惟一的高次轴的一点而形成的单锥体，包括6种单形：三方单锥、复三方单锥、四方单锥、复四方单锥、六方单锥、复六方单锥。

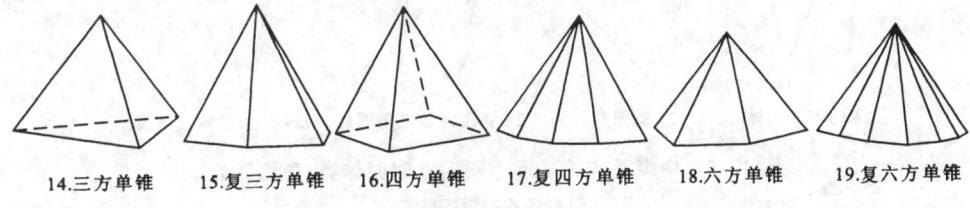

14.三方单锥　15.复三方单锥　16.四方单锥　17.复四方单锥　18.六方单锥　19.复六方单锥

图4-4　中级晶族的单形——单锥类

（引自潘兆橹等，1993）

(3)双锥类(图4-5)

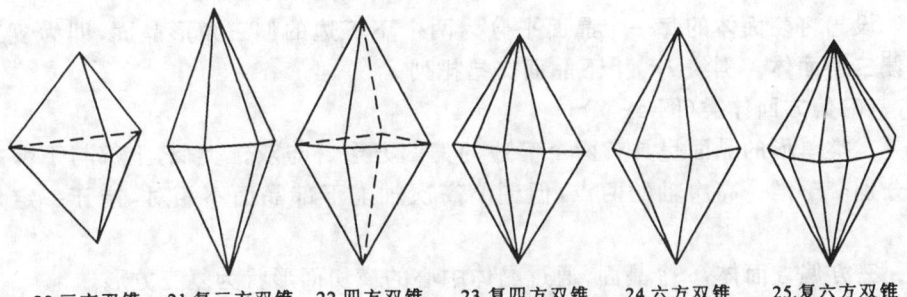

20.三方双锥　21.复三方双锥　22.四方双锥　23.复四方双锥　24.六方双锥　25.复六方双锥

图4-5　中级晶族的单形——双锥类

（引自潘兆橹等，1993）

本类单形由若干晶面分别相交于惟一的高次轴上的两点而形成的双锥体。分为三方双锥、复三方双锥、四方双锥、复四方双锥、六方双锥、复六方双锥 6 种单形。

(4)四方四面体类(图 4-6)

包括四方四面体和复四方偏三角面体两种单形。四方四面体由互不平行的 4 个等腰三角形晶面组成,晶面两两以底边相交,其交棱的中点为 L_i^4 的出露点,围绕 L_i^4 上部二晶面与下部二晶面错开 $90°$,通过晶体中心的横切面为四方形。

设想将四方四面体的每一个晶面平分成两个不等边的偏三角形晶面,则构成复四方偏三角面体,通过晶体中心横切面的正式形状为复四方形。

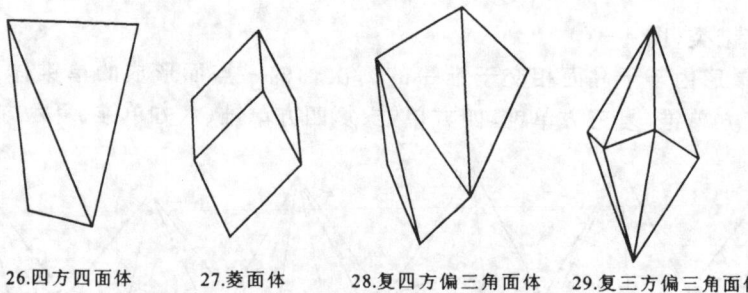

26.四方四面体　27.菱面体　28.复四方偏三角面体　29.复三方偏三角面体

图 4-6　中级晶族的单形——四方四面体类、菱面体类
(引自潘兆橹等,1993)

(5)菱面体类(图 4-6)

包括菱面体与复三方偏三角面体两种单形。菱面体由两两平行的 6 个菱形晶面组成,分别交 L^3 于两点,上下晶面绕 L^3 相互错开 $60°$。

设想将菱面体的每一个晶面平分为两个不等边的偏三角形晶面,即为复三方偏三角面体。围绕 L^3,上下晶面交错排列。

(6)偏方面体类(图 4-7)

本类单形的晶面呈具有两个等边的偏四方形。与双锥类似,上部与下部晶面分别交于惟一高次轴的两点,但围绕高次轴上下部晶面不相对,错开一定角度。

三方偏方面体,6 个晶面,通过晶体中心的横切面形状为复三方形。

四方偏方面体,8 个晶面,通过晶体中心的横切面形状为复四方形。

六方偏方面体,12 个晶面,通过晶体中心的横切面形状为复六方形。

3. 高级晶族的单形

高级晶族共有 15 个单形,见表 4-3。分为 3 组:

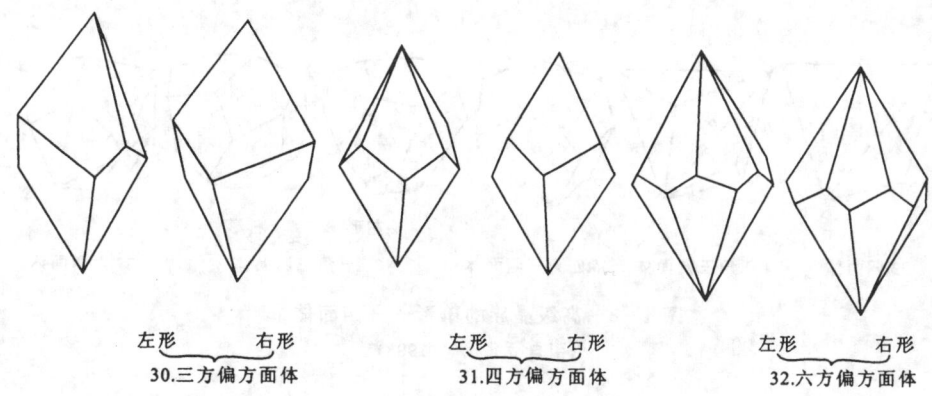

左形　右形　　　左形　右形　　　左形　右形
30. 三方偏方面体　　31. 四方偏方面体　　32. 六方偏方面体

图 4-7　中级晶族的单形——偏方面体类
（引自潘兆橹等，1993）

表 4-3　高级晶族的单形

名称	晶面数目	晶面形状	晶面间的几何关系	晶面与对称轴间的关系
33. 四面体	4	等边三角形	成对错开	交棱中点为 L_i^4 出露点，晶面与 L^3 垂直
34. 三角三四面体	12	等腰三角形	四面体每个晶面变为三个等腰三角形晶面而成	
35. 四角三四面体	12	四边形	四面体每个晶面变为三个四边形晶面而成	
36. 五角三四面体	12	五边形	四面体每个晶面变为三个五边形晶面而成	
37. 六四面体	24	等腰三角形	四面体每个晶面变为六个不等边三角形晶面而成	
38. 八面体	8	等边三角形	两两平行	每四个晶面交点为 L^4 出露点，晶面垂直 L^3
39. 三角三八面体	24	等腰三角形	八面体每个晶面变为三个等腰三角形晶面而成	
40. 四角三八面体	24	四边形	八面体每个晶面变为三个四边形晶面而成	
41. 五角三八面体	24	五边形	八面体每个晶面变为三个五边形晶面而成	
42. 六八面体	48	等腰三角形	八面体每个晶面变为六个不等边三角形晶面而成	
43. 立方体	6	四方形	两两平行，晶面交角 90°	晶面中点为 L^4 出露点
44. 四六面体	24	等腰三角形	立方体每个晶面变为四个等腰三角形晶面而成	
45. 菱形十二面体	12	菱形	两两平行	每四个晶面交点为 L^4 出露点，晶面中点为 L^2 出露点
46. 五角十二面体	12	四边相等的五边形	两两平行	长边中点为 L^2 出露点
47. 偏方复十二面体	24	四边形	五角十二面体每个晶面变为二个四边形晶面而成	

(1)四面体组(图4-8)

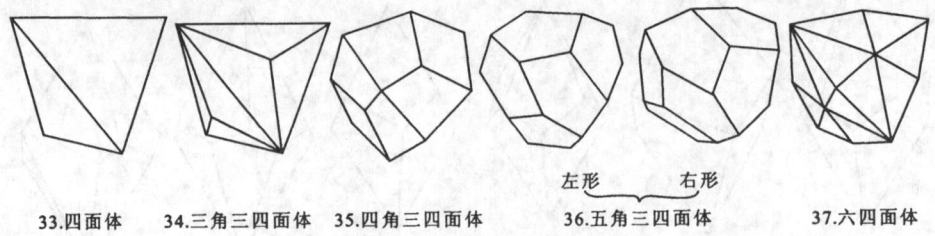

33.四面体　34.三角三四面体　35.四角三四面体　36.五角三四面体（左形 右形）　37.六四面体

图4-8　高级晶族的单形——四面体组
（引自潘兆橹等，1993）

四面体：由4个等边三角形晶面组成，晶面与L^3垂直，晶棱的中点出露L_i^4。

三角三四面体：犹如四面体的每一个晶面突起分为3个等腰三角形晶面而成。

四角三四面体：犹如四面体的每一个晶面突起分为3个四边形晶面而成。四边形的4个边两两相等。

五角三四面体：犹如四面体的每一晶面突起分为3个偏五角形晶面而成。

六四面体：犹如四面体的每一个晶面突起分为6个不等边三角形而成。

(2)八面体组(图4-9)

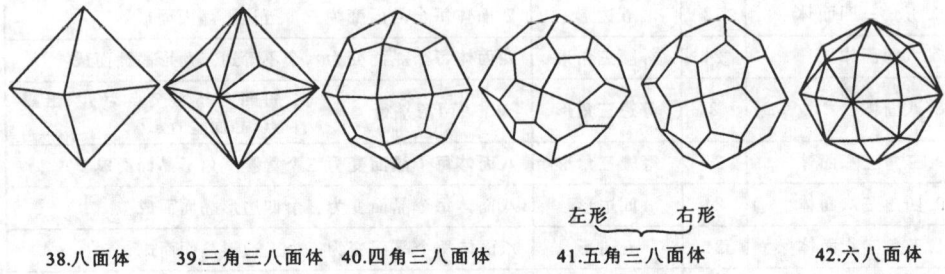

38.八面体　39.三角三八面体　40.四角三八面体　41.五角三八面体（左形 右形）　42.六八面体

图4-9　高级晶族的单形——八面体组
（引自潘兆橹等，1993）

八面体：由8个等边三角形晶面所组成。晶面垂直L^3。

与四面体组的情况类似，设想八面体的每一个晶面突起平分为3个晶面，根据晶面的形状分别形成三角三八面体、四角三八面体、五角三八面体；设想八面体的一个晶面突起平分为6个不等边三角形则形成六八面体。

(3)立方体组(图 4-10)

立方体:由两两平行的 6 个四方形晶面组成,相邻晶面间均以直角相交。

四六面体:设想立方体的每个晶面突起平分为 4 个等腰三角形晶面。

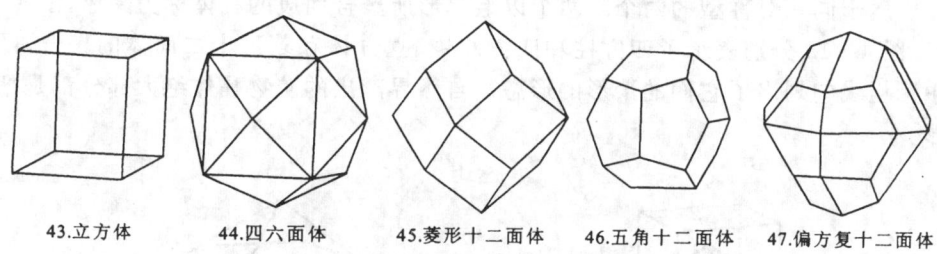

43.立方体　　44.四六面体　　45.菱形十二面体　　46.五角十二面体　　47.偏方复十二面体

图 4-10　高级晶族的单形——立方体组、十二面体组

(引自潘兆橹,1993)

(4)十二面体组(图 4-10)

菱形十二面体:由 12 个菱形晶面所组成,晶面两两平行。

五角十二面体:12 个晶面分别为 4 边相等的五边形。

偏方复十二面体:设想五角十二面体的每个晶面突起平分为两个具两个等长邻边的偏四方形晶面。

4. 单形的分类

(1)开形和闭形

单形的晶面不能封闭的晶体称开形,如平行双面、各种柱、单锥等。

单形的晶面能封闭者称闭形,如各种双锥以及等轴晶系的全部单形等。

(2)左形和右形

互为镜像,但不能以旋转操作使之重合的两个图形,称为左右形。

从几何形态来看偏方面体、五角三四面体和五角三八面体都有左形和右形之分(参看图 4-7、图 4-8、图 4-9 中单形的左形和右形)。

偏方面体,以上部晶面的两个不等长边为准,长边在左者为左形,长边在右者为右形。

五角三四面体,在其两个 L^3 的出露点之间可以找到由 3 条晶棱组成的一条折线,再联系两个 L^3 的出露点作一条假想的直线辅助观察,折线最下边一条晶棱偏向左上方,即为左形,反之,即为右形。

五角三八面体,在其两个 L^4 的出露点之间可找到由 3 条晶棱组成的一条折线,再联系该两个 L^4 的出露点作一条假想的直线辅助观察,折线最上边的一条晶棱偏向直线的左下方,即为左形,反之,即为右形。

二、聚形

(一)聚形概念

属于同一对称型的两个或两个以上单形所聚合而成的晶体称为聚形,图4-11、图4-12分别表示了四方柱和四方双锥、立方体和菱形十二面体的聚合,图中用粗线勾划出了它们的聚形的形态。自然界产出的矿物晶体绝大部分都是聚形。

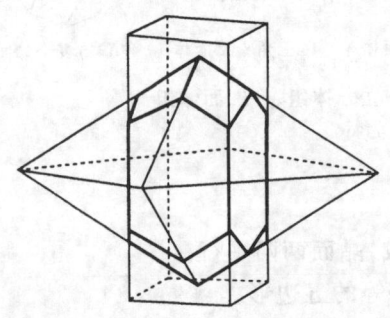 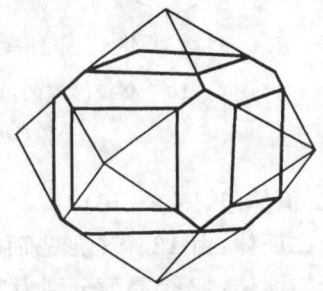

图4-11　四方柱和四方双锥的聚形　　图4-12　立方体和菱形十二面体的聚形
　　（引自潘兆橹等,1993）　　　　　　　　　（引自潘兆橹等,1993）

从图4-11、图4-12中可以看出:

(1)聚形上有几种不同的晶面,该聚形就由几个单形相聚而成,即聚形由几个单形组成,就会出现几种不同的晶面。因为理想形态,同一个单形的晶面形状相同,大小相等。

(2)单形相聚后,各单形的晶面数目及晶面间的相对位置、晶面与对称轴间的关系都没有改变,但由于单形彼此相互切割,致使晶面的形状与原来在单形中相比,会有所变化,因此,不能依据聚形中晶面的形状来判定组成该聚形的单形名称。

(3)单形相聚不是任意的,必须是属于同一对称型的单形才能相聚。即聚形也必属于一定的对称型。

(4)由于每种对称型所能推导出的单形最多不超过7种,所以聚形中的单形种类也是有限的。

(5)同种单形可重复出现在同一个聚形中,但其晶面不可能同形等大。

(二)聚形分析

聚形分析的目的,就是确定组成聚形的单形。

判断一个聚形由哪些单形组成,可依据对称型、单形的晶面数目和晶面间的相对位置、晶面与对称轴间的关系以及假想单形的晶面扩展相交后设想单形的形状等进行分析。

聚形分析步骤:

(1)通过对称操作确定聚形的对称型以及晶族、晶系。

(2)确定聚形上不同形状、大小的晶面数目,有几种不同形状、大小的晶面,此聚形就由几个单形聚合而成。

(3)数出每种单形的晶面数目。

(4)根据每种晶面的数目、晶面间的相对位置、晶面与对称轴间的关系,也可采用将晶面扩展相交恢复单形的理想形状,确定单形的名称。

思考题

1. 什么是单形和聚形?
2. 举例说明什么是开形和闭形、左形和右形?
3. 单形相聚的原则是什么?聚形分析的目的是什么?聚形分析中,根据什么来判断组成聚形的单形?
4. 聚形分析的步骤?下列单形能相聚吗?

八面体与四方柱、六方柱与菱面体、五角十二面体与平行双面、

斜方柱与四方柱、三方单锥与单面、立方体与菱形十二面体

5. 对比八面体与四方双锥、四方四面体与四面体、六方柱与复三方柱、六方双锥与复三方双锥、菱面体与三方偏方面体、立方体与四方柱的异同。

第五章 晶体定向和结晶学符号

如图 5-1 的两个晶体,对称型相同,都为 L^44L^25PC,它们组成聚形的单形也相同,其形态却有明显的差异,这种形态上的差异,主要是由于组成聚形的单形四方柱(a)和四方双锥(b)的相对位置不同造成的。由此可见,要对晶体形态有一个较为完整的概念,仅确定其对称和由哪些单形组成是不够的,还必须进一步确定各单形在空间的相对位置。因此,需要在晶体上选择一个坐标系,即晶体定向。

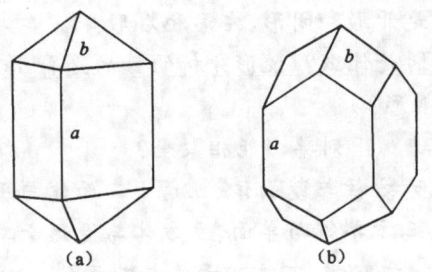

图 5-1 四方柱(a)和四方双锥(b)组成的晶体

晶体定向就是在晶体中设置符合晶体对称特征或与格子参数相一致的坐标系统。

为了简单明确地描述晶体的具体形态,或因某种研究目的而要特意指出晶体上某一晶面或晶棱在空间的方位时,通常都须采用确定坐标的方法来标示它们。

晶体定向不仅在研究晶体形态时需要,在确切地描述晶体的异向性、对称性在其物理性质上的反映时,也需要对晶体定向。晶体定向在矿物鉴定以及矿物形态、内部构造和物理性质的研究工作中都具有重要的意义。

一、晶体定向

晶体定向就是通过晶体中心,选择三轴或四轴坐标系的工作。

(一)晶轴和晶体常数

结晶轴(简称晶轴):晶体上所设置的坐标轴。

1. 三轴定向

晶体定向中,等轴晶系、四方晶系、斜方晶系、单斜晶系和三斜晶系需要设置3个晶轴,分别以 x(或 a 轴)、y(或 b 轴)、z(或 c 轴)标记。3个晶轴在空间的分布方向如图 5-2 所示。图中每两晶轴正端之间的夹角称为轴角,见图 5-3 中的 α、β、γ。

$$\alpha = y \wedge Z;\ \beta = z \wedge x;\ \gamma = x \wedge y$$

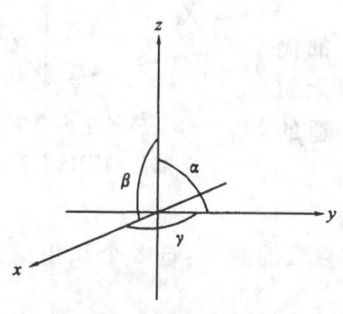

图 5-2　三轴定向

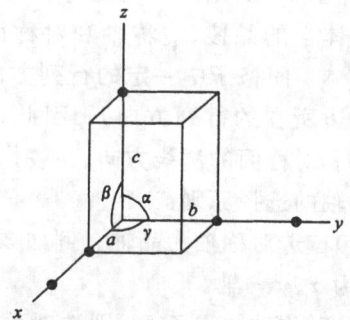

图 5-3　晶轴与行列间的关系

3个晶轴上的轴单位,按 x、y、z 轴的顺序,依次标记为 a、b、c,见图 5-3。代表的实际长度,理应是晶体的格子构造中与3个晶轴相平行的3条行列上的结点间距。但由于结点间距极小(以 Å 计),凭借晶体外形不能定出其真正长度,所以一般都采用晶体的投影方法来求出它们的比率 $a:b:c$,这个比率称为轴率(或称轴单位比)。

2. 四轴定向

除等轴晶系、四方晶系、斜方晶系、单斜晶系和三斜晶系外,晶体定向中,六方晶系、三方晶系需要设置4个晶轴,分别以 x(或 a 轴)、y(或 b 轴)、u(或 d 轴)、z(或 c 轴)标记。4个晶轴在空间的分布方向,如图 5-4 所示(z 轴垂直纸面)。

3. 晶体常数

轴率 $a:b:c$ 和轴角 α、β、γ 称为晶体常数。

晶体常数是表征晶胞形状的参数。不同的晶体具有不同的晶体常数,晶体常数是区别不同矿物晶体的重要数据。

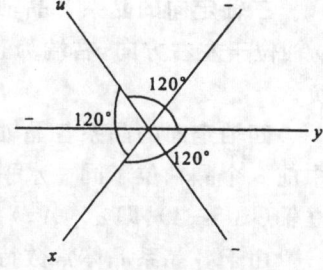

图 5-4　三方和六方晶系的坐标系(Z 轴垂直图面)

(二)晶轴的选择原则

晶轴的选择必须以晶体所属的对称型为基础,使所选的坐标系充分体现晶体所属晶系的对称特征。

平行六面体反映了各晶系的对称特点,所设置的坐标系要能充分体现各晶系的格子参数之间的关系,如图5-3、图5-5所示。

晶体上的晶棱、对称轴和对称面的法线,都代表着晶体空间格子中一定的行列方向(即平行六面体的棱边所在的行列方向)。因此,要选择合适的对称轴和对称面的法线方向、晶棱作为晶轴。

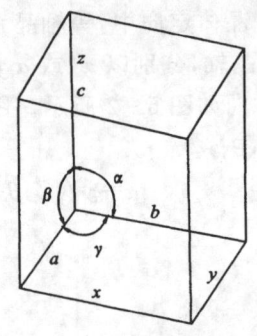

图5-5 三轴定向晶系晶体常数与晶胞的关系

晶轴的选择原则:

(1)首选对称轴为晶轴。例如$3L^23PC$对称型的晶体,选3个互相垂直的3个L^2为x、y、z轴。

(2)对称轴数量不足,则选对称面的法线作为晶轴。如L^22P对称型的晶体,选L^2与2个对称面的法线为x、y、z轴。

(3)若仍不足,则选发育的晶棱方向为晶轴。例如C对称型的晶体,只能选3条晶棱的方向为x、y、z轴。

(4)在上述前提下,应尽可能使所选晶轴互相垂直或趋于垂直,并使轴单位彼此相等或趋于相等。

各晶系的对称特点不同,选晶轴的方法及晶体常数特点也不同。

(三)各晶系晶体的定向

三轴定向的晶系各晶轴见图5-2:x轴位于前后方向,前端为正,后端为负;y轴位于左右方向,右端为正,左端为负;z轴位于直立方向,上端为正,下端为负。

四轴定向的晶系各晶轴见图5-4,4个晶轴的名称和顺序为x、y、u和z,其中前3个晶轴位于同一水平面内,各晶轴正端间的夹角为γ,$\gamma=120°$。z轴为直立轴(图5-4),即$\alpha(y\wedge z)$、$\beta(z\wedge x)$均等于$90°$。

由于各晶系晶体常数特点及对称特点不同,各晶系具体定向也有差异。见图5-5,各晶系晶胞形状及大小决定于晶体常数,因此选择晶轴的方法和原则也各不相同。

各晶系晶体定向及选轴原则见表5-1。

表 5-1　各晶系晶轴选择及晶体常数特点

晶系	晶轴选择	晶体常数特点
等轴晶系	以相互垂直的 3 个 L^4 或 3 个 L_i^4 分别为 x、y、z 轴，无 3 个 L^4 或 3 个 L_i^4 时选 3 个互相垂直的 L^2 为 x、y、z 轴	$a=b=c$ $\alpha=\beta=\gamma=90°$
四方晶系	以惟一的 L^4 或 L_i^4 为 z 轴，以垂直 z 轴并相互垂直的 2 个 L^2 或 2 个 P 的法线为 x、y 轴，无 L^2 或 P 时，选 2 条相当晶棱方向分别为 x、y 轴	$a=b\neq c$ $\alpha=\beta=\gamma=90°$
三方、六方晶系	以惟一的 L^3 或 L^6 或 L_i^6 为 z 轴，以垂直 z 轴并相互间呈 60° 的 3 个 L^2 或 3 个 P 的法线为 x、y、u 轴，无 L^2 或 P 时，选 3 条晶棱方向分别为 x、y、u 轴	$a=b\neq c$ $\alpha=\beta=90°$，$\gamma=120°$
斜方晶系	以相互垂直的 3 个 L^2 分别为 x、y、z 轴。$L^2 2P$ 对称型则以 L^2 为 z 轴，$2P$ 的法线为 x、y 轴	$a\neq b\neq c$ $\alpha=\beta=\gamma=90°$
单斜晶系	以 L^2 或 P 的法线为 y 轴，以垂直 y 轴的主要晶棱的方向为 x、z 轴	$a\neq b\neq c$ $\alpha=\gamma=90°$，$\beta>90°$
三斜晶系	选不在同一平面内的 3 个主要晶棱的方向分别为 x、y、z 轴	$a\neq b\neq c$ $\alpha\neq\beta\neq\gamma\neq90°$

1. 等轴晶系晶体的定向

等轴晶系对称特点是晶体中必定有 3 个相互垂直的四次轴或 L^2（当无四次轴时）。理想发育的等轴晶系晶体总是沿着这 3 个四次轴或 $3L^2$ 的方向呈三向等长的形态。晶体定向时选择它们为 3 个结晶轴，并使 z 轴直立，y 轴左右，x 轴前后。轴角 $\alpha=\beta=\gamma=90°$，轴单位 $a=b=c$，轴率 $a:b:c=1:1:1$。

等轴晶系晶体定向见图 5-6 及表 5-1。

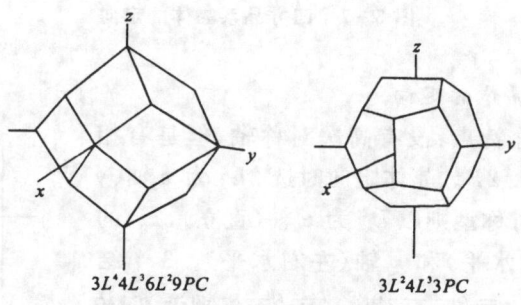

$3L^4 4L^3 6L^2 9PC$　　　　$3L^2 4L^3 3PC$

图 5-6　等轴晶系晶体定向

2. 四方晶系晶体的定向

四方晶系对称特点是必定有且只有一个四次轴。反映在外形上，晶体沿此方向往往发育较长或较短，而与晶体中其他任何方向的性质均不相同。以惟一的四次轴作为直立轴z轴,同时,选择与z轴垂直,且本身间亦相互垂直的两个L^2为水平结晶轴x轴与y轴,两者分别位于前后与左右方向。如晶体无L^2时,则选择与上述两个L^2的方向相当的两个P之法线为x轴与y轴;如P也没有时,则以相当的两个显著晶棱(即相互平行的晶棱数目较多,且较为发育的晶棱)方向为x轴与y轴。轴角$\alpha=\beta=\gamma=90°$,$a=b\neq c$,轴率$a:c$(四方晶系因$a=b$,故轴率只用$a:c$来表示)在不同种类的晶体中其具体数值也不相同,是晶体的特征性常数。例如黄铜矿晶体的轴率$a:c=1:1.970\ 50$,而锡石晶体的轴率则为$a:c=1:0.672\ 320$。

四方晶系晶体定向见表5-1及图5-7,图5-7(a)为$L^4 4L^2 5PC$对称型的晶体的定向,图5-7(b)为$L^4 PC$对称型的晶体的定向。四方晶系晶体定向时x、y轴可能出现的两种位置,如图5-8所示。

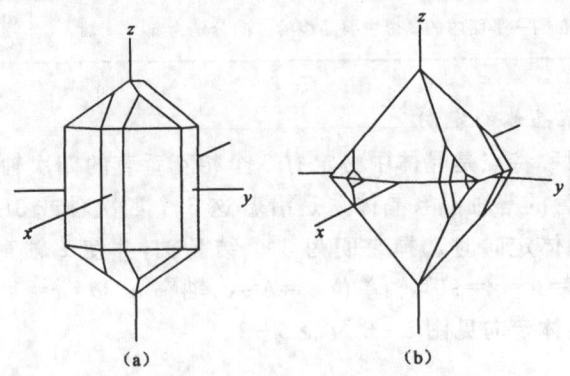

图5-7 四方晶系晶体的定向

3. 斜方晶系晶体的定向

斜方晶系对称特点:没有高次对称轴,但是有相互垂直的$3L^2$或$L^2 2P$。晶体定向时选$3L^2$为x轴、y轴和z轴,$L^2 2P$对称型则以L^2为z轴(直立),$2P$的法线为x轴(前后水平)和y轴(左右水平)。3个结晶轴相互垂直,即$\alpha=\beta=\gamma=90°$,$a\neq b\neq c$,轴率$a:b:c$的具体值随晶体种类的不同而不同,是晶体的特征性常数。

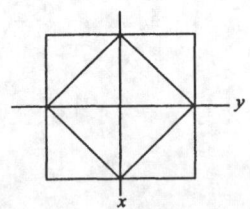

图5-8 四方晶系晶体定向x、y轴的两种位置

例如:橄榄石$a:b:c=0.465\ 75:1:0.586\ 51$,文石$a:b:c=0.622\ 444:1:0.720\ 560$。

斜方晶系晶体的定向见表5-1及图5-9,图5-9(a)为$3L^2$对称型晶体的定向,图 5-9(b)为 $L^2 2P$ 对称型晶体的定向。

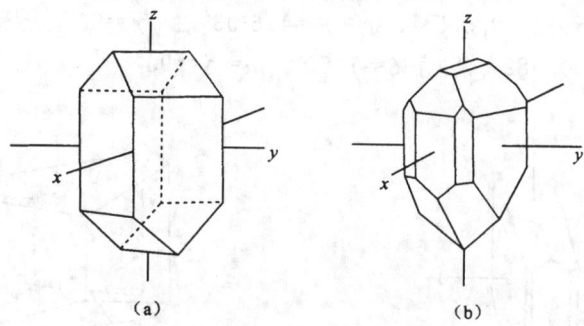

图 5-9　斜方晶系晶体的定向

斜方晶系的晶胞形状似火柴盒状,因此,在以 $3L^2$ 为 x 轴、y 轴和 z 轴时,可能出现六种不同的定向(图 5-10)。

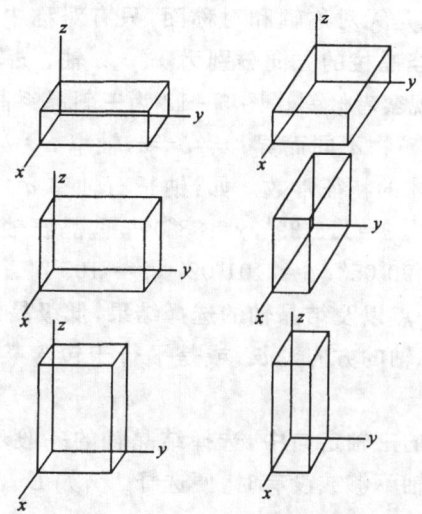

图 5-10　斜方晶胞 6 种不同的定向

4. 单斜晶系晶体的定向

单斜晶系的对称特点:只有一个 L^2 或 P,无高次轴。晶体定向时,以惟一的 L^2 或 P 之法线为 y 轴,选与 y 轴垂直的两个适当的晶棱方向为 x 轴、z 轴。z 轴直立,y 轴左右水平,x 轴前后并向观察者倾斜。图 5-11 为单斜晶系晶体的定向。轴角 $\alpha=\gamma=90°d$,$\beta>90°$,β 值的具体数值随矿物而异;$a\neq b\neq c$,轴率为 $a:b:c$,具体数值随不同矿物晶体而异,均为晶体的特征常数。如正长石轴率 $a:b:c=0.658\,5:1:0.555\,4$,轴角 $\beta=116°03'$,$\alpha=\gamma=90°$,透辉石轴率 $a:b:c=1.092\,1:1:0.589\,3$,轴角 $\beta=105°51'$,$\alpha=\gamma=90°$。

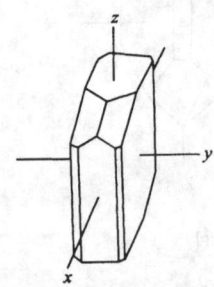
图 5-11 单斜晶系晶体的定向

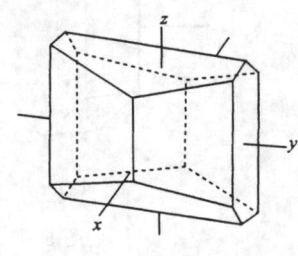
图 5-12 三斜晶系晶体的定向

5. 三斜晶系晶体的定向

三斜晶系对称特点是无对称轴和对称面,只有对称中心或一次对称轴。晶体定向时,选择 3 个适当晶棱的方向分别为 x、y、z 轴。z 轴直立,y 轴左右并向右方倾斜,x 轴前后向观察者倾斜。图 5-12 为三斜晶系晶体的定向。轴角 $\alpha\neq\beta\neq\gamma\neq90°$,具体数值随矿物不同而异;$a\neq b\neq c$,轴率 $a:b:c$,具体数值随不同矿物晶体而异,均为晶体的特征常数。如:钠长石轴率 $a:b:c=0.633\,5:1:0.557\,7$,轴角 $\alpha=94°03'$,$\beta=116°29'$,$\gamma=88°09'$,蓝晶石轴率 $a:b:c=0.899\,4:1:0.709\,0$,轴角 $\alpha=90°05'$,$\beta=101°02'$,$\gamma=105°4'$。

根据晶族的对称特点以及结晶轴的选择结果,低级晶族的 3 个晶系晶体,外形上表现为沿某一结晶轴的方向延长,或是平行于包含某两个结晶轴的平面而延展。

综上所述,在晶体的三轴定向中,选择结晶轴的一般步骤是:有四次轴时首先选择四次轴;如四次轴不够或没有时,便选择 L^2,如 L^2 没有或不够时,选择 P 的法线;最后,如果 P 也没有或不够时,才选择适当的显著晶棱方向作为结晶轴,在以上选择过程中,除单斜晶系优先考虑 y 轴外,其余晶系都优先考虑 z 轴。

6. 三方、六方晶系晶体的定向

六方晶系和三方晶系的对称特点是:晶体中惟一的高次轴分别为六次轴和三次轴。在晶体外形上沿此惟一的高次轴方向往往发育较长或较短。

晶体定向中,选择四轴定向:选惟一的高次轴作为直立轴 z 轴。在垂直 z 轴的平面内选择 3 个互成 60° 交角的 L^2 或 P 的法线,或相当的显著晶棱方向作为

水平结晶轴 x 轴、y 轴以及 u 轴（z 轴上下直立，3 个水平结晶轴中 y 轴左右水平，右正左负，x 轴左前右后水平，正端朝前偏左 30°，u 轴左后右前水平，正端朝后偏左 30°）。见表 5-1 及图 5-4、图 5-13。3 个水平结晶轴的正端之间均成 120°交角。$a=b\neq c$，$\alpha=\beta=90°$，$\gamma=120°$（u 轴与 x 轴、y 轴及 z 轴间的夹角及轴的单位间的关系可不列出。这是因为从数学的角度来看，三个水平结晶轴中有一个实际上是不必要的）。轴率 $a:c$ 的具体值随晶体种类的不同而异，是晶体的特征性常数。例如三方晶系的 α-石英，$a:c=1:1.100\ 09$；六方晶系的磷灰石 $a:c=1:0.734\ 603$。

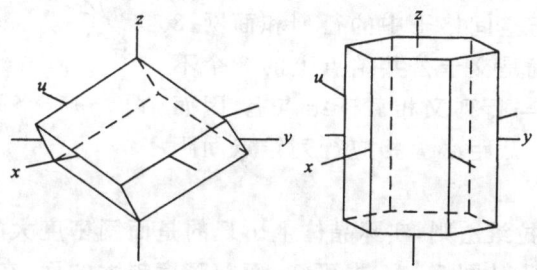

图 5-13　三方、六方晶系晶体的定向

六方晶系晶体定向时 x、y、u 轴可能出现的两种位置，如图 5-14 所示。

选择六方和三方晶系中 3 个水平结晶轴时，一般优先考虑 L^2，没有 L^2 时才考虑 P 的法线。但六方晶系的 $L^6 3L^2 3P$ 对称型例外。

二、结晶学符号

(一) 整数定律

建立坐标系的目的，是为了提供一个基准，以便能够以一定形式的数学符号来表示晶面及晶棱的空间方位。但如果坐标系选

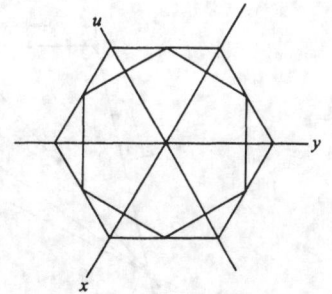

图 5-14　六方晶系晶体定向 x、y、u 轴的两种位置

择不当，将使这种数学符号变得复杂以致难以实际使用。整数定律从理论上解决了这一问题。

整数定律是指：如果以平行于 3 根不共面的直线作为坐标轴，则晶体上任意两晶面在 3 个坐标轴上截距的比值之比为一简单整数比。

晶体上各个晶面的方向决定于晶面与各晶轴的交截情况。如图 5-15 所示，晶面 ABC 在 x 轴、y 轴、z 轴上的截距分别为 OA、OB、OC。x 轴、y 轴、z 轴分别用轴单位 a_0、b_0、c_0 来表示截距长度，则：

$$OA = 2a_0 \quad OB = 3b_0 \quad OC = 6c_0$$

式中 2、3、6 称为截距系数。即：截距系数＝截距/轴单位。

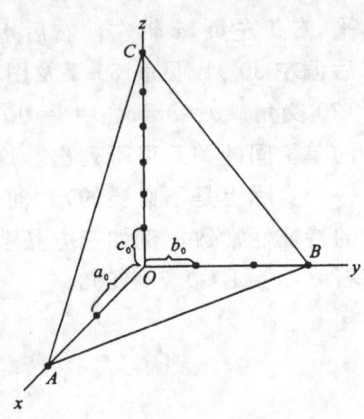

整数定律由晶体内部格子构造决定。因为晶棱和晶面对应于空间格子中的行列和面网，3 个坐标轴实际上就是交于公共结点上的 3 个不共面行列；而面网与行列又相截于结点上，因而晶面在坐标轴上的截距必为相应行列结点间距的整数倍。

图 5-15　各晶轴截距系数图解

此外，根据布拉维法则，实际晶体上出现的是面网密度大的晶面，其交棱是结点间距小的行列，从图 5-16 中可知，面网密度越大的面，在各坐标轴上所截的截距系数之比也越简单。所以实际晶体中，截距系数之比可化为简单的整数比。

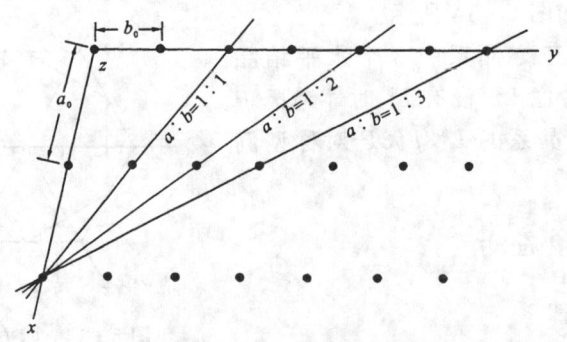

图 5-16　面网密度与截距系数比值的关系

整数定律阐明了用数学方法来表示晶体中的晶面、晶棱方位的可能性，指出了晶体定向时所应遵循的基本原则，从而为结晶符号的建立奠定了基础。

(二) 晶面符号

晶体定向后，晶面在空间的相对方位已确定。

表示晶面空间方位的符号,即为晶面符号。

晶面符号是用晶轴为参考轴和其上的轴单位来标志晶面所在方位的符号。由于表达方法不同,晶面符号有多种类型,国际上常用的是米氏符号。

米氏符号是英国学者米勒尔(W. H. Miller)于1839年创立的,由连写在一起的3个或4个(三方和六方)小整数加小括号构成。其一般形式为(hkl)或$(hki\bar{l})$。h、k、i、l称为晶面指数,分别与x、y、z或x、y、u、z晶轴的顺序相对应。晶面在3个晶轴上的截距系数的倒数比就是表示该晶面空间方位的米氏符号。

如图5-15所示的晶面ABC,在3个晶轴上的截距依次为$2a$、$3b$、$6c$,其截距系数分别为2、3、6。即1/2∶1/3∶1/6=3∶2∶1,去掉比例符号,加上小括号,写为(321)。(321)即为晶面ABC的米氏符号。括号内的数字称晶面指数。

晶面符号的书写有一定的规定,小括号内第一个位置是晶面在x轴上的晶面指数;中间是晶面在y轴上的晶面指数;最右边是晶面在z轴上的晶面指数。

应当注意:

(1)由于晶面指数是截距系数的倒数,因此,某晶面的截距系数愈大,相应的晶面指数就愈小。而且,晶面在晶轴上截距系数之比为简单的整数比。

(2)如果某一晶面与3个晶轴交截关系虽然清楚,但晶面指数的具体数值不能确定时,为了表示该晶面的空间方位,用字母h、k、l代表晶面指数,晶面与晶轴平行时,晶面指数仍为0。如(hkl)表示与3个晶轴下正端相交的晶面,$(hk0)$则表示只与x、y轴正端相交,与z轴平行的晶面。

等轴晶系的晶体,轴单位相等($a=b=c$),各晶面与3个晶轴的截距系数,只需据该晶面与3晶轴相截长度即可判断。

中、低级晶族各晶系的晶体,由于轴单位不等,在确定晶面符号时,常借助于选择单位面来求得。以单位面在各晶轴上的截距作为相应晶轴的单位长度,其晶面符号为(111)。其他任一晶面在3个晶轴上的截距与单位长度相比,即可求出该晶面的晶面指数。单位面一般选择与3个晶轴正端相截(包括扩展后相截)的、发育较大的晶面。

(3)当晶面平行某一晶轴时,其截距系数为∞,相应的晶面指数为0,如与x轴平行,其晶面符号为$(0kl)$;与y轴平行,其晶面符号为$(h0l)$;与z轴平行,其晶面符号为$(hk0)$。同理,若与x、y两个晶轴平行时,晶面符号为(001);与x、z两个晶轴平行时,晶面符号为(010);与y、z两个晶轴平行时,晶面符号为(100)。晶面符号(111)表示该晶面与3晶轴相交且截距系数相等;晶面符号为(110)表示该晶面与x、y轴相交且截距系数相等,而平行z轴。

(4)若某一晶面与晶轴的负端相交,则须在相应指数的上方加"—",如$(\bar{h}kl)$或$(h\bar{k}l)$、$(hk\bar{l})$、$(\bar{h}k\bar{l})$等。如晶面符号$(\bar{1}10)$表示晶面与x轴负端相交,

与 y 轴正端相交,且截距系数相等,与 z 轴平行。

(5)三方和六方晶系的晶面符号:三方和六方晶系的晶体,由于对称的特殊性而选择 4 个晶轴,与 4 个晶轴相应的晶面指数一般形式为($hki l$)。其中 $h+k+i=0$。

利用这一关系,确定晶面符号时很方便。例如三方晶系 $L^3 3P$ 对称型的电气石晶体,图 5-17,三方柱 m 与六方柱 a 的横切面,由于柱面与 z 轴平行,故晶面指数为 0,m_1 面与 y 轴平行,与 x 轴、u 轴相截等长,其晶面符号为($10\bar{1}0$),前面 3 个指数相加($1+0+\bar{1}=0$)为零;a_1 面与 x 轴、y 轴的截距为 u 轴上截距的两倍,其晶面符号为($11\bar{2}0$),前面 3 个指数相加($1+1+\bar{2}=0$)亦为零。

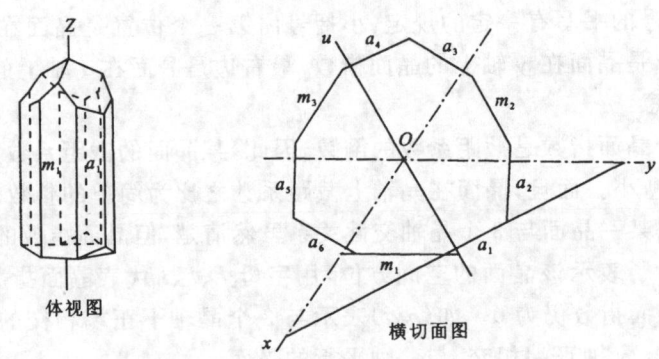

图 5-17 电气石晶体柱面晶面符号的确定

晶面符号是描述晶体形态和指示某一晶面或晶棱在晶体上所处空间方位的一种最简单的符号,在结晶学、矿物学及其他有关的学科中广泛应用。

(三)单形符号

1. 单形符号概念

同一单形的各个晶面指数绝对值不变,只有正负号的区别,如立方体(100)、($\bar{1}00$)、(010)、($0\bar{1}0$)、(001)、($00\bar{1}$)。八面体(111)、($1\bar{1}1$)、($11\bar{1}$)、($1\bar{1}\bar{1}$)、($\bar{1}11$)、($\bar{1}\bar{1}1$)、($\bar{1}1\bar{1}$)、($\bar{1}\bar{1}\bar{1}$)。用此方式表示单形的各个晶面的方向,很繁琐。另外,知道了一个晶面的晶面符号,即可导出其他晶面的晶面符号。因此,可选一个具代表性的晶面,代表各晶面的方向,其晶面符号即可代表该单形。

取单形中处于"前、右、上"的一个晶面指数,加上"{ }",即为该单形的单形符号。如五角十二面体{210}、菱形十二面体{110}。

"前、右、上"原则的目的是使晶面尽量交于 3 晶轴的正端,尽量使单形符号中的晶面指数为正值。

2. 各晶系常见的单形符号

掌握各晶系常见的单形符号，是学习结晶学及矿物学的基本要求，是后续课程学习的基础。

表 5-2 为各晶系常见的单形符号。

表 5-2　各晶系常见的单形符号

单形符号	等轴晶系	四方晶系	斜方晶系	单斜晶系	三斜晶系
{100}	立方体	四方柱	平行双面	单面	单面 平行双面
{110}	菱形十二面体	四方柱	斜方柱	斜方柱 双面	单面 平行双面
{111}	八面体 四面体	四方双锥 四方四面体 四方单锥	斜方双锥 斜方四面体 斜方单锥	斜方柱 双面	单面 平行双面
{210}	五角十二面体				
{211}	四角三八面体				
{10$\bar{1}$1}	三方、六方晶系	菱面体、六方双锥			
{10$\bar{1}$0}		三方柱、六方柱			
{0001}		平行双面			

(1) 同一个单形符号，在同一个晶系中，可以代表不同的单形，如{111}在等轴晶系中，可以代表八面体，也可以代表四面体；

(2) 同一个单形符号，在不同的晶系中，代表不同的单形，如{100}，在等轴晶系中，代表立方体，而在四方晶系中，代表四方柱；

(3) 同一个单形，由于其空间方位和与晶轴的截距系数不同，可以有不同的单形符号，如四方柱，其单形符号可以是{100}，也可以是{110}。

3. 单形符号的运用

(1) 研究、描述晶体的形态

如：方铅矿(等轴晶系)晶体常呈{100}、{110}状，是指方铅矿常具立方体、八面体的晶形。

方解石(三方晶系)常见单形{10$\bar{1}$1}、{10$\bar{1}$0}等，常依{0001}形成接触双晶。

金刚石(等轴晶系)常见单形{111}(八面体)、{110}(菱形十二面体)及它们的聚形。

刚玉(三方晶系)主要单形{11$\bar{2}$0}(六方柱)、{22$\bar{4}$1}(六方双锥)、{10$\bar{1}$1}(菱面体)、{0001}(平行双面)，在{0001}晶面上，常具有平行{0001}和{10$\bar{1}$1}交棱的

花纹及三角形或六边形天然蚀象。

(2)用单形符号描述矿物的解理和裂开

如:方铅矿(等轴晶系)具∥{100}的完全解理,表示方铅矿具立方体的完全解理,即3组互相垂直的完全解理;常有∥{111}的裂开,表示方铅矿常具八面体的裂开。

方解石(三方晶系)具∥{10$\bar{1}$1}的完全解理,表示方解石具菱面体的(3组)完全解理。

萤石(等轴晶系)解理{111}完全,表示萤石具八面体的4组完全解理。

普通辉石、普通角闪石(单斜晶系)具∥{110}的完全解理,表示普通辉石、普通角闪石具斜方柱的(两组)完全解理。

白云母(单斜晶系)具∥{001}的极完全解理,表示白云母具平行双面的(一组)极完全解理。

(四)晶带及晶带符号

1. 晶带的概念

晶带是彼此间的交棱均相互平行的一组晶面的组合。

这里所指的交棱,既包括在晶体上已经相交而存在的实际晶棱,也包括实际并未相交,但延展晶面后即可相交的可能晶棱。

根据布拉维法可知,实际晶体上的晶面是为数有限的,相当于面网密度大的面网,作为这些晶面交线的晶棱,自然也将是为数有限的,相当于结点间距密的行列。这样,晶体上的若干晶面,如果它们彼此间相交的交线——晶棱都是相互平行的话,那么,这样一组相交成平行棱的晶面必将围绕该晶棱方向而成带状分布,从而即构成了晶带。

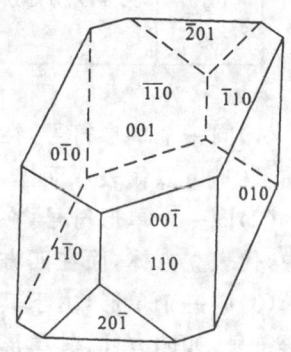

图5-18 正长石晶体的晶带

一个晶带的各个晶面,既可彼此连接而构成封闭的环带分布(例如图5-18正长石晶体上的[001]晶带和[100]晶带等),也可并未连成封闭的环带而被不属于此晶带的其他晶面所分隔开(例如图5-18正长石晶体上的[010]晶带和[102]晶带)。

晶带在晶体中的方向可用晶带轴来表示。

晶带轴是用以表示晶带方向的直线,平行于该晶带中的所有晶面,也就是平行于该晶带中各个晶面的公共交棱方向。晶带轴通过晶体的中心。

2. 晶带符号

由于晶带轴实际上只是晶带中各个晶面的公共交棱方向，因而它在晶体上的取向可用相应的晶棱符号来表示，即构成晶带符号。

晶带符号是以晶带轴的取向来表示晶带的一种结晶学符号。其构成和形式均与晶棱符号相同，但须连以"晶带"一词，如"[102]晶带(zone[102])"等，以示区分。应当注意，虽然是同样形式的一个符号，但作为晶棱符号，它只代表一个晶棱方向；而作为晶带符号，它就代表与此晶棱方向平行的一组晶面。

图 5-18 为一正长石晶体，此晶体上存在着 8 个晶带，它们分别由以下一些晶面组成。

[001]晶带：(010)、(110)、(1$\bar{1}$0)、(0$\bar{1}$0)、($\bar{1}\bar{1}$0)、($\bar{1}$10)；

[100]晶带：(001)、(010)、(00$\bar{1}$)、(0$\bar{1}$0)；

[110]晶带：(001)、(1$\bar{1}$0)、(00$\bar{1}$)、($\bar{1}$10)；

[1$\bar{1}$0]晶带：(001)、(110)、(00$\bar{1}$)、($\bar{1}\bar{1}$0)；

[010]晶带：(001)、(20$\bar{1}$)、(00$\bar{1}$)、($\bar{2}$01)；

[102]晶带：(010)、(20$\bar{1}$)、(0$\bar{1}$0)、($\bar{2}$01)；

[11$\bar{2}$]晶带：(1$\bar{1}$0)、(20$\bar{1}$)、($\bar{1}\bar{1}$0)、($\bar{2}$01)；

[$\bar{1}\bar{1}\bar{2}$]晶带：(110)、(20$\bar{1}$)、($\bar{1}\bar{1}$0)、($\bar{2}$01)。

以上各晶带中，有的晶带如[001]晶带和[100]晶带是很明显的，但也有不明显的，如[102]晶带，组成它的 4 个晶面在晶体上彼此都没有直接相交，而被属于其他晶带的晶面所隔开了。设想此 4 个晶面延展相交后，其交棱正好全部相互平行，因此，它们仍构成一个晶带。

在矿物鉴定(主要是显微镜鉴定)工作中经常用到晶带的概念。但所涉及的晶带符号只有[010]、[001]、[100]等少数几种最简单的符号。

思考题

1. 研究了晶体的对称和具体形态单形、聚形后，为什么还要对晶体进行定向？
2. 晶体定向的概念。选择晶轴的原则。
3. 哪些晶系为三轴定向？哪些晶系则必需选择四轴定向？
4. 何为晶体常数？各晶系的晶体常数特点如何？
5. 截距系数、轴单位、轴率的概念。
6. 请阐述整数定律的基本内容。
7. 各晶系晶体是如何定向的？
8. 什么是晶面符号？什么是晶面的米氏符号？晶体定向后，如何确定晶面的米氏符号？

9. 什么是单形符号？晶体中如何选择代表晶面？"前、右、上"的目的是什么？

10. 各晶系常见的单形符号有哪些？

11. 举例说明单形符号的用途？

12. 什么是晶带？

第六章 晶体化学与晶体结构基本理论

前几章概述了晶体外形所表现的几何规律性,为了认识那些几何规律所反映的实质内容,必须进一步弄清晶体的化学组成和晶体结构之间的关系。研究晶体的结构与晶体的化学组成及其性质之间的相互关系和规律的分支学科,称为晶体化学。

结晶质矿物都具有一定的化学组成和内部结构。化学组成是构成矿物晶体的物质内容,而内部结构是使该矿物在一定条件下得以稳定存在的形式。它们之间的关系是内容与形式的关系,两者存在着相互依存、相互制约的有机联系,并且是决定结晶质矿物的外部形态和各项物理性质的内在依据。这就是本章所要讨论的基本问题。

在本章中,我们将分别阐述组成矿物晶体的质点(离子、离子团、原子及分子)本身具有的某些特性,进而讨论它们在组成晶体结构时的相互作用和规律,其中包括:离子类型、离子和原子的半径、离子或原子相互结合时的堆积方式和配位形式、键和晶格类型、类质同像、同质多像现象等等。

一、原子和离子半径

在原子和离子的性质中,原子或离子的大小也是一个重要的特性,它具有重要的几何意义,是晶体化学中最基本的参数之一。

在晶体结构中,呈格子状排列的原子或离子中心之间,常保持一定的距离,这一现象表明结构中的每个原子或离子各自都有一个确定的电磁场作用范围,通常把这个作用范围看成是球形的,并把它的半径作为原子或离子的有效半径来看待,原子或离子的有效半径,主要取决于它们的电子层构型。此外,既然它是一个标志电磁场作用范围大小的数值,就不可避免地要受到化学键性及环境因素的影响而改变其大小。因此,对原子或离子的有效半径不能理解为一个固定不变的常数。

实际上,在晶体结构中原子或离子与周围的质点以不同的键力联结时,它的有效半径就会有明显的差异。对应于3种不同的化学键,就有离子半径、共价半径及金属原子半径的区别。此外,离子的有效半径与离子在晶体结构中实际的配位数有关,配位数高时半径大,配位数低时半径小。对于过渡金属离子,其有效半径还随氧化态及自旋状态的不同而不同。

如果按周期表形式列出各元素的共价半径和金属原子半径,就可以看出原子半径和离子半径变化的一些规律。

(1)对于同种元素的原子半径,其共价半径总是小于金属原子半径。

(2)对于同种元素的离子半径来说,阳离子的半径总是小于该元素的原子半径,且正价愈高,半径愈小;而阴离子的半径总是大于该元素的原子半径,且负价愈高,半径愈大。当氧化态相同时,离子半径随配位数的增高而增大。

(3)对于同一族元素,原子和离子半径随元素周期数的增加而增大;对同一周期的元素,原子半径和阳离子半径随原子序数的增加而减小;而从周期表左上方到右下方的对角线方向上,阳离子的半径彼此近于相等。

(4)在镧系和锕系元素中,元素的阳离子半径随原子序数增加而略有减小,即所谓的镧系收缩和锕系收缩。且因受镧系改缩的影响,镧系以后的诸元素与同族中的上面一个元素相比,半径差很小,以至相等。

(5)一般情况下,阳离子半径都小于阴离子半径;大多数阳离子半径在 0.5~1.2Å(为了和资料统一,此处仍沿用 Å 为单位)的范围内,而阴离子半径则在 1.2~2.2Å 之间。

离子半径和原子半径在晶体化学研究方面具有很重要的意义。弄清并熟悉这些数据及其变化规律,对于理解和阐明矿物晶体结构类型的变化,矿物化学组成的变异以及有关物理性质的变化等都是非常重要的。

二、元素的离子类型

矿物晶体结构的具体形式,主要是由组成它的原子或离子的性质决定的,其中起主导作用的因素是原子或离子的最外层电子的构型。

天然矿物除少数为元素的单质外,绝大部分是离子(或离子团)、原子或分子构成的化合物。在离子化合物中,阴、阳离子间的结合,主要取决于由它们的外电子层构型所决定的化学性质。从化学中我们知道,离子和原子的化学行为主要与它们的最外层电子构型有关。因而,由上述离子类型不同的 3 类离子分别组成的矿物,不仅在物理性质上有明显的差异,而且在形成条件等方面也有很大的不同。

根据离子的最外层电子的构型,可将离子划分为 3 种基本类型(表 6-1)。

(一)惰性气体型离子(亲氧元素、造岩元素)

系指最外层具有 8 个或 2 个电子的离子。与惰性气体原子的最外层电子构型相同。主要包括碱金属、碱土金属以及位于周期表右边的一些非金属元素(表

表 6-1 元素的离子类型

He	Li	Be										B	C	N	O	F
Ne	Na	Mg										Al	Si	P	S	Cl
Ar	K	Ca	Sc	Ti	V	Cr	Mn	Fe	Co	Ni	Cu	Zn	Ga	Ge	Ag	Se	Br
Kr	Rb	Cs	Y	Zr	Nb	Mo	Tc	Ru	Rh	Pa	Ag	Cd	In	Sn	Sb	Te	I
Xe	Fr	Ba	TR	Hf	Ta	W	Re	Os	Ir	Pt	Au	Hg	Tl	Pb	Bi	Po	At
Rn	Sr	Ra	Ac	3a			3b				4						
1	2																

6-1中的2)。

主要特征:①电子层稳定,一般不变价。②大部分具有比较低的电离势,倾向于与电离势高而电子亲和能力大的卤族元素及氧以离子键结合,形成分布广的卤化物、氧化物及含氧盐类矿物。其中含氧盐矿物是构成各类岩石的最重要的造岩矿物,所以通常将这些元素又称为"亲氧元素"或"造岩元素"。

(二) 铜型离子(亲硫元素、造矿元素)

系指最外层具有 18 个电子的一类离子,与 Cu^+ 的最外层电子构型相同。主要包括位于周期表长周期右半部的有色金属和半金属元素(表 6-1 中的 4)。

主要特征:①除个别离子(Cu),一般不变价。②具有较高的电离势和较强的极化能力。主要倾向于与极化变形较强的硫等元素相结合,形成具明显共价键成分的硫化物及其类似化合物。是构成金属硫化物矿床的主要矿石矿物,所以也将它们称为"亲硫元素"或"造矿元素"。

(三) 过渡型离子(亲铁元素、色素离子)

系指最外层电子数介于 8~18 之间的一类离子。处于前两者之间的过渡位置,主要包括周期表中Ⅲ~Ⅷ族的副族元素(表 6-1 中的 3)。

主要特征:①结构不稳定,较易变价。②其性质介于"亲氧元素"和"亲硫元素"之间,最外层电子数接近 8 的,易与氧结合,形成氧化物及含氧盐矿物;最外层电子数接近 18 的,易与硫结合,形成硫化物;电子数居中者,如 Fe、Mn 等,则依所处介质条件的不同,既可形成氧化物,也可形成硫化物。③其化合物常呈现深浅不同的颜色——色素离子。④这一类元素,在地质作用中经常与铁共生,故也称之为"亲铁元素"。

三、球体的最紧密堆积原理

晶体是具有格子构造的固体,其内部质点在三维空间呈周期性地重复排列,这种规则排列是质点间引力和斥力达到平衡的结果。这就意味着,晶体结构中,质点之间趋向于尽可能的相互靠近,形成最紧密堆积,以达到内能最小,使晶体处于最稳定状态。

1611年,开普勒首先提出了球体的三维紧密堆积,即球体的最紧密堆积。原子和离子可看成是具有一定半径的球体。因此,矿物晶体结构就如同是这些球体的堆积。在具有离子键和金属键的晶体中,一个金属离子或原子在与异号离子或其他原子相结合的能力,是不受方向和数量限制的。它们力求与尽可能多的质点接触,借以实现使体系处于最低能量状态的最紧密堆积。所以,研究球体的最紧密堆积将有助于理解具体矿物的晶体结构。

球体的最紧密堆积有等大球体的最紧密堆积和不等大球体的紧密堆积两种情况,在这里我们主要讨论等大球体的最紧密堆积。

(一)等大球体的最紧密堆积

将等大的球体在一个平面内作最紧密排列时,只能构成如图6-1所示的一种形式。其球心所在的位置假使标记为A,从图中不难看出,每个球体都只能与周围的6个球相接触,并于每个球的周围都存在有两类弧线三角形空隙,一类顶角向下(此种空隙位置假使标记为B),另一类顶角向上(此种空隙位置假使标记为C),两类空隙相间分布。

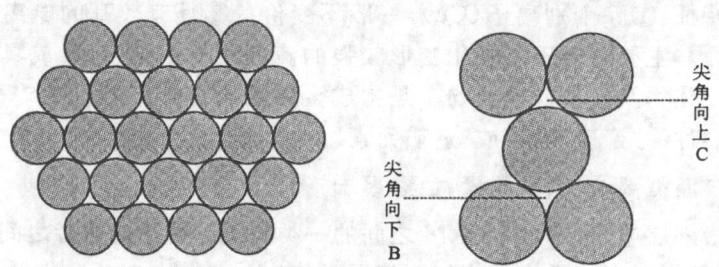

图6-1 等大球体平面内的最紧密堆积

如果在第一层球上堆积第二层球时,为使球体堆积得最紧密,只能将球堆放在第一层球所形成的三角形空隙B或C上。然而,两种堆积并无实质区别。图6-2中的第二层球都堆放在B类空隙上,若将该图旋转180°,实际上和把第二层球堆在C类空隙上的情况完全相同。

两层球作最紧密堆积时,便形成球体在三维空间的最紧密堆积。此时,对于两层球共同来讲,则出现了与前述不同的两种空隙:一种是连续穿透两层的空隙,另一种是未穿透两层的空隙,这样,当继续堆积第三层球时,就将有两种完全不同的堆积方式。

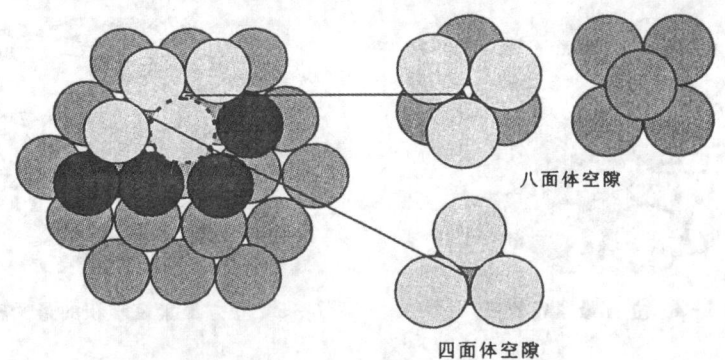

图 6-2 等大球体的两层最紧密排列

第一种堆积方式是在由 4 个球围成的空隙上进行的,即将第三层球堆放在第一层与第二层的 4 个球围成的空隙之上。此时,第三层球与第一层球所在的位置 A 相重复。再堆第四层球时仍将球放在第二层与第三层的 4 个球围成的空隙之上,这样第四层球便与第二层球相重复,如此继续堆积下去,其结果将出现 AB、AB、AB……的周期性重复(两层重复,A、B 代表球体所在位置)。在这样的最紧密堆积中,因等同点是按六方格子排列的,故称为六方最紧密堆积,其最紧密排列的球层平行于 (0001),如图 6-3 所示。

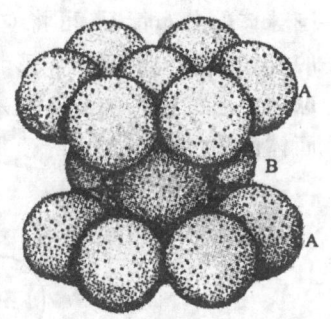

图 6-3 六方最紧密堆积
(引自潘兆橹等,1993)

第二种堆积方式是在由 6 个球围成的空隙上进行的,即将第三层球 C 堆放在第一层与第二层的 6 个球围成的空隙之上。此时,第三层球与前两层球的位置均不重复,当堆积第四层球时(即将球放在第二层与第三层的 6 个球围成的空隙之上),才与第一层球的位置 A 相重复,继而出现第五层与第二层重复,第六层与第三层重复。如此继续堆积下去,其结果将是上 ABC、ABC、ABC……的周期重复(图 6-4)。在这样的最紧密堆积中,因等同点是按立方面心格子分布的,故称之为立方最紧密堆积,其最紧密堆积的球层平行于立方面心格子(111)面网,如图 6-5 所示。

等大球体的最紧密堆积对于了解自然金属元素单质矿物或金属的晶体结构是很适宜的。因为在它们的晶体结构中,金属原子常体现为等大球体的最紧密堆积。不仅如此,上述两种最紧密的堆积方式也是大多数离子晶体结构中质点

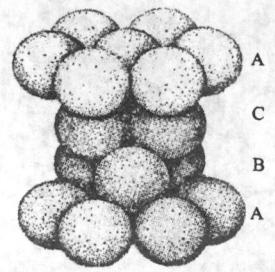 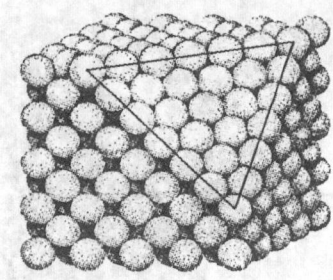

图6-4 立方最紧密堆积　　图6-5 立方最紧密堆积的最紧密排列层

堆积的最基本形式。

在等大球的最紧密堆积中,球体间仍有空隙存在。据计算,空隙占整个晶体空间的25.95%,换言之,球的总体积占晶体单位空间的74.05%。按照空隙周围球体的分布情况,可将空隙分为两种:一种空隙是由4个球围成的,球体中心的连线构成一个四面体形状,故称之为四面体空隙;另一种空隙由6个球围成,球体中心的连线构成一个八面体形状,故称之为八面体空隙,四面体的空间比八面体的小(图6-6)。

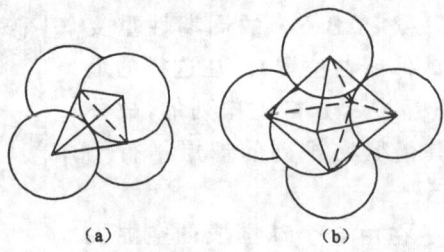

图6-6 四面体空隙(a)和八面体空隙(b)

(二)不等大球体的紧密堆积

当大小不等的球体进行堆积时,其中较大的球将按前述两种最紧密堆积方式之一进行堆积,而较小的球体则依自身体积的大小填入其中的八面体空隙中或四面体空隙中,以形成等大球体的紧密堆积。这样的堆积,实际上恰好相当于离子化合物晶体的情况,即半径较大的阴离子作最紧密堆积,而阳离子填充在它们的空隙中。如石盐晶体的结构(参见图2-1)就是如此,其中阴离子Cl^-作立方最紧密堆积,金属阳离子Na^+充填在所有的八面体空隙中。

四、配位数和配位多面体

在晶体结构中，原子或离子总是按照一定的方式与周围的原子或离子相接触的。通常把每个原子或离子周围与之相接触的原子个数或异号离子的个数称为该原子或离子的配位数，而把各配位离子或原子的中心连线所构成的多面体称为配位多面体。例如，在石盐（NaCl）的结构（参见图1-1）中，每个Na^+的周围都有6个Cl^-与之相接触，Na^+的配位数即为6，由Cl^-所构成的配位多面体为八面体，Na^+位于八面体的中心，Cl^-则位于八面体的6个角顶上。

配位数和配位多面体两者都是用来表征晶体结构中质点间相互配置状况的，但鉴于不同的配位多面体形态可能具有相同的配位数（如配位数为6时，配位多面体可以是正八面体、变形的八面体及三方柱等不同的形态）。所以用配位多面体来表征晶体结构涵义更为明确。从这种意义出发，可以把晶体结构看成是由配位多面体彼此相互联结构成的一种体系。

配位数的大小是由多种因素决定的，其中最重要的因素是质点的相对大小、堆积的紧密程度和质点间的化学键性质。

同一种元素的原子，以纯金属键结合并成最紧密堆积时，每个原子都与周围的12个原子相接触，显然，这时每个原子都具有最高的配位数——12，如自然铜、自然金等；如果金属原子不作最紧密堆积时，配位数就要减低，如α-Fe的结构中，Fe原子依立方体心格子的形式堆积，其配位数为8。但总的说来，自然金属总是具有最高或较高的配位数。

同一种元素的原子，以共价键相结合时，由于共价键具有方向性和饱和性，所以与之相接触的原子的数目仅取决于成键的个数，其配位数不受球体最紧密堆积规律的支配，如金刚石（C）中碳原子形成4个共价键，配位数为4，而石墨（C）中碳原子形成3个共价键，故C的配位数为3。总之，具有典型共价键或共价键占优势的单质或化合物，都具有较低的配位数，一般不大于4。

矿物毕竟是地质作用的产物，矿物晶体结构中原子或离子的配位数必然也要受到形成时的温度、压力及介质成分等外界因素的影响。同一种离子在高温下形成的矿物中常呈现比较低的配位数，而在低温下形成的矿物中则呈现较高的配位数。如Al^{3+}可有4次和6次两种配位数，在高温下形成的长石和似长石等矿物中呈4次配位，而在低温下形成的高岭石等黏土矿物中则呈8次配位。这意味着配位数有随温度升高而减小的倾向。对于压力来说，配位数则随压力增加而增大。例如Fe^{2+}和Mg^{2+}一般呈6次配位，但在高压下形成的矿物，如铁铝榴石和镁铝榴石中，则呈8次配位，此外，配位数也常因组分浓度的改变而发生变化，例如，在岩浆结晶过程中，当碱金属离子的浓度增大时，有利于Al^{3+}呈4

次配位;当 Si^{4+} 离子不足时,除 Al^{3+} 外,还可能有 Ti^{4+}、Fe^{3+} 等呈 4 次配位代替 Si^{4+}。

总之,影响配位数高低的因素是多方面的。在分析晶体结构中各种质点的配位数时,要具体对象具体分析。如对离子化合物来讲,一般情况下,质点的相对大小是决定配位数的最重要因素,根据 Rk/Ra 的比值,即可推出该离子可能的配位数。

五、矿物中的键型与晶格类型

晶体结构中的各个原子、离子(离子团)或分子相互之间必须以一定的作用力相维系,才能使它们处于平衡位置,而形成稳定的格子构造。质点之间的这种维系力,称为键。当原子和原子之间通过化学结合力相维系时,一般就称为形成了化学键。化学键的形成,主要是由于相互作用的原子,它们的价电子在原子核之间进行重新分配,以达到稳定的电子构型的结果。不同的原子,由于它们得失电子的能力(电负性)不同,因而在相互作用时,可以形成不同的化学键。典型的化学键有 3 种:离子键、共价键和金属键。另外,在分子之间还普遍存在着范德华力,这是一种非化学性的,而且是较弱的相互吸引作用,故不能称为化学键,通常叫范德华键或分子键。3 种化学键连同分子键一起总称为键的 4 种基本形式。另外,在某些化合物中,氢原子还能与分子内或其他分子中的某些原子之间形成氢键。它是由氢原子的独特性质(体积小、只有一个核外电子)而产生的一种特殊作用。

实际上在典型的 3 种化学键之间常存在着相互过渡的关系,即有过渡型键的存在。这是由于在实际晶体结构中,价电子所处的状态是可以改变的。例如,一个共价键中的电子,通常它只能在某一共价键的电子运行轨道上运动,表现为共价键性,但也可能在某一瞬间变为只在某一个原子的外层轨道上运行,从而又表现出离子键性。对于这样的化合物来讲,就认为是具有过渡型键性。事实上,晶体中的化学键往往都或多或少具有过渡性,即使象通常被认为是具典型离子键的 NaCl 晶体中,据测定仍含有少量的共价键成分。在离子化合物中,通常可以根据相互结合的质点的电负性差值之大小来确定键型的过渡情况,即离子键和共价键各占的百分比。

晶体的键性不仅是决定晶体结构的重要因素,而且也直接影响着晶体的物理性质。具有不同化学键的晶体,在晶体结构和物理性质上都有很大的差异。反之,各种晶体,其内点间的键性相同时,在结构特征和物理性质方面常常表现出一系列的共同性。因此,通常根据晶体中占主导地位的键的类型,将晶体结构划分为不同的晶格类型。对应于上述基本键型,可将晶体结构划分为 4 种晶格类型。

(一)离子晶格

在这类晶格中,结构单位为得到和失去电子的阴、阳离子,它们之间靠静电引力相互联系起来,从而形成离子键。它们的电子云一般不发生显著变形而具有球形的对称,即离子键不具有方向性和饱和性。因此,结构中离子间的相互配置方式,一方面取决于阴、阳离子的电价是否相等,另一方面取决于阳、阴离子的半径比值。通常阴离子呈最紧密或近于最紧密堆积,阳离子充填于其中的空隙并具有较高的配位数。

离子晶格中,由于电子都属于一定的离子,质点间的电子密度很小,对光的吸收较少,易使光通过,从而导致晶体在物理性质上表现为低的折射率和反射率,透明或半透明,具非金属光泽和不导电(但熔融或溶解后可以导电)等特征。晶体的机械性能、硬度与熔点等则随组成晶体的阴、阳离子电价的高低和半径的大小有较宽的变化范围。

(二)原子晶格

在这种晶格中,结构单位为原子,在原子之间以共用电子对的方式达到稳定的电子构型的同时电子云发生重叠,并把它们相互联系起来,形成共价键。矿物中的共价键还有分子轨道,杂化轨道以及配位场等模式。由于一个原子形成共价键的数目是取决于它的价电子中未配对的电子数,且共用电子对只能在适当的一定方向上联结(即键力具有方向性和饱和性),因此在结构中,原子之间的配置视键的数目和取向而定。晶体结构的紧密程度远比离子晶格低,配位数也偏小。具有这类晶格的晶体,在物理性质上的特点是不导电(即使熔化后也不导电),透明或半透明,非金属光泽,一般具有较高的熔点和较大的硬度。

(三)金属晶格

在这种晶格中,作为结构单位的是失去外层电子的金属阳离子和一部分中性的金属原子,从金属原子上释放出来的价电子,作为自由电子弥散在整个晶体结构中,把金属阳离子相互联系起来,形成金属键。结构中每个原子的结合力都是按球形对称分布的(即不具方向性和饱合性),同时各个原子又具有相同或近于相同的半径,因此整个结构可看成是等大球体的堆积,并且通常都是呈最紧密堆积,具最高或很高的配位数。

具有金属晶格的晶体,在物理性质上的最突出特点是它们都为电和热的良导体,不透明,具金属光泽,有延展性,硬度一般较小。

(四)分子晶格

与其他晶格的根本区别在于其结构中存在着真实的分子。分子内部的原子之间通常以共价键相联系，而分子与分子之间则以分子键相结合。由于分子键不具有方向性和饱和性，所以分子之间有可能实现最紧密堆积。但是，因分子不是球形的，故最紧密堆积的形式就极其复杂多样。

分子晶体的物理性质，一方面取决于分子间的键性，如低的熔点，可压缩性和热膨胀率大，硬度小等；另一方面也与分子内部的键性有关，如大部分分子晶体不导电，透明，具非金属光泽。此外，在一系列有机化合物和某些矿物中常有氢键存在，后者如冰、氢氧化物及含水化合物等。由于 H^+ 的体积很小，它只能位于两个原子之间，所以配位数不超过 2。值得注意的是晶体结构中氢键的存在，对晶体的物理性质如折射率、硬度及解理等也有一定的影响。

最后还需要指出的是，在一些矿物的晶体结构中，基本上只存在某一种单一的键力，如自然金的晶体结构中只存在金属键，金刚石只有共价键等等。这样的晶体被称为单键型晶体。对具有过渡型键的晶体，两种键性融合在一起不能明显分开的，从键本身来说仍然只是单一的一种过渡型键，也属于单键型晶体。其晶格类型的归属，依占主导地位的键为准，例如金红石中，Ti—O 间的键性就是一种以离子键为主向共价键过渡的过渡型键，归属于离子晶格。但是还有许多晶体结构，如方解石 $Ca[CO_3]$ 的晶体结构中，在 C—O 之间存在着以共价键为主的键性，而 Ca—O 之间则为以离子键为主的键性，并且这两种键性在结构中是明显地彼此分开的。像这类晶体，则属于多键型晶体。它们的晶格类型的归属，以晶体的主要性质系取决于哪一种键性为划分依据。类似于方解石的其他含氧盐晶体矿物，其物理性质大多由 O^{2-} 与络阴离子之外的金属阳离子之间的键性所决定，因而在划分晶格类型时，应归属于离子晶格。但在对晶体结构及各种物理性质作全面考察和分析时，则不能忽视结构的多键型特征。从表 6-2 可以看出晶格类型对矿物性质的影响。

表 6-2 晶格类型对矿物性质的影响

物理性质	离子晶格（离子键）	原子晶格（共价键）	金属晶格（金属键）	分子晶格（分子键）
力学性质	硬度变化大可有脆性	硬度大具有脆性	硬度变化大可延展性	硬度小
熔点	较高—很高	很高	变化大	低
导电性	中等绝缘体	良好绝缘体	导电体	绝缘体
透明度	透明	透明	不透明	一般透明
光泽	玻璃光泽	金刚光泽	金属光泽	玻璃—金刚光泽

六、类质同像

(一)类质同像的概念

物质结晶时,结构中某种质点(原子、离子、络阴离子或分子)的位置被性质相似的质点所占据,随着这些质点间相对量的改变只引起晶格参数及物理、化学性质的规律变化,例如闪锌矿(ZnS)中的 Zn^{2+} 被 Fe^{2+} 代替后,物理性质也随之改变(表6-3),但不引起晶格类型(键性及晶体结构形式)发生质变的现象,叫做类质同像,质点间的类质同像关系习惯上称为"代替"或"置换"。

表6-3 闪锌矿(ZnS)中的 Zn^{2+} 被 Fe^{2+} 代替后,物理性质也随之改变

FeS含量	0.28%	11.6%	16%	26%	低—高
颜色	无色	棕黑色	黑色	铁黑色	浅—深
条痕	白	黄褐色	褐色	黑褐色	浅—深
透明度	透明	半透明	不透明	不透明	透明—不透明
光泽	金刚光泽	金刚光泽	半金属光泽	半金属光泽	金刚光泽—半金属光泽
晶胞常数 a_0	5.409 6Å	5.429 3Å	5.429 6Å	5.450Å	

例如菱铁矿 $Fe[CO_3]$ 和菱镁矿 $Mg[CO_3]$ 之间,由于 Fe^{2+} 和 Mg^{2+} 具有相似的性质,彼此可以相互代替,从而形成一系列 Mg、Fe 含量不同的混合晶体:菱镁矿 $Fe[CO_3]$—铁菱镁矿 $(Mg, Fe)[CO_3]$—镁菱铁矿 $(Fe, Mg)[CO_3]$—菱铁矿 $Fe[CO_3]$ 等,它们具有相同的晶格类型,仅晶格参数及性质随 Mg^{2+} 被 Fe^{2+} 代替量的增加作规律的变化。

上述混合晶体中,代替某一元素的另外一些元素称为类质同像混入物,如铁菱镁矿中的 Fe。含有类质同像混入物的晶体称为混合晶体,简称"混晶"。

(二)类质同像的类型

从不同的角度出发,可将类质同像划分为不同的类型。经常涉及的有以下两种。

(1)根据两种组分能否在晶格中以任意量互相代替,将类质同像分为完全类质同像和不完全类质同像(或连续与不连续类质同像)。当组分之间可以任意量相互代替组成混晶时,称为完全类质同像。在上述 $Mg[CO_3]$—$Fe[CO_3]$ 系列中,Mg^{2+} 和 Fe^{2+} 之间以任意比例在晶格中相互代替而组成一系列混晶,此系列即称为一个完全的类质同像系列。在矿物学中,将完全类质同像系列的两端、基本上由一种组分(称端员组分)组成的矿物,称为端员矿物,像菱镁矿 $Mg[CO_3]$

和菱铁矿 $Fe[CO_3]$ 便是 $Mg[CO_3]$—$Fe[CO_3]$ 系列的两个端员矿物,而铁菱镁矿 $(Mg,Fe)[CO_3]$、镁菱铁矿 $(Fe,Mg)[CO_3]$ 则是它们之间的中间成员。中间成员的划分是人为的,每一个系列常有不同的分法。

与完全类质同像不同,当两种组分之间的代替量有一定限度时,称为不完全类质同像。如在闪锌矿 ZnS 中,Fe^{2+} 可以部分地代替 Zn^{2+},但据有关资料报导,Fe^{2+} 代替 Zn^{2+} 的量一般为 Zn 原子数的 26%～30%,否则闪锌矿固有的晶格类型就不能得以保持。

(2)根据晶格中相互代替的离子电价是否相等,类质同像可分为等价类质同像和异价类质同像。凡晶格中相互代替的离子电价相同者,称为等价类质同像。如上述的 Mg^{2+} 与 Fe^{2+},Fe^{2+} 与 Zn^{2+} 间的代替。凡相互代替的两种离子电价不同时,称为异价类质同像。如斜长石中,$Ca^{2+} \to Na^+$,$Al^{3+} \to Si^{4+}$,它们彼此间的电价都是不相等的。但是在异价类质同像代替时,为了保持晶格中电价平衡,相互替代的离子之总电荷必须相等。

(三)类质同像产生的条件

矿物中类质同像代替是一种很普遍的现象,但质点间类质同像代替的发生不是任意的,它需要有一定的条件,包括离子(原子)本身的性质和形成时的物理化学条件两个方面。

1. 离子(原子)本身的性质

(1)原子或离子的半径:前边已经提到质点的相对大小是决定晶体结构的重要因素,要使类质同像代替不导致晶格类型发生根本变化,从几何角度来看,要求相互代替的质点大小不能相差过大。根据经验,在电价和离子类型相同的条件下,质点在晶格中类质同像代替的能力随半径差别的增大而减小,若以 r_1、r_2 分别代表较大质点和较小质点的半径,当 $(r_1-r_2)/r_2 < 15\%$ 时,易形成完全类质同像;当 $(r_1-r_2)/r_2$ 在 15%～30% 的范围时,一般只能形成不完全类质同像;若超过 30% 时,一般就难以形成类质同像了。

(2)离子的电价:类质同像代替必须遵循电价平衡的原则,才能使晶体结构保持稳定。因此,当异价类质同像代替时,电荷的平衡就起主导作用,而离子半径之间的差别却可允许有较大的范围。如云母中 Mg^{2+} 代替 Al^{3+},两者半径之差高达 30% 仍能形成类质同像。

(3)离子类型:质点类质同像代替时不能改变晶体的键性,而离子或原子结合时的键性与它们的最外层电子的构型有关。一般说来,惰性气体型离子在化合物中基本以离子键结合,而铜型离子则以共价键为主。显然这两类离子之间是难以发生类质同像代替的。例如 Ca^{2+} 与 Hg^{3+} 当呈 6 次配位时的离子半径分别为 0.108nm 和 0.110nm,两者非常接近,但因离子类型不同,迄今在矿物中尚未发现它们呈类质同像代替的实例。

2. 影响类质同像产生的外部条件

最主要的是矿物结晶时所处的温度、压力和溶液或熔体中组分的浓度。

在外部条件中,温度对类质同像的影响最为明显。总的规律是:高温条件下有利于类质同像的形成,温度下降则类质同像不易发生,甚至已经形成的类质同像混晶发生分离。例如 $K[AlSi_3O_8]$ 和 $Na[AlSi_3O_8]$,由于 K^+ 和 Na^+ 的离子半径相差很大,只有在高温下两者才可以混溶,形成类质同像混晶,但到低温时,两种组分即发生分离,分别结晶成钾长石和钠长石。在硫化物中也有类似情况,例如沿闪锌矿解理分布的乳滴状黄铜矿就是类质同像分离的一种产物。

压力对类质同像的影响尚不十分清楚。一般认为,当温度一定时,压力增大,既可限制类质同像代替的数量,又能促使类质同像混晶发生分离。

关于组分浓度对类质同像的影响,可由定比定律和倍比定律来说明。矿物中各种组分之间有一定数量比,当某种矿物从溶液中或熔体中结晶时,若某种组分不足时,介质中性质由与某组分相近的另一组分来"顶替",从而形成类质同像混晶。例如磷灰石 $Ca_5[PO_4]_3(F,Cl)$ 在形成时,若介质中 Ca^{2+} 的数量不足,其不足部分则由性质与 Ca^{2+} 相似的 Ce^{3+} 等呈类质同像进入晶格补偿 Ca^{2+} 的不足。这种类质同像特称为补偿类质同像。

此外,对于一些微量元素来说,在介质中的含量不足以形成独立矿物时,常以类质同像混入物的形式进入性质与之相似的常量元素所形成的晶格中,如辉钼矿中的 Re 就是这样。

(四)研究类质同像的意义

类质同像是矿物中普遍存在的一种现象,对它的研究,不仅具有理论上的意义,而且也有一定的实际价值。

1. 扩大矿物原料的综合利用

地壳中的稀散元素绝大部分通常不形成独立的矿物,主要以类质同像形式赋存在与它性质相似的常量元素所组成的矿物中,例如 Cd、In 等常存在于闪锌矿中,Re 存在于辉钼矿中,Hf 存在于锆石中等等。所以研究类质同像的规律,对寻找某些矿种和合理地综合利用各种矿产资源有着极为重要的意义。

2. 类质同像可以改变矿物的物理性质,提高矿产资料的综合利用价值

在不同条件下形成的某种矿物,所含类质同像混入物的种类和数量常常有所不同,并因此而引起矿物晶胞参数和物理性质的规律变化。这对矿物形成条件的探讨和有用组分赋存规律的认识也是很有意义的。

如河南南阳 15km 处的独山,盛产独山玉,形似翡翠,其成分为斜长石(钙长

石)等矿物,因晶形不好呈致密块状,且有类质同像混入物而使之成为湖蓝色,被誉为"南阳翡翠"。

3. 指示矿物晶体的形成条件

天然形成的矿物,其组成可在一定范围内变化,成分纯净者极少,搞清了类质同像代替关系,就可以合理的解决矿物成分的变化问题以及由此而引起的矿物物理性质的差异等问题。在实际工作中,又常常可以根据矿物物理性质方面的特征来推断矿物的组成。例如橄榄石,随着成分中 Mg^{2+} 被 Fe^{2+} 的代替,其相对密度由镁橄榄石的 3.3 逐渐增至铁橄榄石的 4.4。这种相对密度随成分变化的规律可作成成分—相对密度曲线图,在实际工作中,只要精确测得橄榄石的相对密度,毋需化学分析,就能迅速地确定其相应的成分。类似这样的图件是非常有用的。

七、同质多像及多型

前面各节主要讨论的是化学组成与晶体结构之间的关系问题。但是,矿物的晶体结构还受外界环境的影响。在一定的条件下,晶体形成的热力学条件及其他外界因素可以是决定晶体结构的主导因素。同质多像及多型现象等就是形成条件决定或影响晶体结构的有力佐证。

(一)同质多像

化学成分相同的物质,在不同的热力学条件下,结晶成结构不同的几种晶体的现象,称为同质多像,例如碳(C)在不同的地质作用过程中,可结晶成属于等轴晶系的金刚石和属于六方晶系的石墨(一部分属于三方晶系),两者成分相同,但结构各异。这种现象的出现,是由于结晶时的热力学条件不同所致。金刚石的形成条件与石墨不同,它是在较高温度和极大的静压力下结晶的。

一般把成分相同而结构不同的晶体称为某成分的同质多像变体。上述的金刚石和石墨就是碳的两个同质多像变体。若一种物质成分以两种变体出现,称为同质二像;以三种变体出现,就称为同质三像;等等。如金红石、锐钛矿和板钛矿就是 TiO_2 的同质三像变体。

同一物质成分的每个变体都有自己的内部结构、形态、物理性质以及热力学稳定范围,所以在矿物学中,把同质多像的每一个变体都看作一个独立的矿物种,给予不同的矿物名称,或在名称之前标以希腊字母作前缀以示区别。例如金刚石和石墨、α-石英和 β-石英等。

由于同质多像的各变体是在不同的热力学条件下形成的,即各变体都有自己的热力学稳定范围,因此,当外界条件改变到一定程度时,为在新条件下达到新的平衡,各变体之间就可能在结构上发生转变,即发生同质多像转变。

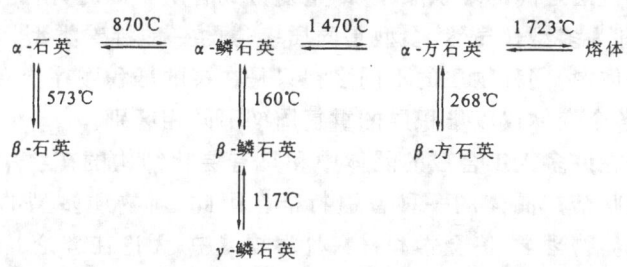

图 6-7 石英在不同的热力学条件下有不同的变体

图 6-7 就是应用同质多像的基本理论对石英的各种变体之间的转化进行分析的示意图。其中,α 表示高温型,β 表示低温型。

在常压的情况下,从常温开始加热直至熔融,在各种石英变体中,纵向之间的变化均不涉及晶体结构中键的破裂和重建,转变过程迅速而可逆,往往是键之间的角度稍作变动而已。横向之间的转变,都涉及键的破裂和重建,其过程相当缓慢。因此,横向转变(重建型、高温型)为一级转变(由表及里缓慢进行,一般不可逆,但在不同的条件下,又为可逆),转化迟钝。纵向转变(位移型、高低温型)为二级转变(表里瞬间同时进行,一般可逆),转化迅速。而另一方面,在 870℃ 由 α-石英转变为 α-鳞石英时,转化速度慢,体积增加了 16%;在 573℃ 由 β-石英转变为 α-石英,转化迅速,体积变化只增加了 0.82%,但后者在单位时间内,体积的增加量远大于前者,所以,快速型转化的体积变化小(易发生),危害大。慢速型转化的体积变化大(不易发生),危害小,这一特征在窑炉使用中应特别注意。石英的同质多像转变在陶瓷工艺、玻璃工艺和材料工艺中已得到了广泛的应用。

需要指出的是,某些物质成分的各个变体,可以在几乎相同的温度与压力条件下形成,而且都是稳定的,如 $Fe[S_2]$ 的两个变体黄铁矿和白铁矿,它们的成因比较复杂,一般认为与介质的酸碱度有关,$Fe[S_2]$ 在碱性介质中形成黄铁矿,而在酸性介质中则生成白铁矿。

同质多像现象在矿物中是较为常见的。由于它们的出现与形成时的外界条件有密切关系,因此,借助于它们在某些地质体中的存在,可以帮助我们推测有关该地质体形成时的物理化学条件。另外,在工业上还可利用同质多像变体的转变规律,改造矿物的晶体结构,以获得所需要的矿物材料,满足生产上的要求。如利用石墨制造人造金刚石等。

(二)多型

多型是指由同种化学成分所构成的晶体,当其晶体结构中的结构单位层相同，而结构、单位层之间的堆积顺序，即重复方式有所不同时，由此所形成的不同结构的变体，即为多型。显然，多型是同质多像的一种特殊类型，它出现在广义的层状结构晶体中，同种物质的不同多型只是在层的堆积顺序上有所不同，也就是说，多型的各个变体仅以堆积层的重复周期不同相区别。

多型现象在许多人工合成的晶体中和具有层状结构的矿物中都有发现，看来它是具有层状结构晶体的一种普遍特征。因此，对物质多型的研究，在结晶学、矿物学、固体物理学、冶金学和材料科学领域中，无论在理论上还是在实用上都具有重要的意义。

思考题

1. 当等大球体分别作立方或六方最紧密堆积时，其相邻八面体空隙间的连接方式（指共面、共棱或共角顶）有何不同？对于四面体空隙来说其情况又如何？
2. 试述类质同像产生的条件，原子或离子半径的大小对类质同像的影响。
3. 完全类质同像系列的两个端员矿物，它们的晶体结构为什么必定是等结构的？
4. 简述完全类质同像和不完全类质同像的区别，举例说明。
5. 已知共价键具有饱和性和方向性，而离子键则没有，但为什么在一个离子晶格中，每种离子都各有有限的配位数？

第七章 矿物的化学成分及化学性质

矿物的化学成分是组成矿物的物质基础,是决定矿物各项性质的最基本因素之一。任何矿物均具有一定的化学组成。因此,它不但是区别不同矿物的重要标志,而且也是人们利用矿物作为工业原料的一个重要方面。此外,由于矿物是岩石的构成单位,它的化学性质在一定程度上常是控制岩石强度及其抗风化能力等的重要因素,所以它也是对各种工程建筑发生影响的一个不可忽视的条件。因此,矿物的化学成分和化学性质在理论和实践上都是矿物学研究的重要课题之一。

在前一章中,已经讨论过有关晶体结构及其与化学组成之间的某些关系,本章将就矿物的化学组成特点及其性质——矿物的化学成分类型、矿物化学组成的一般特征、矿物化学式的书写和计算以及矿物的某些化学性质等,分别介绍如下。

一、矿物的化学成分类型

自然界的矿物,就其化学组成来说,大体可分为两类:一类是单质,即由同一种元素构成的矿物,如自然金 Au、金刚石 C 等;另一类是化合物,即由多种离子或离子团构成矿物。在此类化合物中有:由一种阳离子和一种阴离子组成的简单化合物,如石盐 NaCl、方铅矿 PbS 和赤铁矿 Fe_2O_3 等;由一种阳离子同一种络阴离子(酸根)组成的单盐化合物,如方解石 $Ca[CO_3]$、镁橄榄石 $Mg[SiO_4]$、重晶石 $Ba[SO_4]$ 等;由两种以上的阳离子与同种阴离子或络阴离子组成的复化合物,如黄铜矿 $CuFeS_2$、白云石 $CaMg[CO_3]_2$ 及大部分硅酸盐类矿物等,其中含络阴离子的复化合物称为复盐。复化合物的组成可以看成由两种或两种以上的简单化合物或单盐以简单的比例组合而成,例如黄铜矿 $CuFeS_2$ 可看成是 CuS 和 FeS 的组合;白云石为 $Ca[CO_3]$ 和 $Mg[CO_3]$ 的组合。后者也可以用最简单氧化物形式表示成 $CaO \cdot MgO \cdot 2CO_2$ 的组合。实际上,矿物组成的化学分析结果,通常是以简单的氧化物形式表示的。

矿物都有一定的化学组成,但是自然界的矿物其组成绝对固定者极少,大多数矿物的化学组成可在一定范围内发生变化。组成可变的矿物,按引起成分变化的原因可归为4类：一是类质同像矿物；二是含沸石水或层间水的矿物；三是胶体矿物；四是非化学计量的矿物。关于类质同像矿物中成分的变化，显然应遵守类质同像代替的规律，如果把构成类质同像代替关系的诸元素作为一个统一的部分来看待的话，该类矿物的化学组成仍然遵守定比定律和倍比定律的关系，并可由一定形式的化学式来表示，如橄榄石$(Mg,Fe)[SiO_4]$、闪锌矿$(Zn,Fe)S$等，至于胶体矿物和含沸石水或层间水等含水矿物在化学成分上的特点，将在以后叙述。关于非化学计量的矿物，它是一类化学组成不符合定比定律和倍比定律的一些结晶质矿物，例如磁黄铁矿$(Fe_{1-x}^{2+}S)$就是这类矿物的一个典型代表。在这个矿物中Fe原子数常少于S原子数，而且两者的原子数不符合化合比。这种现象的产生，通常是由于这类矿物的晶体结构中存在有Fe^{2+}缺位造成的。

二、胶体矿物的化学组成特点

地壳中的矿物，除了大部分可依靠肉眼或显微镜能分辨的显晶质体以外，还有一部分属于超显微的隐晶质体（即在光学显微镜下也不能区别其晶粒的矿物），即通常所称的胶体矿物。它是一种物质的微粒（粒径1nm～100nm）分散于另一种物质中所形成的混合物。由于它们的颗粒太细小，颗粒与颗粒之间又是呈无规则的杂乱排列的，因而，在外形上不能自发地形成规则的几何多面体形态，各项宏观性质都具有均一性和各向同性的特点。所以，通常胶体矿物都被作为非晶质体来对待。

胶体矿物是由胶体形成的。我们知道，胶体是由分散相和分散媒所组成的一种不均匀的分散系。分散相和分散媒可以具有各种物态（固态、液态、气态），同时它们可以有不同的组合。其中分散媒远多于分散相的胶体称为胶溶体，若分散相为固体且数量很多，以至各个分散相质点好象彼此黏着，而分散媒仿佛只占有分散相质点的剩余空间一样，整个胶体呈肉冻状、胶状或玻璃状的凝固态者，则称为胶凝体。

固态的胶体矿物基本上只有水胶凝体和结晶胶凝体两种。前者其分散媒为水，分散相是固体，即胶体粒子。例如蛋白石（二氧化硅的胶凝体）、褐铁矿（氢氧化铁的胶凝体）等，而后者的分散媒为结晶质，分散相则为气体、液体、固体均可。最常见者是那些各种通常是无色不透明而被染成各种颜色或浑浊的矿物，如红色的重晶石（含氧化铁分散相）、黑色方解石（含硫化物或有机质分散相）、乳石英（含气体分散相）等等。对于结晶胶溶体，通常都把它作为结晶体对待，而把分散于其中的分散相看成是包含于晶体中的杂质。因此，在矿物学中通常所说的胶体矿物，实际上都是指以水作为分散媒、以固相作为分散相的水胶凝体。胶体矿物由于其中的胶体粒子具有非常小的粒径（1nm～100nm），比表面积（总表面积与其体积之比)极大,从而具有很大的表面能。为了降低表面能,一种途径是使胶粒合并,以减小其表面积;另一种途径就是吸附其他的物质。在前一种作用过程中,伴随着胶粒的合并并排除其间的水分,最终导致胶体矿物的晶质化。这种作用称为胶体的老化或晶化。后一种作用的结果是使在胶体粒子核的周围形成一个双离子层。例如用氯化铁水解而得到的氢氧化铁溶胶中,胶核[$Fe(OH)_3$]带有正电荷,这是由于它吸附着 FeO^+ 或 Fe^{3+} 离子的缘故(当 $FeCl_3 + 3H_2O \rightarrow Fe(OH)_3 + 3HCl$ 的同时,还生成一些 $FeOCl$,这里的 FeO^+ 就是 $FeOCl$ 电离而产生的)。吸附了离子后的胶核还能把一部分带相反电荷的离子紧紧拉在它的周围,所有这些离子在胶核外面形成吸附层,同时另一些带相反电荷的离子则距胶核较远,与其联系比较松散,称之为扩散层。胶核、吸附层和扩散层总合起来称为胶团或胶体粒子,上述氢氧化铁胶体离子的结构如图7-1所示。

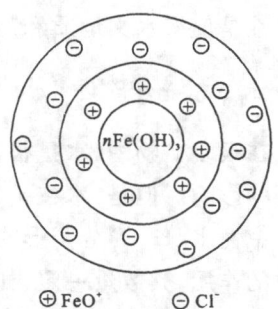

图7-1 氢氧化铁胶体粒子的结构示意图

胶体粒子可以吸附介质中的离子,同时被吸附的离子在种类和数量上变化的范围比较大,加之构成胶体的分散相和分散媒的含量比也不固定,这就造成胶体矿物化学组成的复杂化和不固定性。不过,许多胶体的吸附作用常常是有选择性的,不同的胶体只吸附一定的物质,而对其他物质吸附很少或完全不吸附。根据胶体质点带有正、负电荷的不同,将胶体分为正胶体和负胶体两种,负胶体吸附介质中的阳离子,如 MnO_2 负胶体可以吸附 Cu^+、Pb^{2+}、Zn^{2+}、Co^{2+}、Ni^{2+}、K^+、Li^+ 等40余种阳离子;正胶体吸附介质中的阴离子,如 $Fe(OH)_3$ 正胶体能吸附 V、P、As、Cr(呈络阴离子形式)等元素。因此,胶体矿物化学成分的变化还有某些规律可循。值得注意的是,胶体的选择吸附常常对某些有用元素的富集具有重要意义,如上述的 MnO_2 胶体之吸附 Ni^{2+}、Co^{2+} 等,当其达到一定量的富集时,便具有工业价值。

在自然界中,胶体矿物除少数形成于热液作用及火山作用外,绝大部分形成于表生作用中。表生作用中胶体矿物的形成,大体经历了两个阶段。首先是出露地表的矿物或矿物集合体,在风化过程中由于机械破碎和磨蚀而形成胶粒大小的质点(主要是结晶质的),当它们分散于水中即成为胶体溶液(水胶溶体);然后胶体溶液在迁移过程中或汇聚于水盆地后,或因与带有相反电荷的质点发生电性中和而沉淀,或因水分蒸发而凝聚,从而形成各种胶体矿物(水胶凝体)。这个作用过程称为胶体溶液的凝结或胶凝。

已经形成的胶体矿物,随着时间的推移或热力学因素的改变,进一步发生脱水作用,颗粒逐渐增大而成为隐晶质,最终可转变成为显晶质矿物,由胶体晶化而形成的晶质矿物特称为变胶体矿物。变胶体矿物往往可以保留原胶体矿物的外貌,根据外貌特征,人们可以推测它原先是胶体矿物。此外,胶体矿物在晶化的过程中,伴随脱水作用发生体积的收缩,并使矿物的硬度及承压能力增大。这种特性是值得水文地质和工程地质工作者注意的。

三、矿物中的"水"

在很多矿物中,水是很重要的化学组成之一,并且它对矿物的许多性质有极重要的影响。但是,水在矿物中的存在形式却是很不相同的。在一些矿物中,水是以中性水(H_2O)分子形式存在的,它们之中有的在矿物晶体结构中起着结构单位的作用,其数量一定,如石膏 $Ca(H_2O)_2[SO_4]$ 中的水;而有的仅仅是被吸附在矿物颗粒的表面或缝隙中,其数量不定,与矿物的晶体结构关系不太密切甚至根本没有关系。另外一些矿物,如白云母 $K\{Al_2[AlSi_3O_{10}](OH)_2\}$、水云母 $(K,H_3O)\{Al_2[AlSi_3O_{10}](OH)_2\}$ 等,它们通常也被称为含水矿物,但这里并不存在真正的水分子——H_2O,而是以$(OH)^-$和$(H_3O)^+$的形式像普通的离子一样存在于矿物的晶体结构中,除非矿物晶体结构破坏,否则它是不会以中性水分子形式出现的。因此,根据水在矿物中的存在形式和它与晶体结构的关系,可将矿物中的"水"分为吸附水、结晶水、结构水 3 种基本类型,以及性质介于吸附水与结晶水之间的层间水和沸石水两种过渡类型。

(一)吸附水

纯粹是由表面能而吸附存在于矿物表面或缝隙中的普通水,称为吸附水。其中附着于矿物颗粒表面的称为薄膜水;充填在矿物个体或集合体间细微裂隙中的称为毛细管水;作为分散媒吸附在胶粒表面上的称为胶体水。

在矿物中吸附水的含量一般随温度的不同而变化,它与矿物的晶体结构没有关系,仅以微弱的力与矿物联系着,在常压下,当加热到 100~110℃时,可全部从矿物中逸出。在单矿物化学全分析资料中,这种水以 H_2O 表示,它不计入矿物的化学成分,一般在矿物化学式中都不予列出。但由于胶体水是水胶凝体矿物本身的固有特征,所以应当作为一种重要的组分列入矿物的化学成分,如蛋白石 $SiO_2 \cdot nH_2O$ 中的水就属于这种类型。水分子有的系数 n 是表示 H_2O 与 SiO_2 之间在数量上没有一定的比例关系,即胶体水在矿物中的含量是可以变化的。在常压下,使胶体水从矿物中完全逸出,一般需要比较高的温度(100~250℃)。

矿物中吸附水的存在,对矿物的风化起着很重要的作用。

(二)结晶水

结晶水是以中性水分子——H_2O 的形式存在于矿物晶格的一定位置上的水。这种水常不仅以一定的配位形式环绕着阳离子,而且其数量与矿物的其他组分的含量成简单的比例关系,如石膏 $Ca(H_2O)_2[SO_4]$、苏打 $Na_2(H_2O)_{10}[CO_3]$ 等中的水,即属这种类型。

结晶水大都出现在具有大半径络阴离子的含氧盐矿物中。这种现象,从阴、阳离子成稳定结构时其半径大小必须相互适应的晶体化学原理是不难加以解释的。因为,与大半径络阴离子相适应的势必也是大半径的阳离子,倘若成矿介质缺乏这种阳离子,而大量存在的却是与络阴离子的电价适应但半径较小的阳离子时,在这种情况下,小半径的阳离子在不改变电价的同时借助水化使自身体积加大,从而与大的络阴离子组成稳定的化合物,例如,六水硫镍矿 $Ni(H_2O)_6[SO_4]$,就是这种现象的一个最明显的实例。在这里 $[SO_4]^{2-}$ 的半径为 $0.295nm$,Ni^{2+} 的半径为 $0.077nm$Å,二者相差很大($0.218nm$),不能形成一种稳定结构。于是,在不改变 Ni^{2+} 离子电价的前提下,借助6个水分子的包围来加大它的体积,由此与 $[SO_4]^{2-}$ 构成六水硫镍矿。

结晶水,由于它扮演着结构单位的角色,因而受晶格的约束力比吸附水要大得多。欲使这样的水从晶格中释放出来,就需要有比较高的温度,一般都在 200～500℃之间,个别矿物(如透视石)甚至可高达600℃。一些含结晶水的矿物,由于其中结晶水与晶格联系的紧密程度不同,因此,在加热过程中,从晶格中析出结晶水时的温度也不相同。如有的矿物当加热到某一温度时,晶格中的结晶水一次全部释放出来,而有的则不然,失水过程可表现出分期性。前者如芒硝 $Na_2(H_2O)_{10}[SO_4]$,当温度在 33℃ 以上时,其中的 10 个结晶水全都脱离晶格,此时芒硝便变为无水芒硝 $Na_2[SO_4]$;后者如石膏 $Ca(H_2O)_2[SO_4]$,从 80℃ 开始脱水,到 120℃ 时,脱去原结晶水的 3/4,形成具有成分为 $Ca(H_2O)_{1/2}[SO_4]$ 的半水石膏,当温度继续升高到 130℃ 时,半水石膏中的水全部脱去成为硬石膏 $Ca[SO_4]$。由上述二例可见,伴随着结晶水的脱失,原矿物的晶体结构都要发生破坏或被改造,从而重建新的晶格成为另一种矿物。

(三)结构水

结构水也称化合水,是以 $(OH)^-$、$(H_3O)^+$ 离子的形式存在于矿物晶格中的"水",其中尤以 $(OH)^-$ 最为常见。如高岭石 $Al_4[Si_4O_{10}](OH)_8$、水云母(K,$H_3O)\{Al_2[AlSi_3O_{10}](OH)_2\}$ 等中的"水",就属这种类型。

结构水在晶格中占据严格的位置并有确定的含量比,与其他离子的联结也相当牢固[但$(H_3O)^+$离子除外]。因此,除非在高温(一般均在600~1 000℃之间)结构遭到破坏的情况下,是不会结合成H_2O分子自晶格中逸出的。

和结晶水一样,结构水的失水温度也依矿物的种类不同而异。例如,高岭石的失水温度为580℃,而滑石$Mg_3[Si_4O_{10}](OH)_2$则为950℃。有些矿物的结构水,只一次即可全部析出,有的则分几次,每次都有一个确定的温度与之对应。例如镁蠕绿泥石在610℃时,析出"水镁石层"中的$(OH)^-$;而后在820℃时,再析出八面体层中的$(OH)^-$。由于结构水是占据晶格位置的,所以脱水后晶格破坏是必然的。

据上所述,含结晶水和结构水的矿物,由于它们在受热过程中都有一个或几个固定的脱水温度,因此,运用热重分析法测定它们各自的脱水温度和相应的脱水量(重量百分比)即可准确地鉴定这类矿物。

(四)层间水

层间水是以中性水分子形式存在于某些具有层状结构的硅酸盐矿物中的水。在这里水分子呈层状分布于矿物晶体的结构层之间,并参与矿物晶格的构成,但数量可在相当大的范围内变动。这是因为某些层状硅酸盐矿物如蒙脱石等,在其结构层本身的电价未达到平衡,在结构层的表面还有过剩的负电荷,这部分过剩的负电荷还要吸附其他金属阳离子,而后者又再吸附水分子,从而在相邻的结构层之间形成水分子层,即层间水。显然这种水的多少与吸附阳离子的种类有关,如在蒙脱石中,当吸附阳离子为Na^+时在结构层之间常形成一个水分子层;若为Ca^{2+}时则经常形成两个水分子厚的水层。除此之外,层间水和吸附水类似,它的含量还随外界温度、湿度的变化而变化,即随温度与湿度的变化,水可以被吸入或排出。因此,层间水的性质介于结晶水与吸附水之间。

含有层间水的矿物,结构层之间的距离常随含水量的变化而改变,如蒙脱石吸水后晶胞的c值可由0.96nm剧增到2.84nm,因而具有吸水膨胀的特性。而有的含层间水的矿物,由于层间水的存在,在加热时因水的气化压力可使层间距离扩大,从而表现出热膨胀性,如蛭石。层间水的脱水温度一般在100~250℃之间。层间水脱失后,矿物原有的层状结构并不因之而破坏,但却可使它的层间距离缩小,相对密度和折射率增高。

最后还应当指出,某些矿物中的层间水,常可被一些极性有机分子溶液所置换。层间水的这一特性对石油等的形成以及对某些含层间水矿物的应用都具有重要的意义。

(五)沸石水

以中性水分子存在于沸石族矿物晶格中的水,故称为沸石水。这种水就其性质来说和层间水类似,也是介于结晶水与吸附水之间的一种特殊类型。沸石族矿物晶体结构的特点之一是都存在有大小不等的孔道,水分子就存在于这些孔道之中(详见第十六章沸石族矿物)。分子则经常集结在占据晶格一定位置的阴离子周围,并与之发生配位,其含量有一个最高的上限值。此数值与矿物其他组分的含量有简单的比例关系,然而,沸石晶格中的各种孔道都是与外界相通的,因此随外界温度和湿度的改变,水可以通过孔道逸出或进入,即沸石水的含量也可在一定范围内变化。

沸石族矿物一般从 80℃ 开始失水,至 400℃ 时水全部析出,其析出过程是连续的。失水后原矿物的晶格不发生变化,只是它的一些物理性质——透明度、折光率和相对密度随失水量的增加而降低。失水后的沸石仍能重新吸水,并恢复到原来的含水限度,从而再现矿物原来的物理性质。

含有层间水和沸石水的矿物,大部分具有吸附性阳离子,而这些吸附性阳离子又可伴随着水分子的逸出或进入与介质中的阳离子发生交换,所以通常把这种吸附性阳离子又称为可交换阳离子,此类矿物的这种特性称为阳离子交换性质。

综上所述,除吸附水外,其他形式的水都是矿物的重要组成,并随其在矿物中的存在形式和性质不同,对矿物的晶体结构和物理性质产生不同的影响,含层间水及沸石水的矿物的阳离子交换性质又是引起此类矿物化学成分变化的重要原因,并从而具有某种实用价值,所以详细研究水在矿物中的特性是很重要的,尤其对于从事石油、水文及工程地质的工作者来说,掌握上述各种水的特性将更具有特殊的意义。

四、矿物的化学式

为了表示组成矿物的各种成分的数量比以及它们在晶格中的赋存状态、相互关系和晶体结构特征等,需要有一个合理的明确表示矿物组成的化学式。

将矿物的化学组成用元素符号按一定原则表示出来,就构成了矿物的化学式。它是以单矿物的化学全分析所得各组分的相对百分含量为基础而计算出来的。通常表示方法有两种,即实验式和结构式(晶体化学式)。

(一)实验式

只表示矿物中各组分数量比的化学式,称为实验式。如 $CuFeS_2$(黄铜矿)和 $Be_3Al_2Si_6O_{18}$(绿柱石)等;以实验式表示的矿物化学式,由于形式简洁,所以在配平化学反应方程式时经常使用,对于含氧盐矿物,也可以用氧化物的组合形式来表示,如绿柱石就可以写成 $3BeO \cdot Al_2O_3 \cdot 6SiO_2$。

实验式的计算过程是：先用单矿物各组分的质量分数 w_B 分别除以其相应的相对原子质量或相对分子质量，即得到各组分的物质的量，然后再将组分物质的量化为简单整数化学全分析所得的各组分重量百分数除以各相应组分的原子量（或分子量），将所得商数化为简单整数比，再用这些整数标定各相应组分的相对含量。现举例说明之（见表 7-1、表 7-2）。

表 7-1 黄铜矿实验式的计算过程

组分	质量分数 w_B/% （化学全分析结果）	组分物质的量 换算（以原子量除）	结果	组分物质的量之比（近似值）	化学式
Cu	34.40	34.40/63.5	0.541	1	
Fe	30.47	30.47/56.0	0.544	1	$CuFeS_2$
S	35.87	35.87/32.0	1.120	2	
合计	100.74				

表 7-2 绿柱石实验式的计算过程

组分	质量分数 w_B/% （化学全分析结果）	组分物质的量 换算（以分子量除）	结果	组分物质的量之比（近似值）	化学式
BeO	14.01	14.01/25.1	0.591 9	3	$3BeO \cdot Al_2O_3 \cdot 6SiO_2$
Al2O3	19.26	19.26/102.2	0.188 4	1	或归并为
SiO2	66.37	66.37/60.3	1.100 7	6	$Be_3Al_2Si_6O_{18}$
合计	99.64				

表示矿物化学成分的实验式，计算简单，书写方便，而且也便于记忆，但存在以下缺点。首先，它忽略了矿物中的次要成分，而一些次要成分的存在往往对矿物的性质及用途有着重要的影响。因此是不应忽略的；其次，实验式不能反映出矿物中各组分之间的相互结合关系，尤其对成分复杂的矿物，还可能引起误解，如上述绿柱石中，就根本不存在 BeO、Al_2O_3 和 SiO_2 形式的独立分子。

（二）结构式（又称晶体化学式）及其书写原则

为了克服上述实验式的弊端，通常使用一种既能表明矿物中各组分的种类及其数量比，又能表明它们在晶体结构中的相互关系及其存在形式的化学式，这就是所谓的结构式或晶体化学式。结构式是以单矿物的化学全分析和 X 射线结构分析等实验资料作基础，并以晶体化学基本原理为依据计算出来的。由于它能反映出矿物成分与结构之间的关系，所以在矿物学、晶体化学和固体物理学等学科中被普遍采用。

结构式的书写规则如下：

对于由单质元素构成的矿物：只写元素符号予以表示，如自然金—Au、金刚石—C等。若其中有类质同像代替的元素存在，则按数量多少依次排列，中间用逗点隔开，并用圆括号括起来，如银金矿—(Au,Ag)。

对于金属互化物：按金属性递减的顺序以左至右排列，如碲银矿—AgTe、砷铂矿—PtAs等。

对于离子化合物：结构式书写的基本原则是阳离子在前，阴离子在后。具体的书写规则和代表的意义如下。

(1)阳离子写在化学式的最前面。当存在两种以上的阳离子时，要按碱性由强到弱的顺序排列，如白云石 $CaMg[CO_3]_2$，当阳离子为同一种元素而具有不同价态或具有不同配位体时，要将低价的置于高价离子之前，前者如磁铁矿 $FeFe_2O_4$（即 $Fe^{2+}Fe_2^{3+}O_4$），后者如孔雀石 $Cu_2[CO_3](OH)_2$。

(2)阴离子或络阴离子写在阳离子之后，络阴离子要用方括号将它括起来。如 $CaMg[CO_3]_2$、$CaMg[Si_2O_6]$（透辉石）等。

(3)若有附加阴离子时，将它写在主要阴离子或络阴离子的后面，如磷灰石 $Ca_5[PO_4]_3(F,Cl,OH)$。

(4)互为类质同像的离子用圆括号括起来，并按其含量由多到少的顺序排列，中间用逗点分开，如铁闪锌矿 $(Zn,Fe)S$；对于类质同像系列矿物，可写出它的两个端员组分，如镁橄榄石—铁橄榄石系列可写为 $Mg_2[SiO_4]$—$Fe_2[SiO_4]$。

(5)矿物成分中的"水"，分别按不同情况书写：

a. 结构水写在化学式的最后，如高岭石 $Al_4[Si_4O_{10}](OH)_8$。

b. 结晶水用圆括号括起来写在与它相联系的阳离子后面，如 $Ni(H_2O)[SO_4]$。

c. 沸石水写在化学式的最后，但需用圆点分开，其含量以其上限为准。如钠沸石 $Na_2[Al_2Si_3O_{10}] \cdot 2H_2O$。

d. 层间水用圆括号括起来，写在可交换阳离子的后面，如钠蒙脱石 $Na_{0.33}(H_2O)_4\{(Al_{1.67}Mg_{0.33})[Si_4O_{10}](OH)_2\}$。

e. 吸附水不属于矿物本身的化学组成，在化学式中一般都不予表示。但胶体水是胶体矿物固有的特征，因此应该予以反映，由于其含量不定，故以 nH_2O 表示之，写在化学式最后，用圆点分开。如蛋白石 $SiO_2 \cdot nH_2O$。

对于含有附加阴离子的层状硅酸盐矿物，属于结构单位层的部分要用大括号括起来，如上述钠蒙脱石的化学式等。

关于结构式的计算，由于矿物化学组成复杂程度的不同，而有不同的计算方法，经常使用的重要方法之一是所谓的以氧原子数为基准的氧原子计算法。运用这一方法的前提是已知矿物的化学全分析数据和矿物的化学成分通式；其理论基础主要是矿物单位晶胞中所含的氧原子数是固定不变的,它不依阳离子相互间的类质同像代替而改变;同时认为如果矿物中有其他附加阴离子 F^-、Cl^-、S^{2-} 等以类质同像代替氧,但不导致氧离子不足或过剩的结构发生。现举例具体说明其计算步骤(表 7-3)。

表 7-3 某地透辉石的晶体化学式计算表

组分	质量分数 w_B/%	分子数	原子数 氧原子	原子数 阳离子	阳离子的原子系数
SiO_2	52.5	0.869 6	1.739 2	0.869 6	1.920
TiO_2	0.72	0.009 0	0.018 0	0.009 0	0.019
Al_2O_3	2.54	0.021 9	0.074 7	0.049 8	0.110
Fe_2O_3	1.81	0.011 4	0.034 2	0.022 8	0.050
FeO	1.95	0.027 1	0.027 1	0.027 1	0.059
MnO	0.64	0.009 0	0.009 0	0.009 0	0.019
MgO	14.97	0.371 3	0.371 3	0.371 3	0.819
CaO	24.38	0.434 8	0.434 8	0.434 8	0.960
Na_2O	0.56	0.009 0	0.009 0	0.180	0.039
H_2O^-	0.11				
合计	100.18		2.717 3		

单斜辉石的晶体化学式为:$XY[Si_2O_6]$。

按氧原子数为 6 求得的公约数为:2.717 3/6=0.452 9。

计算步骤:

(1)将各组分质量百分数 w_B 除以该组分的分子量求出各组分的分子数。

(2)用每个组分的分子数乘以该组分中的氧原子系数,求出每个组分的氧原子数。

(3)用每个组分的分子数乘以该组分的阳离子系数,求出每个组分的阳离子原子数。

(4)统计氧原子数总和。

(5)用氧原子数总和除以理论通式中的氧原子数,求出公约数。

(6)用各组分阳离子原子数除以公约数,其商数即为各组分的阳离子原子系数。

(7)参照通式并分析类质同像代替关系即可写出该单斜辉石的晶体化学式为:

$(Ca_{0.06}Na_{0.04})_{1.00}(Mg_{0.82}Fe^{2+}_{0.09}Fe^{3+}_{0.05}Al_{0.03}Ti_{0.02}Mn_{0.02})_{1.00}[(Si_{1.92}Al_{0.08})_{2.00}O_{6.00}]$

上式中写在同一圆括号内的各元素呈类质同像代替关系,各元素的原子数写在元素符号的右下角。元素符号间不再加逗号,写于圆括号之后下角的数字为圆括号内各元素原子数之和,这是化学式计算时的习惯表示方法。

五、矿物的化学性质

每种矿物都有一定的化学组成,矿物中的原子、离子或分子,通过化学键的作用处于暂时的相对平衡状态。当矿物与空气、水及各种溶液相接触时,将会产生一系列不同的化学变化,如氧化、分解和水解等,从而表现出一定的化学性质。由于各种矿物的化学组成和键性互不相同,所以表现的化学性质往往也有差异。

(一)矿物的可溶性

固体矿物与某种溶液相互作用时,矿物表面的质点,由于本身的振动和受溶剂分子的吸引,而离开矿物表面进入或扩散到溶液中去,这个过程称为矿物的溶解。矿物在溶解过程中已进入溶液中的质点与尚未溶解的固体矿物表面相碰撞时,又可能被矿物吸引而重回到它的表面上来,即矿物重新结晶长大。在单位时间内,从固体矿物表面进入溶液的离子数和由溶液回到矿物上的离子数相等时,溶解和结晶就处于暂时的动态平衡状态,矿物就不再"溶解"。只有当溶解速度远大于结晶速度时,固体矿物才呈现出溶解现象。

水是分布最广的天然溶剂。由于水分子具有偶极性,其正负电荷中心相距为 $0.39Å$,故极易发生解离作用,即 $H_2O - H^+ + (OH)^-$。水介质的介电常数很高,对许多具有离子键的矿物有很强的破坏能力,能使之分解而溶于水。同时,水中常常溶解有氧、二氧化碳等物质,这样就更促使许多矿物加速溶解于水。但不同的矿物在水中的溶解度差别很大。矿物在纯水中的溶解度大小,主要受矿物的化学组成、晶体结构类型(主要是化学键的性质)和水的温度等因素的制约。一般情况下,具有共价键、金属键的矿物和由高电价、小半径的阳离子所组成的化合物或单质矿物水溶速度小;而由低电价、大半径的阳离子组成的具离子键的矿物水溶速度大;含 $(OH)^-$ 和 H_2O 的矿物溶解度也大。水的温度升高,一般可加速固体矿物的溶解。而增大压力,因使反应向减小体积的方向进行,所以对大部分矿物来说会阻止它的溶解。

表 7-4 列举了部分硫化物和硫酸盐在水中的溶解度。不难看出同种金属的硫化物和硫酸盐在水中的溶解度有明显差异,硫酸盐的溶解度远大于硫化物的溶解度。这个例子充分说明,在其他条件相同或相近的情况下,化合物类型不同,溶解度明显不同,而同类化合物的溶解度,虽也有差异,但差别不太明显。一般讲来,在常温、常压下,卤化物、硫酸盐、碳酸盐以及含有 $(OH)^-$ 和 H_2O 分子的矿物较易溶解于水中;而大部分自然元素矿物、硫化物、氧化物及硅酸盐矿物

则难以溶解于水中。不过,需要指出的是,天然的水溶液与纯水性质有所不同,天然水的pH值、Eh值以及含盐度等对矿物的溶解度都有重要的影响。例如,硫化物矿物在中性水中的溶解度很小或极难溶解,但在酸性水溶液及氧化条件下其溶解度显著增大,致使许多金属硫化物矿物在氧化带中形成易溶于水的硫酸盐,并使水溶液呈酸性,后者又可进一步加速矿物的溶解。

表7-4 几种金属硫化物与硫酸盐的溶解度对比

硫化物	硫化物的溶解度 克分子/升(18℃)	硫酸盐	硫酸盐的溶解度		硫酸盐比硫化物的溶解度比值
			克分子/升	温度℃	
$Fe_{1-x}S$	53.60×10^{-6}	$Fe[SO_4]$	1.30	0	~20 000
$Fe[S_2]$	48.89×10^{-6}	$Fe[SO_4]$	1.30	0	~20 000
ZnS	6.65×10^{-6}	$Zn[SO_4]$	3.30	18	~500 000
Cu_2S	13.10×10^{-6}	$Cu[SO_4]$	1.08	18	~82 000
PbS	1.21×10^{-6}	$Pb[SO_4]$	1.3×10^{-4}	18	~107
Ag_2S	0.552×10^{-6}	$Ag_2[SO_4]$	2.5×10^{-2}	17	~45 400

矿物在水中的溶解难易,直接影响着地表水及地下水的性质,并对地表岩石的风化、侵蚀以及某些有用元素的富集等都有密切的关系。

(二)矿物的可氧化性

原生矿物,特别是含有变价元素(Fe、Mn、S等)的矿物,当暴露地表或处于地表条件下的时候,由于受空气中的氧和溶解有氧、二氧化碳的水的作用,使处于还原态的离子变为氧化态,如Fe^{2+}变为Fe^{3+}、S^{2-}或$(S_2)^{2-}$变为S^{6+}等,从而导致原矿物的破坏,并形成一些在氧化环境中稳定的矿物。例如低价氧化物变成高价氧化物或氢氧化物、硫化物变成硫酸盐等等。或者当氧化作用进行得不彻底时,使矿物的表面特征发生改变。凡矿物遭受氧化改变原有性质的作用称之为矿物的氧化。

导致矿物发生氧化的原因,有内因和外因两个方面:

内因主要是指矿物的化学成分。当矿物中含有还原态的变价元素时,在氧化的条件下,这些元素便由还原态(低价)变为氧化态(高价)。这种离子电价的改变,就引起离子半径、配位数以及键力的变化,最终导致矿物结构的改变或者瓦解。被解离的离子或存在于真溶液中或重新组合形成新的矿物。因此,含有变价元素是矿物被氧化的内在依据。

引起矿物氧化的外部因素主要是大气中的氧和溶解有氧与二氧化碳的水。

氧是强的氧化剂,游离状态的氧具有很高的电负性,它可以从低价的变价元素离子中夺得电子,变为负离子,而使低价的金属正离子变为高价的正离子,从而导致低价氧化物变为高价氧化物或氢氧化物,如自然铁(Fe)→磁铁矿($Fe^{2+}Fe_2^{3+}O_4$)→赤铁矿($Fe_2^{3+}O_3$)→针铁矿→[FeO(OH)]等；或从负离子硫中夺得电子使硫化物分解或变为硫酸盐,如

$$2Fe[S_2](黄铁矿或白铁矿)+7O_2+H_2O \rightarrow 2Fe[SO_4]+2H_2SO_4$$

这个反应中生成物硫酸亚铁乃不稳定,还可进一步与氧发生反应,

$$4Fe[SO_4]+2H_2SO_4+O_2 \rightarrow 2Fe_2[SO_4]_3+2H_2O$$

这一反应中生成的铁的硫酸盐溶液还可起氧化剂的作用,参与对硫化物的氧化作用。

$$2Fe[S_2]+Fe_2[SO_4]_3 \rightarrow 3Fe[SO_4]+2S\downarrow$$

由此可见,氧除了自身作为氧化剂外,在与矿物反应中还可衍生出新的氧化剂,参与对矿物的氧化作用。

空气中二氧化碳的含量为0.03%(体积百分比),但CO_2极易溶解于水,它在水中的含量大约为空气中含量的几百倍至几千倍。含碳酸的水对矿物的破坏比纯水要大得多,可促使一些矿物氧化分解。如

$$(Mg,Fe)_2[SiO_4]+2CO_2 \rightarrow 2(Mg,Fe)[CO_3]+SiO_2$$

此外,矿物的氧化还与矿物的共生组合有关。自然界中,硫化物是最容易氧化的,但金属硫化物的氧化速度并不相同,有快有慢。金属硫化物自然氧化的敏感度,其快慢次序如下所列：

$$Fe[AsS] > Fe[S_2] > CuFeS_2 > ZnS > PbS > Cu_2S$$
　　毒砂　　黄铁矿　　黄铜矿　闪锌矿　方铅矿　辉铜矿

据研究,当方铅矿、闪锌矿等与黄铁矿同时存在时,其氧化速度要提高8~20倍,若是单一的硫化物,则较难氧化。

矿物的氧化是一种比较普遍的现象,其中金属硫化物、含变价元素的氧化物及含氧盐矿物表现最为显著。它不仅影响着矿物的稳定性和在水中的溶解度,而且矿物遭受氧化后,其表面性质常常发生改变,这对于矿物的鉴定和矿物的分选都有直接的影响。此外,在找矿工作中,研究氧化带的矿物特征,是寻找原生矿体的重要方法。

(三)矿物与酸、碱的反应

矿物都具有一定的化学组成,测定矿物的化学成分是鉴定和研究矿物的重要方法之一。在用肉眼鉴定矿物时,为了区别物理性质相似的矿物,常可利用某种化学试剂与矿物反应,以确定某种元素的存在,常能使矿物鉴定工作取得满意的结果。另外在详细鉴定矿物的化学组成或从矿物中提取某种有用的组分时,都必须先将矿物溶解和分解,而使矿物溶解和分解所使用的溶剂(或熔剂)主要有酸和碱两种。或用酸将矿物晶格直接破坏,使其中的元素在酸中形成自由离

子或可溶性的络合物；或用碱将矿物在高温下熔融分解，使其中的元素转变成为可溶于酸的化合物，使测试工作或提取某种金属的工艺流程得以实现。此处，许多非金属矿物的抗酸、碱性能能直接影响它的实际应用价值。

不同的矿物与酸和碱的反应是不同的，以矿物的化学分类来说，大部分自然元素矿物易溶于硝酸，Au、Pt 等可溶于王水。石墨、金刚石不溶于任何矿物酸。硝酸对硫化物的溶解也非常有效，并且总有游离的硫析出。

氧化物矿物大部分可在盐酸中溶解。另外一些如钛、铬、锡等的氧化物则几乎不溶于任何矿物酸，只有用碱将其熔融分解。所有的碳酸盐矿物都能溶于酸，一般以盐酸的效果最好，并且剧烈起泡，放出二氧化碳。对于地壳中分布最广的硅酸盐矿物来说，大部分易被氢氟酸分解，并生成硅氟酸（H_2SiF_6），其中尤以钾、钠及钙的硅酸盐矿物反应最为强烈，一部分钙、锌、钍及稀土的硅酸盐矿物可在盐酸和硫酸中溶解，并析出胶状的二氧化硅（$SiO_2 \cdot nH_2O$）；另外一些硅酸盐矿物，如电气石、黄玉、锆石、辉石族、角闪石族及绿柱石等矿物难溶或不溶于一般的矿物酸，对这些矿物通常是用苛性碱或碱金属碳酸盐在高温下熔融分解，然后再用适当的酸作成溶液。其他矿物不再一一列举，读者需要时可参考有关矿物化学方面的书籍。

思考题

1. 请小结一下胶体矿物的主要特点。
2. 化合水与矿物中其他存在形式的水，其间最根本的不同点是什么？
3. 为什么说沸石水和层间水是介于结晶水和吸附水之间的一种水？
4. 属于不同晶系的晶体，有无可能属于同一个矿物种？为什么？
5. 根据你在普通地质学中已学到的矿物知识，你认为对方铅矿、黄铜矿、磁铁矿三者中文命名的共同原则是什么？
6. 矿物的晶体化学分类与化学成分分类两种方案中最主要的区别是什么？

第八章 矿物的形态

矿物的形态,包括矿物单体、连生体及集合体的形态。其中单体形态是研究的基础。不同的矿物常具有不同的晶形和形态特征,这是依据晶形和形态特征识别矿物的一个基本准则。另一方面,同一种矿物于不同的地质条件下,在其自身晶体结构限定的范围内又常常出现不同的结晶习性。因此,矿物的形态不仅是识别矿物的依据之一,同时也是探索矿物形成时所处地质条件的"向导"。

一、矿物单体的形态

在前述内容中,我们从晶体的对称出发,叙述了单形和聚形的问题,亦即一切晶体所可能具有的理想几何形态的问题。但在具体的每一种晶体上,其晶形除了不能超越这一可能性之外,各自还具有自己的特殊性。例如石盐,它属于等轴晶系 $3L^4 4L^3 6L^2 9PC$ 对称型,该对称型可能有的 7 种单形,按理在石盐晶体上都应可能出现,但实际上,石盐晶体几乎总是呈立方体晶形,而其余的 6 种单形,有的很少出现,有的则从不出现。再如方解石虽然可能出现的单形是有限的,但其晶形却多种多样。依形成温度的不同,方解石的晶体可以呈现出如图 8-1 所示的各种形态。此外,在晶体生长过程中或在晶体长成后,总是不可避免地要受到外界复杂因素的种种影响,致使晶体不能按理想形态发育,从而不表现出理想晶体所应具有的全部特征。故此,对矿物单体的形态除按单形和聚形描述外,还应考察矿物单体的结晶习性和晶面特征。

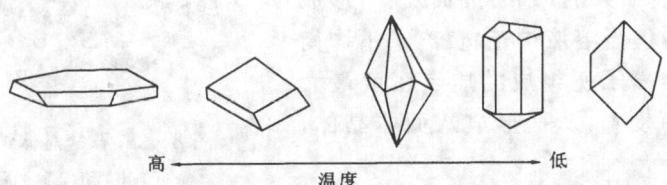

图 8-1 不同温度条件下形成的方解石晶体的形态

(一)结晶习性

在相同的生长条件下,一定成分的同种矿物,总是有它自己的结晶形态。矿物晶体的这种性质,就叫做该矿物的结晶习性(简称晶习)。对矿物的结晶习性进行描述时,首先根据晶体的总的形态特征,即晶体在空间3个互相垂直的方向上发育的程度,将晶体归入3种基本类型中的某一种。然后再描述其发育的单形或晶体的总体形状。结晶习性的3种基本类型是:

(1)一向延长:晶体沿一个方向特别发育,包括柱状、针状等。如柱状石英,针状水锰矿、金红石等。

(2)二向延展:晶体沿两个方向特别发育,包括板状、片状等。前者如重晶石,后者如云母、石墨等。

(3)三向等长:晶体沿3个方向大致相等发育,呈等轴状或粒状。如石榴石、黄铁矿等。

矿物晶体之所以具有结晶习性,主要是由它的内部结构和形成条件所决定的。例如角闪石、辉石这类结构中具有链状络阴离子团的矿物,常沿着链的联结方向发育成柱状或针状,云母、绿泥石一类结构中具有层状络阴离子团的矿物,常常平行结构层的方向形成片状或板状。此外,按布拉维法则,晶体上最发育的单形晶面都是对应于结构中质点密度较大的面网或行列的,前者如石盐的立方体{100},后者如石榴石的菱形十二面体{110}。

关于结晶形态与形成条件的关系问题比较复杂,其中许多问题至今还不能得出满意的解释。这里仅以石盐为例概略地说明这方面的一些研究情况。在石盐结晶过程中,溶液中各组分的相对浓度对它的形态有着很大的影响。当溶液中正、负离子的浓度基本平衡时,由这两种离子共同组成的质点密度最大的(100)晶面发育,形成立方体晶体,但当溶液中正、负离子不均衡时,则由同种离子所组成的质点密度最大的(111)晶面发育,从而形成八面体晶体,如图8-2所示。

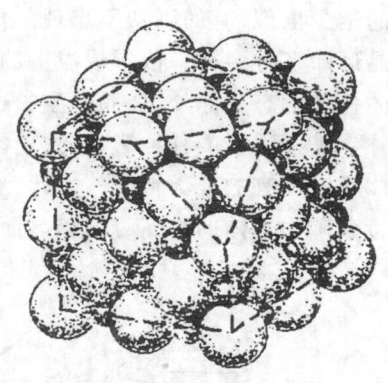

图8-2 石盐晶体结构中的(100)和(111)面网

决定结晶习性的外部条件,除上述的组分浓度外,还有温度、压力及介质的酸碱度等。

总之,矿物晶体的实际外形是以晶体的内部结构为依据,以形成时的外部环境为条件的综合反映。晶体的内部结构决定着在晶体上可能出现的或出现几率最大的单形种类,形成条件则十分具体地确定了在可能出现的单形种类中实际形成的单形应是哪些。

(二)晶面特征

实际矿物晶体的晶面,都不是理想的平面,常常出现这样或那样的花纹,即晶面花纹。晶面花纹对不同的矿物来说都有着各自的特色,因此,它可作为矿物的鉴定标志。

(1)晶面条纹:是指晶面上由一系列所谓的邻接面构成的直线状条纹。它是在晶体生长过程中,由相互邻接的两个单形的狭长晶面交替发育而形成的。例如石英柱面上的横纹,就是六方柱与菱面体晶面交替发育的结果;黄铁矿的晶面条纹则是由立方体与五角十二面体两种单形的晶面交替发育形成的。所以晶面条纹也称生长条纹或聚形条纹。

在一个晶体上,同一单形的各晶面,只要有条纹出现,它的样式和分布状况总是相同的。因此,利用晶面条纹的特征,不仅可以鉴定矿物,而且还有助于作单形分析和对称分析。图8-3为几种常见矿物的晶面条纹。

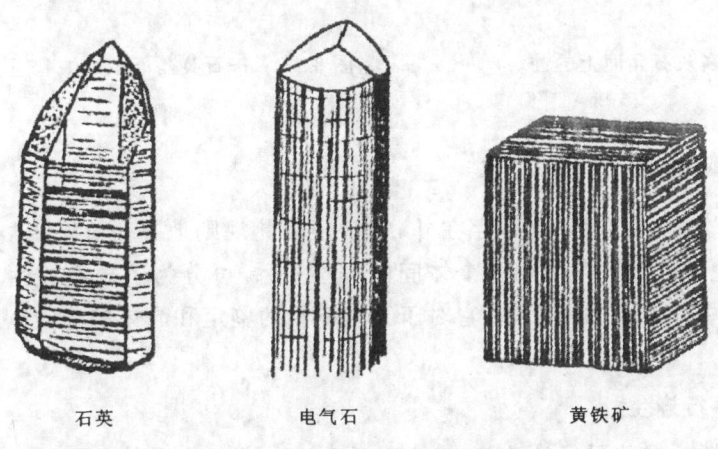

石英　　　　电气石　　　　黄铁矿

图8-3　几种常见矿物的晶面条纹

在观察晶面的表面特征时,应该注意区分聚形条纹与双晶条纹。双晶条纹实际上是一系列聚片双晶的接合面与晶面或解理面的交线,因此,它不仅在某种晶面上可以见到,而且在某些方向的解理面上也清晰可见。然而,聚形条纹只出现在某种晶面上,在解理面上是看不到的。此外,双晶条纹粗细均匀,而聚形条纹一般粗细不均匀。

(2)蚀象:蚀象是晶面因受溶蚀而遗留下来的一种具一定形状的凹斑。蚀象的形状和分布主要受晶面内质点排列方式的控制,所以,不仅不同种类的晶体,其蚀象的形状和位向一般不同,就是同一晶体不同单形的晶面上,蚀象的形状和位向一般也是不相同的;反之,晶体上性质相同的晶面上的蚀象相同,而且同一晶体上属于一种单形的晶面其蚀象也必然相同。因此,蚀象也可用来鉴定矿物、分析单形和确定对称性。图8-4和图8-5分别表示磷灰石和石英晶体上的蚀象。根据蚀象可以判断出,磷灰石的实际对称为 L^6PC; α-石英的对称为 L^33L^2,并且 α-石英晶体上的蚀象还显示出石英的左形和右形。

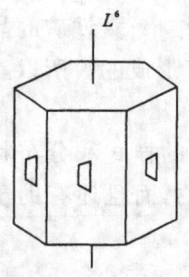
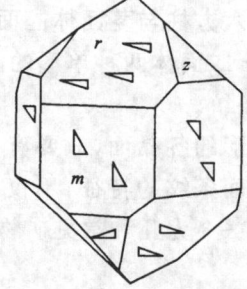
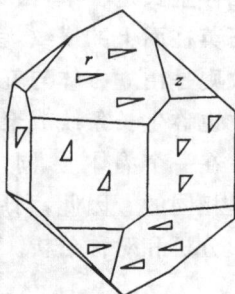

图8-4 磷灰石晶面上的蚀象　　　　图8-5 α-石英晶面上的蚀象

二、晶体的规则连生

天然矿物晶体,除以单体存在外,常常还彼此规则地连生在一起,形成各种所谓的连生体。按连生体中各个体间的方位关系,可分为不规则连生和规则连生两类,其中最重要的是双晶,它对于某些矿物的鉴定和晶体的工业利用都有重要的意义。

(一)平行连生

同种晶体,彼此平行地连生在一起,连生着的每一个晶体的相对应的晶面和晶棱都相互平行,这种连生称为平行连生。它与双晶的本质区别在于相邻晶体的结晶格子是平行、连续的。因此,从晶体结构的角度来说,可以把平行连生体当作单晶体来看待。

平行连生从外形来看是多晶体的连生,但它们的内部格子构造都是平行而连续的,从这点来看它与单晶没有甚么差异。

(二)双晶

1. 双晶的概念

双晶是两个以上的同种晶体按一定的对称规律形成的规则连生,相邻两个个体的相应的面、棱、角并非完全平行,但它们可借助对称操作——反映、旋转或反伸,使两个个体彼此重合或平行。从晶体结构上来说,构成双晶的两个个体之间,其结晶格子不平行、不连续(图8-6)。

2. 双晶要素

设想使双晶相邻的两个个体重合、平行而进行操作时所凭借的辅助几何图形(面、线、点)称为双晶要素。

(1)双晶面。双晶面为一假想的平面,通过它的反映,可使双晶相邻的两个个体重合或平行。

双晶面一般平行于晶体上的实际晶面或可能晶面,或者垂直于实际晶棱或可能晶棱。因此,它可以用平行于某种晶面,[如石膏双晶面平行于(100)]或垂直于某种晶棱来表示。

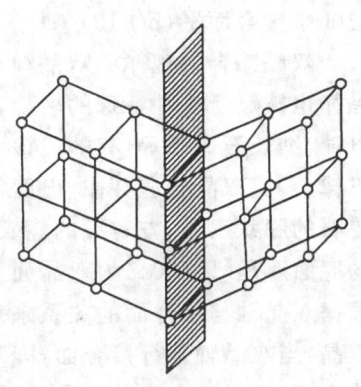

图8-6 双晶的晶格

双晶面不可能平行于单晶体中的对称面,否则就会使两个个体处于平行的位置,而成为平行连生。

(2)双晶轴。双晶轴为一假想的直线,假想双晶中的一个个体不动,另一个体围绕此直线旋转一定的角度(一般是180°)后,可使两个个体重合、平行或连成一个完整的单晶体。如石膏双晶的一个个体围绕垂直(100)的直线旋转180°,尖晶石双晶的一个个体围绕垂直(111)的直线旋转180°都可形成为单晶体,如长石双晶的一个个体围绕z轴旋转180°后可与另一个体平行,萤石双晶的一个(立方体)个体围绕垂直(111)的直线旋转180°后可与另一个立方体个体重合。

双晶轴平行于晶体的实际晶棱或可能晶棱,或者垂直于实际晶面或可能晶面。因此,双晶轴可用晶棱符号或以垂直某一晶面的形式表示。如石膏的双晶轴垂直(100),正长石的卡斯巴双晶的双晶轴平行z轴等。

(3)双晶中心。双晶中心为假想的点,双晶的一个个体通过它的反伸可与另一个体重合。双晶中心只有在没有对称中心的晶体中出现,否则也即是平行连生。双晶中心只在单晶个体没有偶次轴或对称面的情况下才有独立意义。故一般双晶的描述中也极少应用它。

如果构成双晶的单晶体具有对称中心时，则双晶轴和双晶面将同时存在，并互相垂直，如果单晶体不具对称中心，则双晶轴或双晶面常单独存在，即使有时两者同时出现，但必定互不垂直。有时，一种双晶可以同时具有若干个双晶轴或双晶面，但一般描述时只采取其中的某一种。

(4)双晶接合面。是双晶相邻个体间相接触的面，是属于两个个体的共用面网。它同样用平行它的晶面的符号来表示。接合面可与双晶面重合，如在石膏的双晶中两者皆平行(100)，也可以不重合，如正长石的卡斯巴双晶双晶面平行(100)，接合面平行(010)一样。

双晶结合的规律称双晶律。双晶律可用双晶要素、接合面等表示。有时双晶律也被赋予各种特殊的名称，有的以该双晶的特征矿物命名，如尖晶石律、云母律、钠长石律等等；有的以该双晶初次被发现的地点命名，如长石双晶的卡斯巴律、石英双晶的道芬律、巴西律等；有的以双晶形态命名，如石膏的燕尾双晶、锡石的膝状双晶、方解石的蝴蝶双晶等；有的以双晶面或接合面命名，如正长石的底面双晶[以(001)为双晶面及结合面]、方解石的负菱面双晶等。此外，还有根据双晶轴与接合面的关系来划分双晶律的，当双晶轴垂直于接合面时，称面律双晶，当双晶轴平行接合面，同时还平行于某一晶轴时，称轴律双晶，双晶轴平行接合面，同时垂直于某一晶轴时，称混合律双晶。

3. 双晶的类型

根据双晶接合面形态，可将双晶分为以下类型：

(1)接触双晶。双晶个体以简单的平面相接触而连生者称接触双晶，它又可分为：

简单的接触双晶：由两个个体组成，如石膏的双晶，尖晶石的双晶。

聚片双晶：多个片状个体以同一双晶律连生，接合面相互平行。聚片双晶常可在某些晶面或解理面上显示聚片双晶纹，如钠长石聚片双晶，它的结合面平行(010)。

(2)环状双晶：多个双晶个体彼此以同样的双晶律连生，但结合面互不平行，而是依次以等角相交。根据双晶连生个体的数目有三连晶、四连晶等名称，如图8-7锡石的环状双晶，它的双晶面平行于(101)。

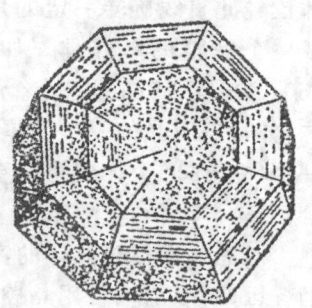

图8-7 锡石的环状双晶

(3)穿插双晶(贯穿双晶)。穿插双晶是由个体相互穿插而形成的双晶。如萤石的穿插双晶。穿插双晶也可以由多个个体组成，如文石的三连晶，它们的双晶面平行(110)。

以上是常见的双晶类型,它们的个体间都是以相同的双晶律结合的。还有一些复杂的双晶,它们由两个以上的个体组成,彼此间以不同的双晶律相连生。

三、矿物集合体的形态

同种矿物的许多个体聚集在一起的群体叫做矿物集合体。自然界的矿物大多是以集合体的形式出现的,对于结晶质矿物来说,其集合体形态主要取决于单体的形态和它们集合的方式。而对于胶体矿物来说,其集合体形态则依形成条件而定。

对矿物集合体作描述时,可分两种情况:

(一)显晶集合体

用肉眼或放大镜可以分辨出各个矿物颗粒界限的集合体叫显晶集合体。在描述这类集合体时应注意矿物单体的形状、大小和集合方式。显晶集合体大体有以下几种:

(1)粒状集合体:由各方向发育大致相等的颗粒组成的,叫做粒状集合体。按颗粒大小,又可分为粗粒状(直径>5mm),中粒状(1~5mm)和细粒状(<1mm)集合体。

(2)片状或鳞片状集合体:如果单体呈片状,则按片状的大小,分别叫做片状或鳞片状集合体。

(3)柱状、针状集合体:如果单体为一向延长的,则按其粗细及排列情况,分别叫做柱状集合体(图8-8)、针状集合体(图8-9)、纤维状集合体及放射状集合体(图8-10)等等。

图8-8 柱状集合体(长石)

图8-9 针状集合体(黑柱石)

如果一群发育完好的晶体,一端固着在一共同的基底上,而另一端向空间自由发育,则叫做晶簇(图8-11)。此外,有些用放大镜也难区分矿物颗粒界限的集合体,统称为块状集合体。

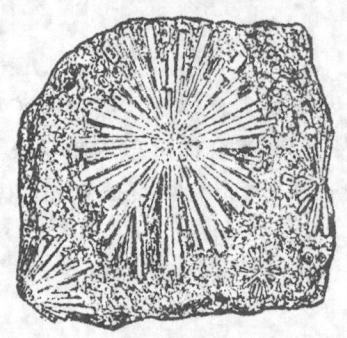 

图8-10 放射状集合体(红柱石)　　图8-11 晶簇状集合体(石英)

(二)隐晶及胶态集合体

隐晶质集合体只能在显微镜的高倍镜下才能分辨出它的单体,而胶态集合体因不存在什么单体,故笼统地称之集合体。

隐晶质集合体,可以由溶(熔)液直接凝结而成,也可以由胶体矿物老化而成。胶体由于表面张力的作用,常使集合体趋向于形成球状外貌,胶体老化后,常变成隐晶质或显晶质,其内部形成放射状或纤维状构造,按其外形和成因可分为:

(1)分泌体:岩石中的球状或不规则形状的空洞,被胶体溶液从洞壁开始逐层地向中心渗透沉淀充填而成,中心经常留有空腔,有时其中还长有晶簇。由于溶液的周期性沉淀,常出现环带构造,大的叫晶腺(大于1cm),小的叫杏仁体(一般小于1cm),前者如玛瑙(图8-12),后者如火山岩中的杏仁体(图8-13)。

(2)结核体:按其形成过程来说,结核体与分泌体不同,它是围绕某一核心自内向外发育而成的球体、凸镜状或瘤状的矿物集合体。结核的大小通常直径在1cm以上,多存在于沉积岩中,系胶体作用而成。内部常具同心层状构造,当胶体老化后,往往可以看到有细长的晶体从中心向外呈放射状排列,而具放射状构造,如黄铁矿结核(图8-14)等。结核也可出现在疏松的沉积物中,如我国北方黄土中的钙质结核。

(3)鲕状及豆状体:由许多形状如同鱼卵大小的球粒所组成的集合体,称为鲕状集合体(图8-15),形状、大小如豆的称豆状集合体。它们通常为胶体溶液沉淀而成。胶体物质开始围绕悬浮状态的细沙、有机质碎屑或气泡等凝聚,当到

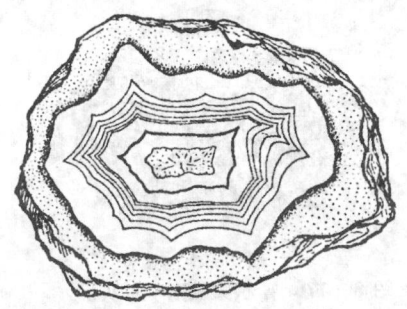

图 8-12 晶腺状集合体(玛瑙)

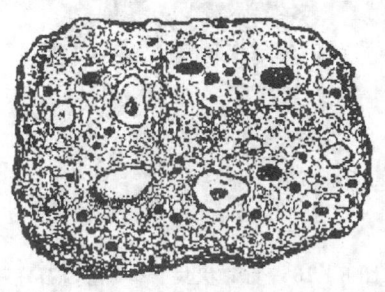

图 8-13 杏仁状集合体(沸石)

一定大小时，便沉于水底，由于水体的流动，鲕粒还可在水下不断滚动而继续增大。两者都具有明显的同心层状构造。

图 8-14 结核状集合体(黄铁矿)

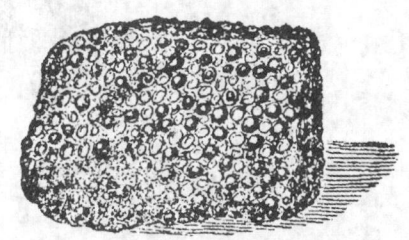

图 8-15 鲕状集合体(赤铁矿)

(4)钟乳状体：由溶液或胶体失水而逐渐凝聚形成的集合体。将其形状与常见物体类比而给予不同的名称。如葡萄状(图 8-16)，肾状(图 8-17)，钟乳状(图 8-18)等。附着于洞穴顶部形成下垂的钟乳体称为石钟乳；而溶液滴到洞穴底部自下而上生长的称为石笋；石钟乳和石笋连接起来则称为石柱。它们均沿铅直方向生长，如若倾斜，则可据以推断地壳变动及其方向。

钟乳状体常具同心层状、放射状、致密状或结晶粒状构造，这是凝胶再结晶的结果。此外，在描述矿物集合体时，还经常用到其他一些术语，例如，粉末状矿物集合体、土状集合体以及沉积在矿物或岩石表面的矿物薄膜称之为被膜状集合体，被膜较厚者又叫做皮壳，而由可溶性盐类形成的被膜特称为盐华等。

一定的矿物常呈现某种集合体形态，同时，某些集合体形态还常与一定的成因相联系。所以，矿物集合体的形态，一方面可作为鉴定矿物的依据之一，而且也可作为矿物的成因标志之一。

图8-16 葡萄状集合体(葡萄石)

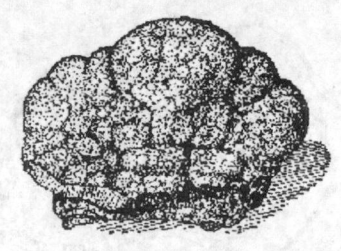
图8-17 肾状集合体(赤铁矿)

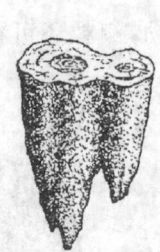 

图8-18 钟乳状集合体(钟乳石)

思考题

1. 双晶面与晶体中的对称面有什么区别？为什么说双晶面不可能平行于单晶体中的对称面？

2. 方柱石、绿柱石、电气石都是呈柱状习性的中级晶族晶体，为什么总是沿 c 轴方向延伸，如果呈板状习性的中级晶族晶体，它们应平行于晶体的什么方向延伸？

3. 为什么说在一个晶体上，同一单形的各晶面，只要有条纹出现，它的样式和分布状况总是相同的？

4. 对于构成双晶的两个单体来说，双晶面有无可能在两个单体中分别属于两种不同性质的面网？为什么？

5. 矿物集合体有哪些种类，它们主要的鉴别特征是什么？

第九章 矿物的物理性质

矿物的物理性质是矿物学研究的一个重要方面。它不仅是鉴定矿物的主要依据,而且对许多矿物来说,它们之所以能直接为生产部门利用,正是由于具有这种或那种特殊物理性质的缘故(如金刚石的高硬度、石英的压电性、白云母的绝缘性等)。

矿物的物理性质本质上是由矿物的化学组成和内部结构决定的。组成和结构都不相同的矿物,它们的物理性质肯定是互不相同的,即使是组成相同但结构不同,或者结构类似但组成不同的矿物,它们的物理性质也必然存在有差异。这就是人们依据矿物的物理性质来鉴别矿物的根据。

矿物的物理性质,包括光学、力学、电学及磁学等方面的性质。本章涉及的内容,主要侧重于人们的五官能直接感觉到的那些性质。对于一个地质工作者来说,熟练地掌握这些性质的特征并了解影响矿物物理性质的各种因素是极为必要的。

一、矿物的光学性质

矿物的光学性质,是指矿物对自然光的反射、折射和吸收等所表现出来的各种性质。包括矿物的颜色、条痕、光泽和透明度。

(一)颜色

矿物的颜色是矿物最明显、最直观的物理性质,对鉴定矿物具有重要的实际意义。矿物的颜色,主要是由于矿物吸收可见光后而产生的。光波被矿物吸收后,便使得其中某种原子的电子从基态跃迁到激发态,只要基态和激发态的能量差等于可见光的能量,矿物便显出颜色。所显现的颜色为被吸收色光的补色,它们之间的关系如表 9-1 所示。如果矿物对各种波长的色光均匀吸收,视其吸收程度的不同,可以呈黑色或不同浓度的灰色,如果对各种波长的色光基本上都不吸收时,则为无色或白色。另外,当矿物对光波多次反射和散射时,由于光波之间发生的干涉,也可使矿物呈色。

表 9-1　吸收光的波长、颜色及其补色

吸收光		补色	吸收光		补色
波长 nm	颜色	（观察到的颜色）	波长 nm	颜色	（观察到的颜色）
400	紫	绿黄	530	黄绿	紫
425	深蓝	黄	550	橙黄	深蓝
450	蓝	橙	590	橙	蓝
490	蓝绿	红	640	红	蓝绿
510	绿	玫瑰	730	玫瑰	绿

矿物的颜色,根据产生的原因与矿物本身的关系,可分为自色、他色和假色 3 种。

(1) 自色:即矿物自身所固有的颜色,对同一种矿物来说,一般是比较固定的,如黄铜矿的铜黄色,孔雀石的翠绿色,磁铁矿的铁黑色等。

矿物自色的产生,主要与矿物的化学组成和晶体结构有关。大部分是由于组成矿物的原子或离子受可见光能量的激发,发生电子跃迁或转移造成的。但对于各种矿物来说,其呈色机理又有不同,主要有以下 4 种情况。

a. 电子内部跃迁:这是含过渡金属元素和镧系、锕系元素的矿物呈色的基本方式,过渡金属元素(包括镧系、锕系元素)具有未填满的外电子层(d 或 f)结构,它们在晶体结构中受配位体的作用,原来属于同一能级的 d 轨道或 f 轨道将发生能级分裂,分裂后的能级之间的能量差,一般在可见光区段内。于是,当自然光射到矿物上时,因受光的激发,就会引起这些 d 电子或 f 电子由低能级向高能级跃迁。在这个过程中,电子吸收某种波长的色光,从而使矿物呈现出被吸收光颜色的补色。呈色的深浅则与电子发生跃迁的几率有关。由于电子的这种跃迁是发生在过渡元素离子的 d 轨道或 f 轨道内部,故称之为电子内部跃迁或内电子跃迁。显然,由此引起的呈色,都以矿物内部存在过渡元素离子为条件,所以通常又将能使矿物呈色的这些离子称为色素离子。主要的色素离子有:Ti、V、Cr、Mn、Fe、Co、Ni、Cu 以及 U、Tr 等元素的离子。

b. 离子间的电子转移:在晶体结构中,相邻离子间因受高能量紫外线的诱发,可使离子之间发生电子转移。在这种过程中所产生的紫外区吸收带可扩展到可见光区域,形成带色的透射光使矿物呈色。在同一矿物的晶体结构中,当有两种或两种以上价态的同种元素的离子共存时,电子转移的这种过程最容易发生,如普通辉石、普通角闪石、黑云母的红棕色,就是由于 $Fe^{2+} \rightarrow Fe^{3+}$ 之间电子的转移所引起的。很明显,这种过程实质上是光化学的氧化-还原反应。

c. 带隙跃迁：许多硫化物、砷化物矿物的颜色，常常是由于矿物晶体受光照射时，电子吸收光子从价带跃迁到导带而造成的。例如 CdS(硫镉矿)的黄色，就是由于吸收波长较短的蓝色和紫色光促使电子从价带跃迁到导带而产生的。

d. 色心：根据原子结构模型，自由原子中的每个电子，都位于一定的能级上，各能级相互分立而不相连续。但在晶体结构中，由于原子间的距离很小，每一个原子的外层电子都与邻近原子中的电子发生强烈的相互作用，结果使得原来分立的各电子能级，各自分裂为一组能级，这些能级之间的能量差很小，它们分布在具有一定宽度的能量范围内，构成能带(图 9-1)。完全被电子所占据的能带称为满带，部分占据的称为导带，相邻能带之间的能量范围称为禁带。在一般透明矿物晶体中，原子内部禁带的宽度，即它的能量差，要比可见光所具有的能量大，因此，在正常情况下，可见光不足以激发电子，使它们向较高的能带跃迁。但是，当晶体结构中有色心存在时，这种电子跃迁过程便可以发生，从而引起矿物对可见光的选择性吸收，并产生颜色。色心是能够吸收可见光的一种晶格缺陷。

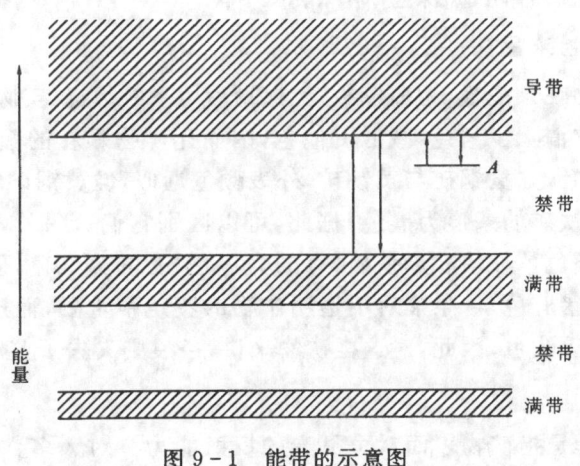

图 9-1　能带的示意图

矿物中当某种元素的含量过剩或因存在杂质离子以及晶格的机械变形等，均可形成色心。例如 NaCl 晶体中，当 Na 过剩，也即 Cl 缺位时，对整个晶格来讲空位就成了一个带正电荷的中心，它能捕获附近 Na 原子中的电子，发生相应的电子转移，并吸收蓝-深蓝色的色光而呈现黄棕色。此外，像方解石等矿物，受应力发生变形，产生晶格缺陷，也会引起色心的形成。大部分碱金属和碱土金属化合物的呈色现象，主要与色心的存在有关。

引起矿物呈色的原因是极其复杂的，其中最普遍最主要的是色素离子和色心的存在。矿物的自色因其主要由内部因素所决定,所以它对鉴定矿物具有重要的意义。

(2)他色:是指矿物因含外来带色杂质(一般与色素离子有关)而引起的一种颜色。显然,他色的具体颜色将随机械混入物(杂质)的不同而异,因而通常是不固定的。但是,机械混入物的成分,有时也与矿物本身的结构和成因有关,对某些矿物可以是相对比较固定的。因此,他色也可作为鉴定某些矿物的辅助依据。

(3)假色:是指由某些物理因素所引起的呈色现象,而且这种物理过程的发生,不是直接由矿物本身所固有的成分或结构所决定的。例如,黄铜矿表面因氧化薄膜所引起的锈色(蓝紫混杂的斑驳色彩)。假色只对个别矿物如黄铜矿等具有鉴定意义。

矿物的颜色多种多样,在描述矿物的颜色时,通常所采用的原则是简明、通俗、力求确切,合乎这个原则的方法之一是选择最常见的物体作比喻。如铅灰、铁黑、天蓝、樱红、乳白等,当矿物的色彩是由多种色调构成时便采用双重命名法,如黄绿、橙黄等;如系同一种颜色,但在色调上有深浅、浓淡之分时,则在色别之前加上适当的形容词,如深蓝、暗绿、虾红等。

(二)条痕(粉末色)

条痕是矿物在条痕板(粗白瓷板)上擦划后留下的痕迹(实际是矿物的粉末)的颜色。由于它消除了假色,减低了他色,因而比矿物颗粒的颜色更为固定,故可用来鉴定矿物。如黄铜矿与黄铁矿,外表颜色近似,但黄铜矿的条痕颜色为带绿的黑色,而黄铁矿的条痕为黑色,据此,可以区别它们。另外,同种矿物,有时可出现不同的颜色。如块状赤铁矿,有的为黑色,有的为红色,但它们的条痕都是樱红色(或鲜猪肝色)。条痕对不透明矿物的鉴定很重要,而透明矿物的条痕大都是白、灰白等浅色,因此,对这类矿物来讲,条痕则失去了鉴定矿物的意义。

(三)光泽

矿物的光泽是指矿物表面对可见光的反射能力。对大多数矿物来说,它们光泽的强弱主要由反射光的光量来决定,但对于那些具有狭带隙半导体及自然金属矿物,它们的光泽除反映反射光量之外,尚有因电子从导带向价带跃迁时所发射的可见光的光量。矿物的光泽,通常根据反射光由强到弱的次序,可分为:

(1)金属光泽:如黄铁矿、方铅矿的光泽,犹如一般的金属磨光面那样的光泽。

(2)半金属光泽:如磁铁矿的光泽,如同一般未经磨光的金属表面的那种光泽。

(3)金刚光泽:如金刚石、闪锌矿的光泽,像钻石所呈现的那种光泽。

(4)玻璃光泽:如石英、方解石的光泽,像普通平板玻璃所呈现的那种光泽。

此外,由于反射光受到矿物的颜色,表面平坦程度及集合方式等的影响,常常呈现出一些特殊的变异光泽,主要有:

(1)油脂光泽:颜色浅,具有玻璃光泽或金刚光泽的矿物,在它的不平坦断面上所呈现的如同油脂面上见到的那种光泽。如石英,晶面为玻璃光泽,断口为油脂光泽。

(2)树脂光泽:颜色黄-黄褐、具金刚光泽的矿物,如闪锌矿、雄黄等,在它们的不平坦面上,可以见到像松香等树脂平面所呈现的那样的光泽。

(3)丝绢光泽:在透明、具玻璃光泽且个体细小呈纤维状集合体或解理完全的矿物,如石棉、纤维石膏等,具有像蚕丝或丝织品那样的光泽。

(4)珍珠光泽:解理发育的浅色透明矿物,如白云母、滑石等,在它们的解理面上所看到的那种像贝壳凹面上呈现的那种柔和而多彩的光泽。

矿物的光泽,主要决定于矿物所具有的化学键的性质。具有金属键的矿物,一般呈现金属或半金属光泽,具有共价键或离子键的矿物,一般呈现金刚光泽或玻璃光泽。矿物表面的平坦程度及矿物的集合体方式等,对矿物的光泽也有一定的影响。因此,矿物的光泽也是矿物的重要鉴定特征。

(四)透明度

矿物允许可见光透过的程度,称为矿物的透明度。它取决于矿物对光的吸收率和矿物的薄厚等因素。金属矿物吸收率高,一般都不透明,非金属矿物吸收率低,一般都是透明的。在观察矿物的透明度时,为了消除厚度的影响,通常是隔着矿物的破碎刃边(或薄片)观察光源一侧的物体。根据所见物体的清晰程度,可将矿物的透明度大体分为透明、半透明和不透明3种。

(1)透明:矿物能允许绝大部分的透射光透过,隔着这种矿物的薄片可以清晰地看到位于其另一侧的物体的轮廓细节,这样的矿物称为透明矿物。如石英、长石、方解石等。

(2)半透明:矿物可允许部分透射光透过,隔着这种矿物的薄片能够看到另一侧有物体存在,但分辨不清轮廓,这样的矿物称为半透明矿物。如辰砂、雄黄等。

(3)不透明:矿物基本上不允许可见光透过,这样的矿物为不透明矿物,如磁铁矿、方铅矿、石墨等。

矿物的颜色、条痕、光泽和透明度,都是可见光作用于矿物时所表现的性质,它们之间是彼此关联的,掌握其间的关系,将有助于对上述各项性质作出正确的判断。其关系如表9-2。

表9-2　矿物的颜色、条痕、光泽和透明度的相互关系

颜色	无色或白色	浅(彩)色	深色	金属色
条痕	无色或白色	无色或白色	浅色或彩色	深色或金属色
光泽	玻璃————————金刚————————半金属————————金属			
透明度	透明————————————————半透明————————			

二、矿物的力学性质

矿物的力学性质，是指矿物在外力作用下表现出来的各种物理性质，如解理、裂理（裂开）、断口、硬度、延展性、弹性和脆性等。其中以解理和硬度对矿物的鉴定最有意义。

(一)解理、裂理和断口

1. 解理

矿物晶体在外力作用下，沿着一定的结晶学方向破裂成一系列光滑平面的性质，叫做解理。裂成的光滑平面，叫解理面。

根据得到解理的难易，解理片的厚薄，解理面的大小及平整光滑程度，将解理分成5级：

(1)极完全解理：极易获得解理，解理面大而平坦，极光滑，解理面极薄，如云母、石墨等的解理。

(2)完全解理：易获得解理，常裂成规则的解理块，解理面较大，光滑而平坦，如方解石、方铅矿等的解理。

(3)中等解理：较易得到解理，但解理面不大，平坦和光滑程度也较差，碎块上既有解理面又有断口，如普通辉石等矿物的解理。

(4)不完全解理：较难得到解理，解理面小且不光滑平坦，碎块上主要是断口，如磷灰石、绿柱石等的解理。

(5)极不完全解理：很难得到解理，仅在显微镜下偶而可见零星的解理缝，如石英的$\{10\bar{1}1\}$菱面体解理。一般谓之没有解理。

只有结晶质矿物才具有解理。解理面的方向和获得解理的难易程度，严格地受晶体结构控制。解理常垂直面网间结合力较弱的方向发生。它反映了晶体结构中不同方向上面网间结合力的差异性。

解理通常发生在面网密度大的面网之间，或电性中和的面网（原子面），两层同号离子相邻的面网以及键力较弱的面网之间。这是由于上述面网间的结合力均较弱的缘故。

由于解理总是平行于晶体结构中的面网发生的,所以,如果晶体中平行于某种面网有解理存在的话,那么,与该面网构成对称重复的其他方向的面网也应该同样存在性质相同的解理。因此,晶体上的解理面,可以用单形符号来表示。如方铅矿平行于{100}的解理,就代表平行于(100)、(010)和(001)3个方向上的解理,由对称关系可知,这3个方向上的解理性质是完全相同的,它们应属同一种解理。

不同种的矿物,其解理特征不同,有的无解理,有的有一组解理,而有的则可有发育程度不同的几组解理。如正交晶系的重晶石之3组解理:其中平行{001}的一组为完全解理;平行{210}的为一组中等解理;平行{010}的为一组不完全解理。

解理是结晶质矿物的一种稳定的物理性质,它不因外界因素的影响而改变。因此。它是鉴定矿物的重要依据之一。

2. 裂理

矿物受外力作用,有时可沿一定的结晶学方向裂成平面的性质,称为裂理或裂开。

与解理的成因不同,裂开通常是沿着双晶结合而特别是聚片双晶的结合面发生,或因晶格中某一定方向的面网间存在它种物质的夹层而造成定向破裂。前者如刚玉的{10$\bar{1}$1}裂理;后者如磁铁矿的{111}裂理,显然,裂理只出现在同种矿物的某些个体上,对鉴定矿物只有辅助意义。

3. 断口

具极不完全解理的矿物,尤其是没有解理的晶质和非晶质矿物,它们受外力打击后,都会发生无一定方向的破裂,其破裂面就是断口。这些矿物的断口,常各自有着固定的形状,因此也能作为鉴定矿物的辅助依据。

根据断口的形状特征,断口可分为:

(1)贝壳状断口:呈椭圆形的光滑曲面,并具同心圆纹,和贝壳相似。如石英(图9-2)和一些非晶质矿物断口。

(2)锯齿状断口:呈尖锐锯齿状,如自然铜的断口。

(3)纤维状断口:呈纤维丝状,如石棉的断口。

(4)参差状断口:呈参差不平的形状,如磷灰石的断口。大多数矿物具此断口。

图9-2 石英的贝壳状断口

(5)平坦状断口：断面平坦，如块状高岭石的断口。

(二)硬度

矿物的硬度是指矿物抵抗刻划、压入或研磨能力的大小。它是矿物物理性质中比较固定的性质之一，因而也是矿物的一个重要鉴定特征。

在矿物的肉眼鉴定工作中，通常用刻划的方法，来测定被鉴定矿物的硬度。度量时，可由下列10种矿物（表9-3）的硬度构成的摩氏硬度计作为硬度等级的标准。其他矿物的硬度是由摩氏硬度计中的标准矿物互相刻划，相比较来确定的。例如，黄铁矿，它能轻微刻伤正长石，但不能刻伤石英，而本身却能被石英所刻伤，因此，黄铁矿的摩氏硬度为6~6.5。矿物学中一般所列的硬度都是摩氏硬度。

表9-3 摩氏硬度计

矿物名称	摩氏硬度	矿物名称	摩氏硬度
滑石	1	正长石	6
石膏	2	石英	7
方解石	3	黄玉	8
萤石	4	刚玉	9
磷灰石	5	金刚石	10

在野外工作中，用摩氏硬度计中的矿物作为比较标准有时不够方便，因此，常借用指甲（硬度＞2）、铜具（3）、小刀（5~5.5）、瓷器碎片（6~6.5）等代替标准硬度的矿物来帮助测定被鉴定矿物的硬度。

在测矿物硬度时，必须在纯净、新鲜的单个矿物晶体（晶粒）上进行。刻划时，用力要缓而均匀，如有打滑感，表明被刻矿物的硬度大；若有阻涩感，表明被刻矿物的硬度小。

摩氏硬度是一种相对硬度，应用时极其方便，但较粗略。因此在对矿物作详细研究时，常需测定矿物的绝对硬度，通常采用绝对硬度值的方法测定的，称为维氏硬度（Hv）。

矿物硬度的大小，主要决定于晶体结构中联结质点间的键力强弱。键力强，矿物抵抗外力作用的强度就大，相应地矿物的硬度就高。具典型共价键的矿物，硬度最高；具分子键的矿物，硬度最低；具金属键的矿物，硬度一般也是比较低的；具有离子键的矿物，在结构类型相同时，其硬度的高低，主要取决于组成矿物的离子的电价和离子间距。矿物的硬度随离子间距的减小或离子电价的增高而增高。如萤石 CaF_2 和方钍石 ThO_2，它们的阴、阳离子间的距离相近（分别为 0.243nm 和 0.242nm），但由于 Th^{4+} 与 O^{2-} 的电价比 Ca^{2+} 和 F^- 的电价高，故方钍石的硬度（6.5）高于萤石的硬度（4）。又如方解石 $Ca[CO_3]$ 和菱镁矿 $Mg[CO_3]$，它们的阴、阳离子的电价都相同，但由于 Mg^{2+} 的半径（0.066nm）小于 Ca^{2+} 的半径（0.108nm），因而菱镁矿的硬度（4.5）大于方解石的硬度（3）。此外，在离子的电价和半径相近的情况下，堆积密度越高（即阳离子配位数越高）的矿物，其硬度越大。如方解石和文石，成分相同，但方解石的密度为 2.72（Ca^{2+} 的配位数为6），文石的密度为 2.95（Ca^{2+} 的配位数为9），与此相应，方解石的硬度为3，而文石的硬度为4。最后还有，在矿物晶体结构中如有 $(OH)^-$ 或 H_2O 水分子存在时，矿物的硬度就会显著降低，例如硬石膏 $Ca[SO_4]$ 的硬度为 3～3.5，而石膏 $Ca(H_2O)_2[SO_4]$ 的硬度为2。

矿物的硬度，不仅不同矿物有所不同，即使在同一矿物晶体的不同方位上，也有差异，蓝晶石是最突出的例子，在它的(100)晶面上，平行于晶体延长方向的硬度为4.5，而垂直于晶体延长方向的硬度则为 6.5～7。显然，这是晶体各向异性的一种表现。所有矿物的硬度都应该是随方向而异的，只不过一般不明显罢了。

(三)其他力学性质

(1)脆性：是指矿物受外力作用时易破碎的性质。大多数离子晶格的矿物具此种性质，如石盐、方解石等。

(2)延展性：是指矿物在锤击或拉伸下，容易成为薄片或细丝的性质。这是具金属晶格矿物的一种特性。如自然金等。

(3)弹性：是指矿物在外力作用下发生弯曲形变，当外力解除后又恢复原状的性质。如云母、石棉等。

(4)挠性：是指矿物受外力作用发生弯曲形变，当外力作用取消后不能恢复原状的性质。如滑石、绿泥石等。

三、矿物的其他物理性质

(一)相对密度

矿物的相对密度是指矿物（纯净的单矿物）的质量与4℃时同体积水的质量之比。其数值与密度的数值相同。

矿物相对密度的变化范围很大，可从小于1（如琥珀）到23（铂族矿物）。据统计，大多数矿物的相对密度在 2～3.5 之间。卤化物和含氧盐类矿物普遍较轻，而氧化物、硫化物及自然金属矿物通常具有较大的相对密度。

矿物的相对密度主要取决于它的化学组成和晶体结构。

1. 成分的影响

当矿物晶体结构类型相同而化学组成不同时，其相对密度主要决定于所含元素的原子量及其原子或离子的半径。一般说来，矿物的相对密度随所含元素的原子量的增加而增大，随原子或离子半径的增大而减小。表9-4列出了几种碳酸盐矿物的相对密度与元素原子量和阳离子半径的关系。从表中还可以看出，当离子半径增加的幅度小于原子量增加的幅度时，矿物的相对密度主要受原子量增加的影响，如菱镁矿、菱铁矿和菱锌矿之间的关系；当离子半径增加的幅度远大于原子量增加的幅度时，则离子半径对相对密度的影响起了主导作用，致使方解石的相对密度小于菱铁矿。

表9-4 在晶体结构类型相同的情况下，相对密度与原子量和半径的关系

矿物	化学式	金属元素的原子量	阳离子的半径(nm)	比重
方解石	$Ca[CO_3]$	40.1	1.08	2.71
菱镁矿	$Mg[CO_3]$	24.3	0.80	3.00
菱铁矿	$Fe[CO_3]$	55.9	0.86	3.96
菱锌矿	$Zn[CO_3]$	65.4	0.83	4.13

2. 结构的影响

在原子量和原子或离子半径相同或相近的情况下，晶体结构越紧密的矿物其相对密度也越大。这在同质多像变体间表现最为明显，如文石的相对密度(2.95)就高于方解石的相对密度(2.71)这是由于 Ca^{2+} 的配位数在文石中为9，而在方解石中为6，即文石的结构较方解石紧密之故。

矿物的相对密度不仅对鉴定矿物有实际意义，而且对矿物的分离和选矿工作也起着重要的作用。在矿物的肉眼鉴定工作中，常凭经验用手掂着估计矿物的轻重时，将矿物的相对密度分为3级：轻的——相对密度2.5以下；中等的——相对密度2.5～4之间；重的——相对密度在4以上。在矿物的重砂分析工作中，是以常用重液——三溴甲烷的相对密度2.9为界，把相对密度大于2.9的矿物称为重矿物，比最小于2.9的称为轻矿物。

在实验室里测定矿物相对密度的方法很多，常用的有：比重瓶法，重液法及体积法等。

(二) 磁性

矿物的磁性是指矿物可被外磁场吸引或排斥的性质。矿物在外磁场的作用

下所表现的性质是不相同的,有的矿物可被普通的磁铁吸起,如磁铁矿、磁黄铁矿等,这些矿物通常称为磁性矿物或铁磁性矿物;有的不能被普通磁铁吸起,但能被强的电磁铁吸起,如赤铁矿、黑云母等,这类矿物一般称为电磁性矿物;而有些矿物则被磁场所排斥,如自然铋、黄铁矿等,这类矿物称之为逆磁性矿物或抗磁性矿物。在矿物的手标本鉴定中,通常只使用普通的磁铁来测试矿物的磁性,能被普通磁铁吸引的,称为"磁性"矿物,不为普通磁铁吸引的则统称为"无磁性"矿物。

矿物的磁性,对于鉴定矿物、分离矿物、选矿及磁法找矿都具有重要的意义。

(三)导电性和荷电性

矿物对电流的传导能力,称为矿物的导电性。矿物的导电能力差别很大,有些矿物几乎完全不导电,如石棉、云母等,是绝缘体;有些极易导电,如自然金属矿物和某些金属硫化物,是电的良导体;某些矿物当温度增高时导电性增强,温度降低时具绝缘体性质,导电性介于导体与绝缘体之间的叫做半导体,如闪锌矿等。

矿物的导电性主要取决于化学键的性质,具金属键的矿物因其结构中有自由电子存在,所以导电性强;具离子键或共价键矿物结构中一般不存在自由电子,所以导电性弱或不导电。

矿物在外部能量作用下,能激起矿物晶体表面荷电的性质,称为矿物的荷电性。具有荷电性的矿物,其导电性极弱或不具导电性。荷电性可分为:

1. 压电性

是指某些矿物晶体,当受到定向压力或张力作用时,能激起晶体表面荷电的现象。如 α—石英(属 $L^3 3L^2$—32 对称型),如图 9-3 所示那样,垂直晶体的一个 L^2 切下一块晶片,在平行于该 L^2 的方向对晶片施加压力时,晶片的两个侧面

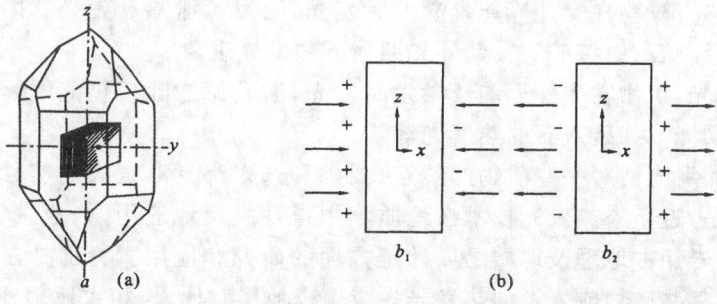

图 9-3 压电石英的切片方向(a)及压电效应(b)

上就出现数量相等而符号相反的电荷;如果以张力代替压力时,则电荷变号。这是由于当晶体受应力作用时,引起晶格变形,使晶体总的电偶极矩发生改变,从而激起晶体表面荷电。矿物的压电性只发生在无对称中心、具有极性轴的各晶类矿物中。

2. 热电性

是指某些矿物晶体,当受热或冷却时,能激起矿物晶体表面荷电的现象。例如,当加热电气石晶体(属 $L^3 3P—3m$ 对称型)时,在晶体的 L^3 两端,就出现数量相等符号相反的电荷(图 9-4),矿物的热电性主要存在于无对称中心、具有极轴的电介质矿物晶体中。

显然,矿物的荷电性可以帮助人们确定晶体的真实对称。此外,荷电性在现代科学技术中也有广泛的应用。

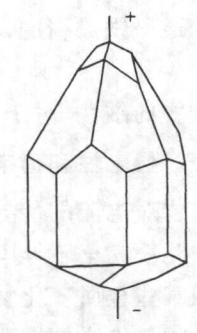

图 9-4 电气石受热荷电

(四)发光性

矿物受到外界能量的激发时,能发出可见光的性质,称为矿物的发光性。

能激发矿物发光的因素很多,如加热、摩擦以及阴极射线、紫外线、X 射线等的照射,都可使某些矿物发出一定颜色的可见光。例如萤石、磷灰石等矿物在加热时,即可出现热发光现象。

矿物发光的实质是,矿物晶体结构中的质点受外界能量的激发,发生电子跃迁,当电子由激发态回到基态的过程中,便将吸收的部分能量以可见光的形式释放出来。随着波长的不同,发光时间的长短决定了发出光的颜色和性质。按发光的性质不同,发光性分为:

(1)萤光:矿物在受外界能量激发时发光,激发源撤除后发光立即停止的叫萤光。如金刚石、白钨矿等在紫外光照射下的发光现象。

(2)磷光:矿物在受外界能量激发时发光,激发源撤除后仍能继续发光一段时间的叫磷光。如磷灰石的热发光等。

矿物的发光性对一些矿物的鉴定、找矿和选矿都具有很大的实际意义。值得指出的是,近年来热发光技术在地质学中得到广泛地应用,如地质年龄测定、地层对比、岩相古地理及地质温度计等方面的研究和应用。特别是在石油地质方面,利用某些矿物或岩石的热发光效应进行地层对比、岩相古地理分析及碳酸盐岩的相对年龄测定等早已引起人们的重视,和其他方法配合应用,可取得满意的结果。

有些矿物对人体的五官能引起特殊的感觉,如滑石、叶蜡石有滑腻感;硝石有冷感;含砷矿物以锤击之有蒜臭;石盐有咸味,等等。矿物的这些性质也都可以用来鉴定物。

此外,含放射性元素矿物的放射性,也具有重要的实际意义。放射性元素(U、Th、Ra 等)能自发地从原子核内部放射出粒子或射线,同时释放出能量。由于放射性蜕变过程是持续不断的进行,因此,它们的化学组成也是随时间而变的。同位素有稳定同位素和放射性同位素之分,对于稳定同位素,就目前的测试技术水平而言,在大部分元素中,各同位素的比值基本上是固定的。可以通过测定半衰期,对其研究和利用。

思考题

1. 闪锌矿(Zn, Fe)S 的黑褐色,含有细分散赤铁矿的红色石英,透明方解石在裂隙附近呈现的五颜六色分别属于自色、他色和假色的哪一类颜色?
2. 何谓条痕色? 条痕色和透明度有何关系?
3. 简述晶格类型对光学性质的影响。
4. 何谓相对硬度和绝对硬度? 摩氏硬度属于哪一类硬度,它如何分级?
5. 解理的定义。画示意图说明解理产生的各种原因。裂理和解理有何异同?
6. 说出下列解理的组数和夹角(90°、60°和斜交):立方体、八面体、菱面体、四方柱{100}、斜方柱{110}。
7. 肉眼鉴定中相对密度如何分级?
8. 何谓矿物的发光性? 何谓荧光,何谓磷光?
9. 何谓矿物的弹性和挠性?

第十章 矿物的形成与变化

前面几个部分分别叙述了矿物各方面的性质,并对它们之间的内在联系做了一定的阐释,但与矿物在地壳中分布规律密切有关的形成条件问题还未作系统论述。为了获得对矿物的全面认识,本章就形成矿物的地质作用的特征、影响矿物形成的条件及其形成后的变化等问题,作必要的概述。

一、形成矿物的地质原因(作用)

矿物是地质作用的产物,它的形成必然受一定地质作用过程所处的物理化学条件的控制,所以,矿物的成因通常是根据地质作用的类型来划分的。形成矿物的地质作用,根据作用的性质和能量来源的不同,一般可分为内生作用、外生作用和变质作用。

(一) 内生作用

内生作用一般系指与地壳深部岩浆活动有关的全部作用过程。形成矿物的物质和能量主要是来源于地球内部。物质来自于地壳和地幔,能量来源于放射性元素的蜕变能、地球的重力能、地幔及岩浆的热能等地球的内能。内生作用包括岩浆作用、伟晶作用、热液作用及火山作用等各种复杂的作用过程。其中,除火山作用可达到地表外,其他各种作用都是在地壳内部,即在较高的温度和压力下发生并进行的。

岩浆是成分极为复杂的硅酸盐熔体,它主要由 O、Si、Fe、C、Mg、Na、K 等造岩元素组成,并含有少量的挥发分和重金属元素。在地壳运动过程中,岩浆常沿着一些深的断裂运移,随着温度、压力及其他物理化学条件的改变,岩浆中的各种组分便以不同的状态自熔融体中分离出来,形成各种矿物。按形成矿物时的物理化学条件不同,将内生作用进一步分为:

1. 岩浆作用

岩浆作用是指从岩浆熔体中结晶而形成矿物的作用。矿物是在高温(800~2 000℃),高压($5\times10^8 \sim 20\times10^8$ Pa)下从岩浆中结晶出来的。参与这一作用的主要元素为造岩元素(K、Na、Ca、Mg、Al、Si 等)和铁族元素(Ti、V、Cr、Mn、Fe、Co、Ni 等)。岩浆主要是由离子构成的熔体,在这种熔体中存在着所谓的"群聚态组",即由硅氧四面体聚合成为$(Si_xO_y)^{2-}$类型的硅氧络阴离子和由氧围绕金属阳离子组成配位氧合离子的复杂体系。当熔体的浓度和成分变化时,"群聚态组"会发生各种复杂的分解和结合,从而结晶出不同类型的硅酸盐矿物。铁族元素除参与形成部分硅酸盐矿物外,还可形成氧化物、硫化物和少量自然元素矿物。

岩浆作用中元素析出的顺序主要受质量作用定律和能量状态的支配,一般按 Mg—Fe—Ca—Na—K 的顺序析出。故先形成的矿物为铁镁矿物(橄榄石、斜方辉石等),中期形成的为含钙矿物(基性斜长石、单斜辉石、角闪石等),晚期形成的则主要是含钾和钠的矿物(酸性斜长石、钾长石、白云母等),最后过剩的 SiO_2 形成石英。由于这些都是构成岩浆岩的主要矿物,所以统称它们为造岩矿物。

岩浆由于来源和成因的不同,成分上可有较大差异。一般按其中 SiO_2 含量的高低,将岩浆分为超基性岩浆(SiO_2 含量小于 45%)、基性岩浆(SiO_2 含量为 45%~52%)、中性岩浆(SiO_2 含量为 52%~65%)和酸性岩浆(SiO_2 含量为 65%~75%)几种,而把一些特别富含 K_2O 和 Na_2O 的称为碱性岩浆。与这些岩浆相对应的岩石,即依次称为超基性岩、基性岩、中性岩、酸性岩和碱性岩。它们的主要矿物成分虽然都是硅酸盐矿物,但不同类型岩浆岩中的硅酸盐矿物在种类和数量上都存在着明显的差别,并各与一定的工业矿物相联系,如表 10-1 所示。

表 10-1 各类岩浆岩的矿物成分

岩石类型	主要组成矿物	有关的工业矿物
超基性岩	橄榄石,斜方辉石	铬铁矿,金刚石,铂族矿物
基性岩	斜方辉石,普通辉石,基性斜长石	镍黄铁矿,黄铜矿,铂族矿物,钛磁铁矿
中性岩	普通辉石,普通角闪石,黑云母,中性斜长石	黄铜矿
酸性岩	黑云母,白云母,酸性斜长石,正长石,石英	白云母,铌钽矿物,放射性及稀土元素矿物
碱性岩	霞石,霓石,正长石,钠长石	稀有和放射性元素矿物

2. 伟晶作用

伟晶作用是指形成伟晶岩及与其有关矿物的作用。伟晶作用的温度一般认为约在 700~400℃之间,压力约介于 $1×10^8$~$3×10^8$ Pa 之间。关于伟晶岩的成因,目前存在着不同的观点。一种是残余岩浆学说,认为伟晶岩是在岩浆侵入过程中,当主要结晶作用结束之后,剩余的富含 SiO_2、K_2O、Na_2O 和挥发性组分

(F、Cl、B、OH 等)及稀有、放射性元素(Li、Be、Cs、Rb、Nb、Ta、U、Th 等)的熔融体,在深成岩体的顶部形成由粗大矿物晶体组成的囊状或脉状岩体。一种是交代学说,认为伟晶岩是岩浆发展到一定阶段时,从岩浆中分泌出大量的气体溶液,与早已形成的矿物或矿物集合体发生交代作用和矿物的重结晶作用而形成的。另外一种观点认为伟晶岩是由花岗岩化作用所产生的气化—热液沿围岩裂隙进行结晶和交代作用而形成的。

伟晶作用中形成矿物最明显的特点是:结晶粗大,挥发分的矿物(如黄玉、电气石等)和稀有元素的矿物(如绿柱石、锂辉石等)显著富集,常可形成稀有元素、放射性元素的矿床和白云母等非金属矿床。

3. 气化-热液作用

气化-热液作用是指从气水溶液到热水溶液的过程中形成矿物的作用。通常所说的气化-热液系指岩浆期后热液,它是由在岩浆侵入并冷却的过程中,从中分泌出来的以 H_2O 为主的含有许多金属元素的挥发性组分,随着温度的下降,从气水溶液转变而成的热水溶液。当其沿裂隙向围岩运移渗透的过程中,还可从围岩中淋滤和溶解部分成矿物质,在适当条件下,所携带的金属元素等成矿物质发生沉淀后生成矿物。

除岩浆期后热液外,还有变质热液和地下水热液。前者主要是由沉积岩在变质作用过程中所释放出来的孔隙水以及矿物中的吸附水、结晶水和结构水等构成的,后者则主要是由地表下渗水渗透到地壳的深部受地热等影响而形成的。它们和岩浆期后热液一样,在沿岩石裂隙运移渗透的过程中,也可从围岩中淋滤或溶解部分成矿物质,在适当条件下沉淀形成矿物。

参与气化-热液作用的元素,主要有金属元素(Cu、Ag、Au、Zn、Cd、Hg、Ga、In、Tl、Ge、Sn、Pb、Fe、Co、Ni 等)、半金属元素(As、Sb、Bi)和部分非金属元素(B、F、Cl、O 和 S 等)。气化-热液作用所形成的矿物以硫化物和氢氧化物为主,其次是各种含氧盐矿物。

热液作用的温度,一般在 400~50℃范围内。若为气化热液,其温度可高于 400℃。热液作用的压力,变化范围很大。按照形成矿物的温度,可将气化-热液作用划分为 3 个阶段:

(1)气化-高温热液作用:温度在 400~300℃之间,或有时高于 400℃,在这个阶段中主要形成由高电价、小半径的阳离子组成的氧化物和含氧盐矿物,如锡石、黑钨矿、铌钽铁矿和绿柱石、黄玉等,也可形成部分硫化物,如辉钼矿、辉铋矿、毒砂等。

(2)中温热液作用:温度一般在 300~200℃之间。在这个阶段中,由于 H_2S 的离解度增大,热液中硫离子的浓度增加。常形成以 Cu、Pb、Zn 为主的硫化物矿物组合,如黄铜矿、方铅矿、闪锌矿黄铁矿等。一些分散元素(Ga、In、T1、Ge、Se、Te 等)则以类质同像的方式进入硫化物的晶格中。此外,还常常有石英、方解石、萤石等矿物的形成。

(3)低温热液作用:温度在 50～200℃之间。低温热液的来源很复杂,大部分热液不一定直接来自岩浆,地表下渗水和变质热液可能起了主要作用。主要形成的矿物是 As、Sb、Hg 等的硫化物(雌黄、雄黄、辉锑矿、辰砂等)和重晶石等硫酸盐矿物。

4. 火山作用

火山作用是岩浆作用的一种特殊形式,它总括了地下岩浆通过火山管道喷出地表的全过程。这种作用的产物为各种类型的火山岩(包括熔岩和火山碎屑岩)。

火山熔岩是炽热岩浆在陆地或水下快速冷却而形成的岩石。在原生期,以形成高温、淬火、低压、高氧、缺少挥发分的矿物组合为特征。例如,石英都是高温相的 β-石英;碱性长石都是高温相的透长石、正长石;含挥发分的矿物如白云母、电气石等都不出现,角闪石、黑云母虽见于斑晶但极不稳定,易变成辉石和磁铁矿的细粒集合体,并在矿物边缘常形成不透明的暗化边;高氧化矿物则有赤铁矿等。此外,在某些火山岩中,特别是酸性火山岩中常有火山玻璃出现。火山岩中由于挥发分逸出所造成的气孔,常被火山后期热液作用形成的一系列矿物如沸石、方解石、蛋白石等所充填,在火山喷气孔周围则常有经凝华作用形成的自然硫、雄黄、石盐等的产出。与火山作用有关的重要矿产有铁、铜等。值得指出的是,在个别情况下,火山作用还可以喷溢矿浆,例如智利的拉科铁矿,就认为是由贯入和溢出地表的铁矿浆结晶而成的。

(二)外生作用

外生作用是指于地壳的表层,在较低的温度与压力下,主要在太阳能、水、二氧化碳、氧气和有机体等因素的影响下,形成矿物的各种地质作用。按其性质的不同,可分为风化作用和沉积作用。

1. 风化作用

是指出露于地表或近地表的矿物和岩石在大气、水、生物等力的影响下所发生的化学分解和机械破碎作用的总称。它包括物理风化、化学风化和生物风化 3 种主要的作用过程。在风化作用过程中,可形成一系列稳定于地表条件的表生矿物。

地壳表层的物理化学特点是低温、低压、富含水、氧和二氧化碳,且生物活动强烈。在地壳深部形成的矿物和岩石一旦进入这种环境,由于物理化学条件的巨大变化,就要发生分解和破碎。其中一部分物质被地表水及地下水带走,成为沉积物的主要来源，另一部分则留在原地，或被搬运到距离不远的适当地方形成表生矿物堆积，其结果就导致了风化壳的形成。

矿物抵抗风化的能力是各不相同的，这主要决定于它们的内部结构和化学组成。一般具有层状结构、富含水及变价元素的高价氧化物和氢氧化物在地表最为稳定。因此，表生矿物主要是各种层状硅酸盐矿物、金属氧化物及氢氧化物。

例如长石族的矿物，这是地壳中分布最广的 K、Na、Ca 的铝硅酸盐矿物。在风化作用过程中，首先受各种酸，主要是碳酸的作用而分解，转变为 K、Na、Ca 等阳离子，并发生水化，在逐渐转变为水云母的同时，内部结构由架状变为层状。然后，水云母在酸性条件下继续分解，游离出部分 SiO_2 而形成高岭石（在碱性介质中形成蒙脱石）。最后，在湿热的气候条件下，高岭石进一步分解，使其中的 Al_2O_3 和 SiO_2 与羟基之间的联系破坏，形成氢氧化铝（即一般所称的铝土矿）和蛋白石。以钾长石为代表，其反应过程表示如下：

$$4K[AlSi_3O_8] + 2CO_2 + 4H_2O \rightarrow Al_4[Si_4O_{10}](OH)_8 + 8\ SiO_2 + 2K_2CO_3$$
　　（正长石）　　　　　　　　　　　（高岭石）

$$Al_4[Si_4O_{10}](OH)_8 + 2H_2O \rightarrow 4Al(OH)_3 + 4SiO_2（胶体）$$
　　（高岭石）　　　　　　　　（三水铝石）　（蛋白石）

金属硫化物一般在地表都很不稳定，它们在水和氧的作用下变为硫酸盐，其中溶解度大的被水大量带走。硫酸盐进一步在水和各种酸的作用下，或与围岩发生作用，而形成难溶的氢氧化物或含氧盐等表生矿物。如金属硫化物矿床中的黄铜矿 $CuFeS_2$，在风化作用过程中的变化，用化学反应式可表示如下：

$$CuFeS_2 + O_2 \rightarrow CuSO_4 + FeSO_4$$
（黄铜矿）

$$2CuSO_4 + CO_2 + 3H_2O \rightarrow Cu_2[CO_3](OH)_2 + 2H_2SO_4$$
　　　　　　　　　　　　　　　（孔雀石）

或者 $2CuSO_4 + 2CaCO_3 + 2H_2O \rightarrow Cu_2[CO_3](OH)_2 + 2CaSO_4 + CO_2$
　　　　　　　　　　　　　　　（孔雀石）

或 $3CuSO_4 + 2CO_2 + 4H_2O \rightarrow Cu_3[CO_3]_2(OH)_2 + 3H_2SO_4$
　　　　　　　　　　　　　　（蓝铜矿）

$$4FeSO_4 + 2H_2SO_4 + O_2 \rightarrow 2Fe_2[SO_4]_3 + 2H_2O$$

$$Fe_2[SO_4]_3 + 6H_2O \rightarrow 2Fe(OH)_3 + 3H_2SO_4$$
　　　　　　　　　　（针铁矿或纤铁矿）

在风化作用中，生物的活动对原生矿物的破坏和次生矿物的形成具有重要的影响。生物的作用实质上是一种由生物引起的化学风化作用。绿色植物的光合作用产生的 O_2，微生物的生理活动和有机体的分解能生成大量的 CO_2、H_2S 和有机酸等，它们直接参与矿物的氧化或还原反应，例如有细菌参加的黄铁矿的氧化还原反应可写成：

$$2FeS_2 + 7.5O_2 + H_2O \rightarrow Fe_2[SO_4]_3 + H_2SO_4$$

氧化作用的结果产生了可溶的金属硫酸盐和硫酸,硫酸则进一步加速矿物的风化。自然界中,铁的生物氧化数量远远超过了化学氧化,许多风化成因的铁锰矿床和微生物作用有关。

但是,在自然界,物理风化、化学风化和生物风化三种作用不是彼此孤立的,而是相互联系、相互促进、相互影响的。单纯的物理风化,只能使矿物发生机械破碎而变成碎屑,不能导致新矿物的形成。而表生新矿物的形成则主要依赖于风化(包括生物化学风化)作用的进行。

2. 沉积作用

矿物和岩石在风化作用过程中遭受机械破碎和化学分解所产生的风化产物(主要有碎屑物质、泥质和溶解物质),除少部分残留在原地外,大部分都要被搬运走,并在新的地方沉积下来,形成另一种矿物或矿物组合。这种作用称为沉积作用。如果沉积物质来源于火山产物,则特称为火山沉积作用。

沉积作用主要发生在河流、湖泊及海洋中。根据沉积方式不同,分为机械沉积、化学沉积和生物化学沉积。

(1)机械沉积:在风化条件下,物理和化学性质稳定的矿物,遭受机械破碎后所形成的碎屑,除残留原地的外,主要被流水、风等外力搬运。由于水流速度或风速的降低,矿物按颗粒大小、相对密度高低发生分选沉积,在适宜的场所造成有用矿物的集中,形成各种砂矿。如砂金、金刚石、锡石、独居石等。在一般情况下则形成各种砂岩或砾岩。显然,机械沉积作用过程中,一般不形成新的矿物,主要是矿物的再沉积。

(2)化学沉积:在风化作用中被分解的矿物,其成分中的可溶组分溶解于水成为真溶液,当它们进入内陆湖泊、封闭或半封闭的泻湖或海湾以后,如果处于干热的气候条件时,水分将不断蒸发,溶液浓度不断提高,当达到过饱和程度时,就发生结晶作用,形成卤化物、硫酸盐、硝酸盐、硼酸盐等一系列易溶盐类矿物。它们往往会构成巨大的非金属矿床。另一些低溶解度的金属氧化物和氢氧化物,常可成为胶体溶液,当它们被搬运到湖泊及海盆内时,受到电解质的作用而发生凝聚、沉淀,形成铁、锰、铝、硅等胶体成因的氧化物或氢氧化物矿物。

(3)生物化学沉积:某些生物在其生活的过程中,可从周围介质中吸收有关元素和物质,组成它们的有机体和骨骼,当这些生物死亡后,其遗体可直接堆积起来形成矿物,如硅藻土、方解石(生物灰岩的主要矿物成分)等。此外,在生物的生理活动过程中,能产生大量的 CO_2、H_2S、NH_3 等气体,可影响沉积介质的酸碱度及氧化还原条件,并对有机体进行分解和合成作用,从而形成某些有机矿物和无机矿物。前者如琥珀、草酸钙石等,后者如磷灰石(磷块岩的主要矿物成分)等。另外,煤、石油、天然气的形成也直接与生物、生物化学沉积作用密切相关。

(三)变质作用

变质作用是指在地表以下的一定深度内,早先形成的矿物和岩石,由于地壳变动和岩浆活动的影响,物理化学条件发生了变化,造成岩石结构改变或组分改组并形成一系列变质矿物的总称。

变质作用,按其发生的原因和物理化学条件的不同,分为接触变质作用和区域变质作用。

1. 接触变质作用

接触变质作用发生在岩浆侵入体与围岩的接触带上。按侵入体与围岩之间有无元素间的交换,又分热变质作用和接触交代变质作用两种类型。

(1)热变质作用:当岩浆侵入体与围岩接触时,围岩受岩浆高温的影响,而引起围岩中矿物重结晶或生成与围岩成分有关的另一些矿物。前者如石灰岩变成大理岩(方解石发生重结晶,颗粒变大),后者如泥质岩石中形成的红柱石、堇青石等富铝矿物。在这个作用过程中,基本上不发生侵入体与围岩之间的交代作用,或交代作用极其微弱。

(2)接触交代变质作用:当岩浆侵入体与围岩接触时,侵入体中的某些组分与围岩发生化学反应,从而导致矿物的形成。它与热变质不同,由于有交代作用的发生,所形成矿物的种类随侵入体与围岩成分的不同而异。以中酸性侵入体与石灰岩的接触交代为例。此时,侵入体中富含挥发性组分的气体和溶液进入围岩,带入 SiO_2、Al_2O_3 等组分,使围岩中的 CaO 和 MgO 等组分被交代并将之带入到侵入体中。这样,在接触带附近的岩石就要发生成分和结构构造的变化,并形成一系列接触交代成因的矿物,如钙铝榴石、透辉石、符山石、方柱石、硅灰石等,它们组成了所谓的矽卡岩。在接触交代过程中,有时还可以形成铁(磁铁矿)、钨(白钨矿)、钼(辉钼矿)、铜(黄铜矿)、铅(方铅矿)、锌(闪锌矿)等的富集,并往往构成有工业意义的矽卡岩矿床。

2. 区域变质作用

在广大区域范围内,由于大规模的构造运动(地壳升降、褶皱和断裂),导致原有岩石和矿物所处的物理化学条件发生很大变化,这就必然使原来岩石中的矿物发生改组,形成在新环境下稳定的另一些矿物。矿物的成分与结构取决于原岩的化学组成和遭受变质作用的程度。如原岩的主要成分为 SiO_2 和 Al_2O_3 的黏土岩,经变质后,可能出现的矿物有:石英、红柱石、蓝晶石、矽线石、刚玉等。但具体出现什么矿物,需视变质条件而定。例如,红柱石族的 3 种同质多像变体中红柱石形成于较高温度和较低的压力(中等以下)条件下,蓝晶石形成于低温高压的条件下,而矽线石则能在高温和压力范围较宽的条件下形成。此外,在定向压力起主要作用的地段中,有利于柱状(如角闪石)和片状(云母、绿泥石等)矿物的形成。在以静压力为主的地段中,加上温度的增高,可形成结构紧密、体积小、相对密度大、不含水和$(OH)^-$的矿物,如石榴石、矽线石等。

应当指出,地质作用是地壳发展变化过程各种因素的综合表现,上述内生、外生和变质作用,不是彼此孤立、截然分开的。例如,火山作用与内生作用和外生沉积作用都有关系;变质作用中的交代作用与内生气化-热液作用有密切联系。变质作用过程中产生的热液和从地表渗透到地下深处的热水与岩浆成因的热液实际上常常混在一起,也难以区分。因此,在分析形成矿物的地质作用时,应尽量收集各方面的资料,进行综合分析,作出合理的推断。

二、影响矿物形成的因素

地壳中的化学元素结合成矿物都是在特定的地质作用中进行的,不同的地质作用其物理化学条件往往是不相同的,甚至同一地质作用过程的不同阶段其物理化学条件也有差异,在本部分将对矿物形成的主要物理化学条件及反映矿物形成条件的某些标志作简要概述。

(一)矿物形成的条件

在地质作用中影响矿物形成的主要物理化学条件有:温度、压力、组分的浓度、介质的酸碱度(pH 值)和氧化还原电位(E_h 值)等。

1. 温度

温度是影响矿物形成的重要因素之一,它的作用在于决定质点动能的大小。质点相互结合形成矿物,只有当质点的动能降低到适应某种矿物的晶体结构时才能发生,所以每种矿物都有一定的结晶温度,并在一定的温度、压力范围内稳定。例如 1 个大气压下,β-石英在温度低于 867℃时开始形成,并只在 867～573℃的范围内稳定;而 α-石英则在 573℃时开始形成,低于 573℃的条件下稳定。又如高岭石可在地表常温下形成,并在温度较低的情况下稳定,约在 250℃左右则可与石英反应形成叶蜡石,其反应式如下:

$$Al_4[Si_4O_{10}](OH)_8 + 4 SiO_2 \rightarrow 2Al_2[Si_4O_{10}](OH)_2 + 2H_2O$$
（高岭石）　　　（石英）　　　（叶蜡石）

随着温度以及压力的增高,叶蜡石又可转变为红柱石等富铝硅酸盐矿物。

2. 压力

地壳中的压力一般是随深度而增加的,在高压条件下出现的矿物往往在地壳深处形成,其特点是质点堆积紧密,矿物具较大的密度。例如金刚石形成于 3×10^9 Pa 压力条件下。对于矿物同质多像变体之间的转变,压力增高还将使转变温度上升,如在 10^5 Pa 压力下,α-石英转变为 β-石英的温度为 573℃,3×10^8 Pa 压力下为 644℃;9×10^8 Pa 压力下,则上升到 832℃。此外,在定向压力的作用下,有利于某些片状和柱状矿物的形成,并使这类矿物(云母、角闪石等)在岩石中呈定向排列。

3. 组分的浓度

矿物的形成只有在溶液浓度达到过饱和的状态,即结晶速度大于溶解速度时才能稳定形成。大部分表生及热液中形成的矿物是在水溶液中进行的,条件是溶液必须达到饱和或过饱和。在岩浆分异结晶过程中,某种组分浓度的减小,就意味着与该组分相关的某些矿物消失。如基性岩浆分异的中后期,岩浆中 CaO 的浓度逐渐减小,K_2O 的浓度逐渐增大,因而普通角闪石 $(Ca,Na)_{2\sim3}(Mg,Fe,Al)_5[Si_6(Si,Al)_2O_{22}](OH,F)_2$ 将逐渐消失,代之而形成的是黑云母 $K\{(Mg,Fe)_3[AlSi_3O_{10}](OH,F)_2\}$。

4. 介质的酸碱度(pH 值)

每种矿物都各自形成于一定的 pH 值的介质中。例如在水化学沉积作用中,赤铁矿形成时的介质 pH 值为 6.6~7.8,白云石形成时的 pH 值为 7~8。再如热液中的 ZnS,当介质为碱性时,形成闪锌矿;当介质为酸性时,则形成闪锌矿。

5. 氧化还原电位(E_h 值)

当溶液中存在多种变价元素时,往往因彼此存在着电位差而有电子的转移,与此同时出现氧化—还原作用。由于电子之得失而显示的电位称为氧化还原电位。氧化还原电位对含变价元素的矿物的形成影响很大。如当溶液中含有 Mn 和 Fe 时,由于 Mn 的 E_h 值($Mn^{2+}-Mn^{4+}+2e, E_h=1.35V$)比 Fe 高($Fe^{2+}-Fe^{3+}+e, E_h=0.75V$),所以高价的 Mn 离子具有很强的氧化能力,这样当 Mn^{4+} 和 Fe^{2+} 相遇时,Fe^{2+} 将被氧化为 Fe^{3+},同时 Mn^{4+} 还原为 Mn^{2+}。因此,溶液中有 Fe^{2+} 存在的情况下,就难以形成 MnO_2。又如 S 在不同的氧化还原介质中可以呈 S^{2-}、S^0 及 S^{6+} 等价态存在,则相应地分别形成硫化物、自然硫和硫酸盐类矿物。一般情况下,表生矿物中变价元素都以高价状态出现,在内生和变质作用所形成的矿物中,变价元素多以低价状态存在。

在地质作用中,矿物的形成通常是各种物理化学因素综合作用的结果。不过在不同的地质作用中,影响形成矿物的各种物理化学条件可有主次之别。例如在岩浆和热液作用过程中,通常是温度和组分浓度起主要作用;在区域变质作用中,温度和压力起主导作用,而在外生作用中,pH 值和 E_h 值对矿物的形成则具有重要的意义。

(二)反映矿物形成条件的标志

由于矿物是在一定地质作用中的一定物理化学条件下形成的,因此它们各方面的性质无不受到形成条件的影响。虽然人们不能直接观察到矿物形成时的具体条件,但借助于矿物的某些方面的特征去分析,推断它的形成条件还是有可能的。

能反映矿物形成条件的标志很多,主要的有:

1. 矿物的标型特征

矿物的标型特征,是指不同地质时期和不同地质作用条件下,形成在不同地质体中的同一种矿物,在其成分、精细结构、晶形和物理性质等方面存在有一定的差异,若此种差异可作为成因标志者,就称为标型特征。

矿物的标型特征一般主要表现在矿物的晶形、物理性质、次要化学成分的种类和含量以及矿物的精细结构等方面。例如,产于花岗伟晶岩、锡石石英脉及锡石硫化物矿床中的锡石(SnO_2),其晶体形态、物理性质以及次要成分的种类和含量都可作为不同成因的锡石的标型特征。通常一种矿物只要具有某一方面的标型特征时,就可作为该矿物的成因标志。如产于不同类型岩浆岩中的锆石,具有不同的形态特征:碱性岩、偏碱性花岗岩中的锆石,其晶体的四方双锥{111}很发育,而四方柱{100}、{110}不发育,晶体呈四方双锥或四方双锥与四方柱(不发育)的聚形,整个形态呈双锥状。酸性花岗岩中的锆石,其晶体的锥面与柱面均较发育,晶体形态呈锥柱状。而基性岩、中性岩及偏基性花岗岩中的锆石晶体,柱面较发育,锥面不发育,晶体形态呈柱状。

值得重视的是,目前对矿物结构上的标型特征的研究有了很大的进展,主要反映在如离子配布、多型性及有序度等精细结构方面。离子配布(或离子占位)方面,如对普通角闪石$(Ca,Na)_{2\sim3}(Mg,Fe,Al)_5[(Si_6(Si,Al)_2O_{22})](OH,F)_2$中4次配位的Al和6次配位的Al配布情况的研究表明:在压力近似的情况下,4次配位Al的含量随普通角闪石结晶温度的增高而增多。在温度近似的情况下,6次配位Al的含量随压力的增高而增多。在多型性方面,如对白云母多型的研究表明,$3T$型多硅白云母是低温、高压变质作用的特征矿物。在有序度方面的研究更加深入广泛,如对长石,橄榄石,辉石等造岩矿物有序的研究已成为确定岩石成因的重要依据之一。

2. 标型矿物

标型矿物是指只在某一特定的地质作用中形成的矿物。也就是说,标型矿物是指那些具有单一成因的矿物。因此,标型矿物本身就是成因上的标志。例如,蓝闪石、多硅白云母是低温高压变质作用的产物;霞石、白榴石是碱性火成岩的特征矿物;辉锑矿、辰砂是低温热液矿床的标志矿物等。有人把具有标型特征的矿物也称为标型矿物。

3. 矿物中的包裹体

矿物在生长过程中所捕获的被包裹在晶体内的外来物质，称为包裹体。矿物中的包裹体，其大小、形状不一，呈固、液和气态的都有。其中以原生的气液包裹体对于研究矿物形成时的物理化学条件最为重要。因为这种包裹体是与主矿物（即含有包裹体的矿物）在同一个成矿溶液中同时形成的，它是被保存在主矿物中形成主矿物时的溶液的珍贵样品。测定这种样品的均匀化温度（均变为气体或液体时的温度）、压力、含盐度、成分、pH 值和 E_h 值等，就可确定主矿物的形成条件。例如，包裹体由不均匀状态（同一包裹体内有两个或两个以上的物相）转变为均匀化时的状态可指示地质作用的类型，对包裹体进行加温时，若包裹体全部转变为液体时，表明矿物是由热液作用形成的，包裹体全部转变为气体时，表明矿物是在气化作用下形成的。当包裹体全部转变为熔体时，则说明矿物是在岩浆作用时形成的。

研究包裹体的方法很多，除加温法外，还有爆裂法、冷冻法以及其他一些测定包裹体成分的方法。关于这方面的知识，可参阅有关专著。

4. 矿物的共生组合

同一成因、同一成矿期或成矿阶段所形成的不同种矿物出现在一起的现象，称为矿物共生。彼此共生的矿物，称为共生矿物。反映一定成因的一些共生矿物的组合，称为矿物的共生组合。如含金刚石的金伯利岩中，金刚石、橄榄石、金云母、铬透辉石及少量镁铬铁矿和镁铝榴石的组合，即为一矿物共生组合。

矿物的共生不是偶然的，它是由组成矿物的化学元素的性质和某一成矿过程（或阶段）中的物理化学条件所决定的。因之，各地质作用过程（或阶段）都有其特有的矿物共生组合。例如，铬铁矿经常与橄榄石、斜方辉石共生在一起是超基性岩特有的矿物共生组合，黄铜矿、方铅矿、闪锌矿和石英一起共生是中温热液成矿阶段常见的矿物共生组合等。在实际工作中，人们经常利用矿物的共生关系推断成矿地质作用的性质，从事找矿、矿物鉴定工作。例如，要找寻铬铁矿，就应该到主要由橄榄石、斜方辉石共生的超基性岩中去找，如果在这种岩石中，除主要矿物外，还发现有银白色、呈星散分布的金属矿物，那么就应该考虑到它是不是铂族矿物。由此可见，掌握各种地质作用中矿物的共生规律，对地质工作者是何等的重要。

应该指出的是，矿物之间除存在共生关系外，还经常存在有伴生的关系。所谓矿物的伴生，是指不同种属、不同成因的矿物共同出现于同一空间范围内的现象。例如在含铜矿床的氧化带中，经常可以看到黄铜矿与孔雀石、蓝铜矿在一起。前者通常是在热液作用过程中形成的，而后两者则是典型的表生矿物（次生矿物），由于它们是属于不同地质作用过程的产物，所以其间的关系仅仅是一种伴生的关系。

上述矿物的共生和伴生都是就不同种矿物之间的关系而言的。如果在同一空间范围内，由同一地质作用的不同阶段形成的同种矿物，因彼此间在形成时间上有先有后，时间的先后关系称之为矿物的世代。按其形成先后，最早的为第一世代，然后依次为第二世代，第三世代等。由于在不同成矿阶段中，形成矿物的介质成分和物理化学条件多少会有些差异，因而不同世代的矿物往往在形态、成分、某些物理性质及包裹体等方面也会显示出某些不同。例如我国某热液矿床中的萤石，可区分为3个不同的世代，第一世代的萤石为八面体和菱形十二面体的聚形，且两种单形发育程度相似，颜色为暗紫或烟紫色，发荧光，气液包裹体的均一化温度为330℃；第二世代的萤石为菱形十二面体与八面体的聚形，但以前者发育为主，晶体中心为浅绿或浅紫色，边缘为暗紫色，具环带构造，包裹体均一化温度为300～330℃；第三世代的萤石为立方体或立方体与菱形十二面体的聚形，立方体为主，浅绿色、白色或无色，包裹体的均一化温度为300℃。分析、确定矿物的世代，有助于了解矿物形成过程的阶段性以及各成矿阶段矿物的共生关系。

三、矿物的变化

矿物形成之后，在后继的地质作用过程中，当物理化学条件的变化超出该矿物的稳定范围时，矿物就会发生某种变化。矿物最常见的变化现象有：

（一）溶蚀

矿物生成之后，受后继溶液的作用可发生部分溶解或全部溶解的现象，称为溶蚀。部分溶蚀的结果常常在晶面上留下溶蚀的迹象——蚀象，以致晶面变粗糙，光泽降低，角顶或晶棱变圆滑。如金刚石晶体被溶蚀之后常呈球状晶形（图10-1）。溶蚀后的矿物，当条件适宜时，又可重新生长并恢复原来的形状，这种作用称为再生。

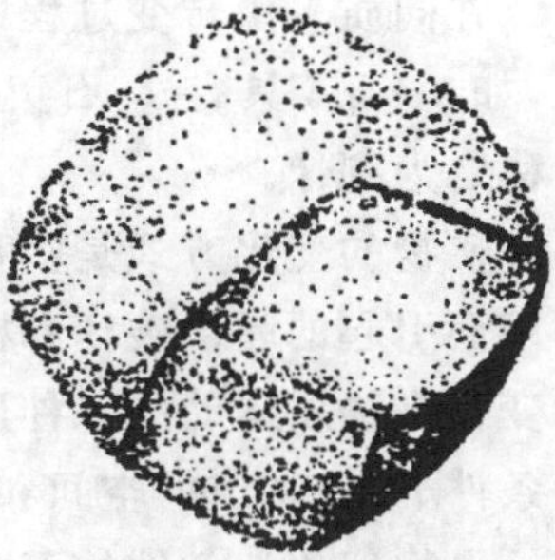

图10-1 球状金刚石

（二）交代

在地质作用过程中，已经形成的矿物与变化了的熔体或溶液发生反应，引起成分上的交换，使原矿物转变为其他矿物的现象，称为交代。如橄榄石被蛇纹石交代。交代作用通常沿矿物的边缘、裂隙或解理开始进行。如网环状蛇纹石，就是含硅酸的溶液沿橄榄石颗粒边缘和裂隙进行交代的结果。其中未被交代的部分称为交代残余。若交代作用强烈时,原矿物可全部被新形成的矿物所代替。

(三)晶化和非晶质化

原已形成的非晶质矿物,在漫长的地质年代中逐渐变为结晶质,从而形成另一种矿物的现象,称为晶化或脱玻化。如蛋白石转变为石英;由火山喷发的岩浆,因快速冷却而形成的非晶质火山玻璃,经过漫长的地质年代,逐渐脱玻化成为长石、石英等结晶质矿物。

与晶化现象相反,一些原已形成的晶质矿物,因获得某种能量而使晶格遭受破坏,转变为非晶质矿物,称为变生非晶质化或玻璃化作用。例如含放射性元素的结晶质锆石,由于受放射性元素蜕变时放出的 α 射线的作用,而变为非晶质的水锆石。

(四)假像

一种矿物具有另一种矿物晶体形态的现象,称为假像。例如常可见到褐铁矿表现为黄铁矿的立方体晶形,此立方体晶形就是一种假像,称褐铁矿呈黄铁矿假像,或称假像褐铁矿。

按形成假像的原因不同,可将假像区分为交代假像,充填假像及副象3种。

当一种矿物交代另一种矿物后继承了被交代矿物的晶形时,称为交代假像。如绿泥石交代石榴石而具有菱形十二面体的假像。

当原矿物溶解后遗留下具原矿物晶形的空洞,被别的矿物充填而形成的假像,称为充填假像。这种假像比较少见,且常不易与交代假像区别。

在同质多像转变过程中,如果原变体的晶形被保留下来,同样也就形成了假像,如 α-石英具有 β-石英的六方双锥假像等。由同质多像转变而形成的假像,特称之为副像。

矿物的变化方式是多种多样的,在矿物形成的过程中或形成之后,由于机械作用而引起的晶格破坏和机械变形也应属于矿物的变化这个范畴。矿物的形成和变化是物质运动的一种形式,具体的某个矿物只不过是物质在一定的物理化学条件下,在特定的空间和时间内处于暂时平衡状态的一种存在形式而已,它将随外界物理化学条件的不断变化而变化。通常,某些新矿物的形成过程往往也就是某些原有矿物遭受破坏和变化的过程。因此,对矿物各种变化现象的研究,不仅可以了解矿物形成的历史过程,而且可以提供有关矿物成因的某些信息。

思考题

1. 内生作用包括哪些地质作用类型?外生作用包括哪些地质作用类型?

2. 何谓标型特征？矿物有哪些特点可以用来说明其形成条件？
3. 何谓矿物的共生组合？它与伴生组合有何区别？
4. 何谓假像？试举一例。
5. 矿物中的包裹体按成因分为哪几个类型？如何用包裹体进行测温？所测的温度代表什么意义的温度？

第十一章 矿物的分类和命名

一、矿物的分类

目前已知的矿物种约有 3 000 种。在矿物的分类体系中,矿物种是分类的基本单元。整个分类体系的级序依次为:

大类——类——(亚类)——族——(亚族)——种——(亚种)

以上分类体系、级序是公认的。但具体分类方案的根据或出发点,则因研究目的不同而异。有的根据化学成分,有的根据晶体化学,有的根据地球化学,有的根据成因,等等。这些分类方案主要反映在族的划分上,并各具特色。

(一)根据化学成分的分类方案

这种分类方案是以化学组成的类型作为分类的依据,在族的划分上也是以化合物类型来划分的,由于化学成分是组成矿物的物质基础,被作为大类和类的划分依据,因而这种分类方案有其重要的意义。

(二)根据晶体化学的分类方案

在此分类方案中,凡同一类或亚类中具有相同晶体结构类型的矿物即归为一个族,由于晶体化学有可能把矿物的化学成分与其内部的结构联系起来,因此,从阐明这两者相互之间以及它们与矿物的形态、物理性质等之间的关系而言,这种分类方案就显得十分合理。

(三)根据地球化学的分类方案

这是以地球化学中元素共生组合的资料为基础的一种分类方案,它是将地球化学上性质相似的一组元素的类似化合物矿物作为一个矿物族。由于地球化学在阐述某些矿物的共生组合规律和地球化学特征上有其独特之处,因而这种分类方案也有一定的意义。

(四)根据成因的分类方案

这是以矿物成因为基础的一种分类方案,这种分类方案在反映形成矿物的地质作用上有明显的特点,但对于多成因的矿物在分类中所占的主次位置上还待进一步完善。

下面介绍一般通用的以晶体化学为基础的矿物分类方案。本分类方案首先根据化学组成的基本类型,将矿物分为 5 个大类。大类以下,根据阴离子(包括络阴离子)的种类细分为类以及亚类。类和亚类以下,即为族及亚族。

矿物族的概念一般是指化学组成类似并且晶体结构类型相同的一组矿物。但是为了便于说明某些矿物种之间的联系,有时也把某些同质多像变体,或者化学成分上近似但结构类型有一定差异的一组矿物,划归同一个族。有时为便于讲述,还将族再分为亚族。

以晶体化学为基础的分类(族和种从略)如下:

第一大类　自然元素矿物
第二大类　硫化物及其类似化合物矿物
　　第一类　单硫化物及其类似化合物矿物
　　第二类　复硫化物及其类似化合物矿物
　　第三类　硫盐矿物
第三大类　卤化物矿物
　　第一类　氟化物矿物
　　第二类　氯化物矿物
第四大类　氧化物和氢氧化物矿物
　　第一类　氧化物矿物
　　第二类　氢氧化物矿物
第五大类　含氧盐矿物

二、矿物的命名

每个矿物种都有一个独立的名称,其具体命名方法主要有以下几种。

(1)以化学成分命名:如自然金(Au)、锡石(SnO_2)。

(2)以物理性质命名:如橄榄石(颜色呈橄榄绿色)、电气石(具有显著的热电性)。

(3)以形态命名:如方柱石(晶形常呈四方柱状)、十字石(双晶常呈十字形或 X 形)。

(4)以产地命名:如香花石(首次发现于湖南临武香花岭)、高岭石(源于江西景德镇高岭)、蓟县矿(首次发现于天津蓟县)。

(5)以人名命名:如张衡矿(纪念东汉杰出的科学家)。

此外,也有按其他命名的,如许多矿物采用混合命名,其中以晶系名或成分作为前缀者较为常见。

我国所使用的大量矿物名称,来源不一,但几乎所有矿物名称都以"石"、"矿"、"玉"、"晶"、"砂"、"华"、"矾"等字结尾,它们都是取自我国传统矿物名称的词尾。

至于矿物的全名,有的是沿用我国固有的名称,如辰砂、方解石、雄黄等;有的是由我国学者首次发现而命名的,如香花石、蓟县矿等;有的是借用日文中的汉字名称,如绿帘石、黝铜矿等;更多的是从外文名称转译来的,其中大部分译名实际上是改用了化学成分、或形态、或物性加化学成分而重新命名的。

还有许多矿物名称,如长石、云母、辉石等,它们并不是矿物种的名称,而是包括了若干个类似的矿物种的统称,在矿物分类上,它们可以作为族名。

思考题

试述矿物的命名方法。

第十二章 自然元素矿物

一、概述

在自然界已知有 20 种左右金属和半金属元素可呈单质形式出现而形成自然元素矿物,而非金属元素则只有碳和硫。金属元素之所以能呈单质出现,与它们的电离势有关。因为电离势较大的元素,如 Au、Pt 等,它们较难失去电子,往往呈自然元素状态存在。

目前已知的自然元素矿物超过 50 种,这是因为某些元素可形成两种或两种以上同质多像变体。例如碳有金刚石、六方金刚石、石墨、赵击石 4 种同质多像变体。而另一些元素可以形成金属互化物,它们中的原子数有确定的比例,但原子间仍以金属键相结合,如铅钯矿(Pd_3Pb_2)等。因而自然元素矿物的种数大于其组成元素种类的数目。

自然元素矿物占地壳的总重量尚不足 0.1%,并且在地壳中的分布很不均匀。其中有些可以显著富集,形成矿床,是铂、金、硫、金刚石、石墨等最重要甚至惟一的来源。

二、自然金属元素矿物

组成自然金属元素矿物的元素,以铂族和金为主,其次是铜和银,而铅、锡、锌等只是在极少情况下偶尔产出。铁、钴、镍呈单质形式主要见于铁陨石中。按原子间的联结力来说,自然金属元素矿物具典型金属键。它们的结构类型有铜型(原子按立方最紧密堆积,配位数为 12)、锇型(原子按六方最紧密堆积,配位数为 12)、铁(α-Fe)型(原子按立方体心式紧密堆积,配位数为 8)。

自然金属元素矿物的物理性质表现为:金属色,反射力强而不透明,金属光泽,强延展性、导电性和导热性,硬度低(锇、铱例外),无解理,相对密度大。

在成因上,自然金属元素矿物中的铂族元素矿物与基性、超基性岩浆有成因上的联系,见于岩浆矿床中。自然金往往为热液成因的,而自然铜和自然银除了热液成因的以外,还见于硫化物矿床氧化带中,系含铜或含银硫化物矿物氧化后所形成的硫酸铜或硫酸银溶液,被其他硫酸盐或硫化物还原而成。例如 $Ag_2SO_4 + 2Fe_2SO_4 \rightarrow 2Ag + Fe_2(SO_4)_3$。

自然铂族

本族包括自然铂、自然铱、自然钯、自然锇、自然钌等矿物。由于铂族元素间广泛出现类质同像置换,因而当置换量达到一定程度时,就构成了相应矿物的亚种。如自然锇中的铱含量大于20%而小于50%时,就称为铱锇矿。又如自然铂中当Fe的含量达9~11%时称为粗铂矿。

由于自然铂和自然锇具有不同晶体结构类型,前者为铜型,后者为锇型,因此相应地本族矿物可划分为自然铂亚族和自然锇亚族。自然铂亚族包括自然铂、自然钯、自然铱等。结晶成等轴晶系,偶尔出现八面体或立方体晶形。自然锇亚族包括自然锇、自然钌等。结晶成六方晶系,呈六方板状晶形,硬度显著增高。

自然铂(platinum)

Pt

等轴晶系。通常呈不规则细小颗粒状,有时呈较大的块状(图12-1)。颜色视铁含量多少由银白至钢灰色;条痕钢灰色;金属光泽。硬度4~4.5;具强延展性;断口锯齿状。相对密度21.5。自然铂与其他铂族矿物见于岩浆矿床,成因上与基性、超基性岩有关。此外,常富集于砂矿中。

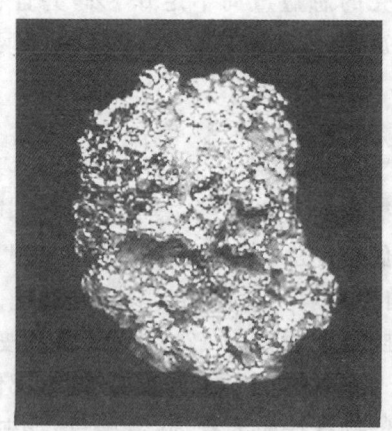

图12-1 自然铂

自然铜族

本族包括自然铜、自然银、自然金等矿物。自然界中的金多以单质形式存在，仅少量的金以碲化物出现。银或铜成单质形式存在比较少，它们往往形成硫化物和其他化合物。

上述自然元素矿物均属铜型结构。由于金和银的原子半径几乎相等，因而可以在广泛的范围内混溶，但还不能形成连续系列的固溶体。自然金中 Ag 的含量达 10%～15% 时称为银金矿。铜的原子半径较小，只能在高温时与金形成固溶体。此外，金与铜可形成金属互化物，如铜金矿 CuAu。

本族矿物常成树枝状连生，并常见双晶。

自然铜（copper）

Cu

等轴晶系。通常呈不规则树枝状、片状或致密块状集合体（图 12-2）。铜红色，表面常带有锈色；条痕铜红色；金属光泽。硬度 2.5～3；具强延展性；断口呈锯齿状。相对密度 8.95。

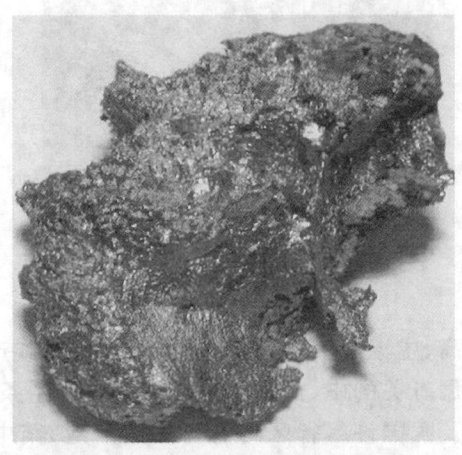

图 12-2　自然铜

自然铜形成多种地质过程中的还原条件下。热液成因的自然铜，往往呈散染状与沸石、方解石等共生。充填于玄武岩气孔中，与沸石、葡萄石等矿物共生的自然铜，其成因与火山热液作用有关。沉积成因的自然铜见于富含有机质的一些沉积岩层中。自然铜最为常见的是形成于含铜硫化物矿床的氧化带，系含铜硫化物矿物氧化后所形成的硫酸铜溶液被其他硫酸盐或硫化物还原而成：$CuSO_4 + 2FeSO_4 \rightarrow Cu + Fe_2(SO_4)_3$。

自然金(gold)

Au

等轴晶系。通常呈分散粒状或不规则树枝状集合体,偶尔呈较大的块体(图 12-3)。金黄色,随其成分中含 Ag 量的增高而颜色逐渐变为淡黄色,条痕色与颜色相同,根据其条痕色的深浅可以确定 Ag 的含量。金属光泽;硬度 2.5~3;具强延展性;相对密度 19.3。

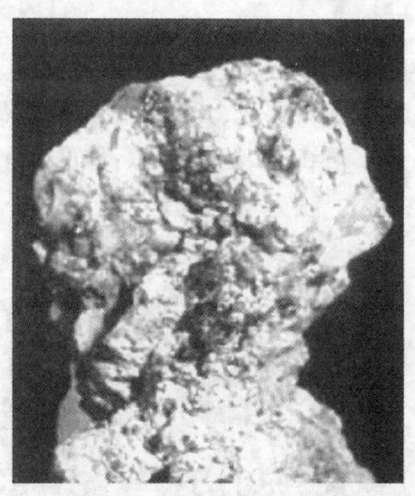

图 12-3　自然金

自然金主要产于高、中温热液成因的含金石英脉中,或产于蚀变岩中以及火山岩系与火山热液作用有关的中、低温热液矿床中。外生条件下,自然金常富集形成重要的砂金矿床。我国许多省区均有自然金产地,其中原生矿床以山东等地著称,山东招远被誉为"中国金都"。而砂金矿床以金沙江、黑龙江和湖南沅水流域分布最多。

自然银(silver)

Ag

等轴晶系。单晶呈立方体和八面体或两者的聚形,但极少见。集合体呈树枝状、不规则薄片状、粒状和块状(图 12-4);新鲜断口呈银白色,但表面往往呈灰黑的锖色;银白色条痕不透明,金属光泽,硬度 2.5,无解理,锯齿状断口;相对密度:10.5(纯银);具延展性,是电和热的最良导体。

鉴定特征:新鲜断口呈银白色,锯齿状断口,相对密度大,富延展性。

成因和产状:热液成因的自然银见于一些中低温热液矿床,它呈显微粒状分

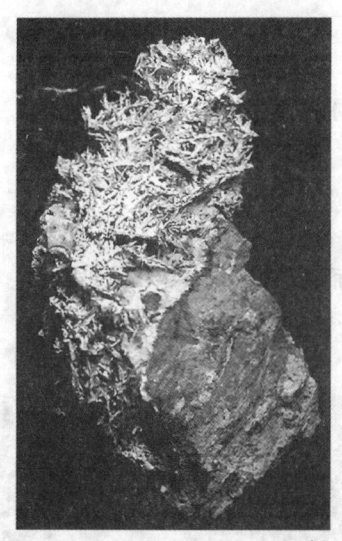

图 12-4　自然银

布于铅锌热液矿床的硫化物中。外生成因的自然银见于硫化物矿床的氧化带。

主要用途：为银的惟一来源。

著名产地：墨西哥和挪威。

三、自然非金属元素矿物

组成自然非金属元素矿物的元素，以硫和碳为主。至于性质与硫近似的硒和碲，只是在极少见情况下出现，通常以类质同像形式混入于自然硫中。

自然非金属元素矿物的键性视不同矿物而异。其中金刚石具典型共价键，结构类型为金刚石型；自然硫具分子键，呈分子结构型；石墨具层状结构，层内为共价键-金属键，层间为分子键。这些矿物由于彼此间的结构类型和键性的不同导致它们在物理性质上的差异。

金刚石在成因上与超基性岩（金伯利岩）有关，石墨的形成主要是变质作用的结果。自然硫则主要由火山作用及生物化学作用形成。

自然硫族

硫有 α-硫、β-硫和 γ-硫 3 个同质多像变体。此外，还有呈胶状非晶质的硫。在自然条件下只有斜方晶系的 α-硫才是稳定的。如果温度高于 95.6℃，α-硫转变为单斜晶系的 β-硫，但当温度降低时仍恢复为 α-硫。γ-硫结晶成单斜晶系,但在常温常压下不稳定而转变为 α-硫。

自然硫为 α-硫,具分子结构型。晶体结构中硫分子由 8 个原子组成,原子上下交替排列,构成环形。因而硫分子通常以 S_8 表示。单位晶胞由 16 个 S_8 分子所组成,彼此之间以微弱的分子键结合。

自然硫(sulphur)

$α$ - S

斜方晶系。晶形呈双锥状或厚板状。通常呈块状、粉末状(图 12 - 5),黄色。晶面呈金刚光泽,断面显油脂光泽,贝壳状断口。硬度 1~2,性脆,解理不完全,相对密度 2.05~2.08。

图 12 - 5 自然硫晶体

自然硫见于地壳的最上部分和其表部。最主要的是由生物化学作用形成的和火山成因的自然硫矿床。我国自然硫的主要产地是台湾大屯火山区。

金刚石-石墨族

本族包括碳的 4 个同质多像变体:金刚石、六方金刚石、石墨和赵击石。但六方金刚石和赵击石在自然界很罕见。

金刚石晶体具典型的金刚石型结构,表现于碳原子位于立方晶胞的 8 个角顶和 6 个面中心,并在其 8 个小立方格的半数中心相间地分布着 4 个碳原子,每个碳原子都与周围 4 个碳原子相连接,并且每两个相邻碳原子之间的距离均相等。金刚石结构中的碳原子形成 4 个共价键,键角 $109°28'16''$(图 12 - 6)。

石墨的晶体结构表现于碳原子成层排列。每一层中的碳原子按六方环状排

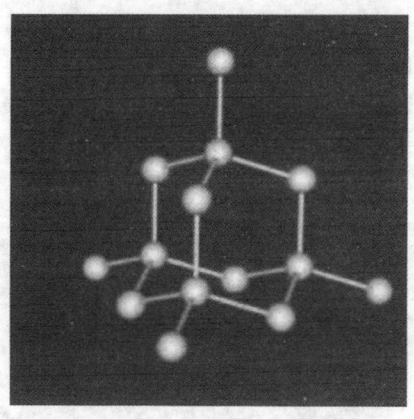

图 12-6 金刚石的晶体结构

列,每个碳原子与相邻的 3 个碳原子之间的距离均相等(0.142nm),而上下两层中的碳原子之间的距离比同一层内的碳原子之间的距离要大得多(0.335nm)。石墨是一种多键型的晶体,它在层内主要为共价键,但也表现部分的金属键,这是因为每一碳原子最外层有 4 个电子,除去已用于形成层内共价键的 3 个外,尚多余一个,此电子可以在层内移动,类似金属中的自由电子,而层与层之间为分子键(图 12-7)。

金刚石(diamond)

C

等轴晶系。晶体常呈八面体、菱形十二面体,后者晶面常弯曲而呈凸晶。通常呈圆粒状或碎粒产出。无色透明或带有蓝、黄、褐和黑色,金刚光泽。硬度 10,性脆,平行{111}解理中等,相对密度 3.50~3.52。导热性良好,室温下其导热率几乎是铜的 5 倍。

金刚石是岩浆作用的产物,见于超基性岩的金伯利岩中。我国山东、辽宁、贵州等地已相继发现金刚石的原生矿床。此外,亦形成金刚石砂矿。山东临沭地区曾发现一颗由立方体与曲面四六面体所成聚形的金刚石。重 158.786ct,称为"常林钻石",是我国迄今最大的天然金刚石。

世界上最大的成品钻石"金色庆典"的原石于 1986 年发现于南非的普列米尔矿,重 755.50ct,金黄色。1988 年,戴比尔斯公司将其切磨成火玫瑰琢型后,重量为 545.65ct。1995 年,泰国商人共同出资将其赠予泰国国王,以庆祝泰王在位 50 周年。

石墨(graphite)
C

六方晶系。通常为鳞片状、块状或土状集合体。颜色和条痕均为黑色,半金属光泽,隐晶质的则暗淡,硬度1～2。平行{0001}解理极完全,薄片具挠性,有滑感,易污手,相对密度2.21～2.26,具良导电性(图12-7)。

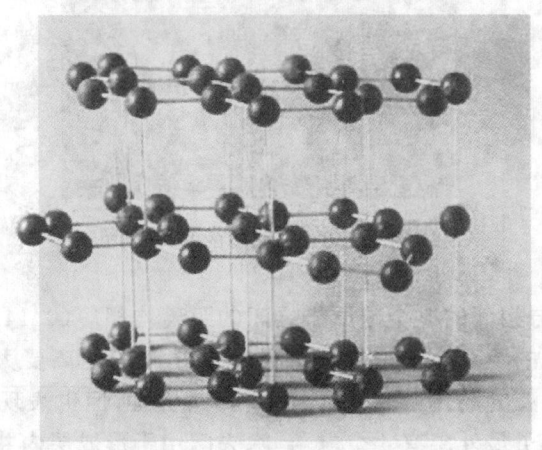

图12-7 石墨的晶体结构

石墨往往在高温下形成。分布最广的是沉积变质成因的石墨,系由富含有机质或碳质的沉积岩经受区域变质作用而成。我国石墨储量和产量均居世界首位,产地很多,其中黑龙江萝北县云山为其最大的产地。

思考题

1. 为什么Au、Pt在自然界以自然元素状态存在最为稳定,而Cu等却不如此?
2. 金刚石和石墨两者在形态和物理性质上差异显著,其原因何在?
3. 自然元素矿物中包括金属互化物矿物,它们与类质同像混晶有何本质上的区别?与诸如黄铜矿等一般的复化合物又有何根本不同?
4. As、Sb和Bi可形成自然半金属元素矿物。根据化学知识,你认为它们在物理性质上应表现出怎样的特征?

第十三章 硫化物及其类似化合物矿物

一、概述

硫化物及其类似化合物矿物包括一系列金属元素与硫、硒、碲、砷等相化合的化合物,因此除硫化物外,还有硒化物、碲化物和砷化物,但都不如硫化物矿物常见。至于锑化物和铋化物,其矿物种数仅只一两种而已。

硫化物及其类似化合物的矿物种数有350种左右,其中硫化物就占2/3以上。

本大类矿物只占地壳总重量的0.15%,其中铁的硫化物又占去了绝大部分,其余元素的硫化物及其类似化合物只相当于地壳总重量的0.001%。虽然它们的分布量是如此有限,但它们却可以富集具有工业意义的有色金属矿床。大多数有色金属都从本大类矿物中提取。

1. 化学成分

与硫组成化合物的最主要元素为铁、钴、镍、钼、铜、铅、锌、银、汞、镉、铋、锑、砷等,而镓、铟、铼等元素,主要以类质同像混入物形式存在于其他元素的硫化物中。

与硒成化合物的元素主要为铜、银、汞、铅、铋、钴、镍等。此外,硒本身往往成为硫的类质同像混入物,出现于硫化物中。

与碲成化合物的元素主要是铜、银、金、铅、铋、镍、铂、钯等。

与砷成化合物的元素有铁、钴、镍、铂等。

以上列举的组成硫化物及其类似化合物的阳离子部分的元素,几乎都位于周期表上长周期的中部,属于铜型离子和接近铜型离子的过渡型离子。它们与硫、硒、碲等具有显著的亲和力,所形成的化合物几乎都不溶于水。

2. 晶体化学特征

硫化物及其类似化合物矿物以其一系列性质上的特点区别于标准离子晶格的晶体。这是因为在本大类矿物中,原子间的键性复杂,不仅表现共价键性,还显示一定的离子键性,甚至还有金属键性。而这又是由组成它们的原子之电子结构组态所决定的。由于本大类矿物的晶体结构具有较强的共价键性,因而离子的配位数往往受离子外电子层杂化轨道的类型所影响,相对说来一般偏低。而离子间类质同像替代的能力,往往也因而有所不同。例如 Ag^+ 类质同像替代四面体配位中的 Cu^+ 可达 20%,但当它们的配位数为 3 或 2 时,其替代能力便急剧下降。

3. 物理性质

绝大多数硫化物及其类似化合物矿物呈金属色,显金属光泽,条痕色深而不透明。仅少数硫化物如雄黄、雌黄、辰砂、闪锌矿、淡红银矿等具金刚光泽,半透明。

本大类矿物的硬度变化较大。其中单硫化物和硫盐矿物硬度低,在 2~4 之间,尤其具层状结构者,其硬度甚至降低到 1~2 之间。具对阴离子的复硫化物及其类似化合物,硬度增高至 5~6.5 左右,同时缺乏解理或解理不完全,而其他硫化物大多具有明显解理。

另外,硫盐与单硫化物、复硫化物相比,一般光泽较弱,脆性更大,易为酸所分解。

本大类矿物的熔点低,相对密度一般在 4 以上。

4. 成因

硫化物及其类似化合物矿物的形成温度范围相当大。在高温高压下,基性、超基性岩浆中可溶解一部分硫化物熔体,但当温度下降时,硫化物的溶解度迅速降低,原来的硫化物—硅酸盐岩浆则分离为两种互不溶解的熔体,从而结晶出岩浆成因的硫化物矿物,如基性、超基性岩中的铜镍硫化物即是由这种作用形成的。

绝大多数的硫化物及其类似化合物矿物却与热液过程紧密联系而聚集于热液成因金属矿床中。就是在接触交代成因的矽卡岩中,硫化物的富集亦形成于晚期热液阶段。

此外,某些硫化物矿物系沉积成因的,其分布有一定的层位,形成于有硫化氢存在的还原条件下。

在风化过程中,硫化物很不稳定,几乎全部氧化、分解,最初形成易溶于水的硫酸盐(唯有硫酸铅不溶于水,成铅矾产出),然后形成氧化物(如赤铜矿)、氢氧化物(如针铁矿)、碳酸盐(如孔雀石)和其他含氧盐矿物,组成了硫化物矿床氧化带的矿物成分。

如果当硫酸盐溶液(主要是硫酸铜,偶尔为硫酸银溶液)下渗至氧化带的深部(地下水面附近)时,在氧不足的还原条件下,它们与原生硫化物相互作用,形成次生的铜或银的硫化物(次生辉铜矿、螺硫银矿、铜蓝)。其作用过程可用下列化学反应式表示:

$$7CuSO_4 + 4H_2O + 4FeS_2 \rightarrow 7CuS + 4FeSO_4 + 4H_2SO_4$$

二、单硫化物及其类似化合物矿物

属于单硫化物的矿物,其成分中的阴离子为 S^{2-}、Se^{2-}、Te^{2-} 等简单阴离子。但个别矿物族,如铜蓝族,其成分中除简单阴离子外,尚有对阴离子如 $[S_2]^{2-}$ 的存在,因而就阴离子而言,可视为单硫化物与复硫化物之间的过渡矿物族。

辉铜矿族

本族化合物属 A_2X 型。主要矿物为 Cu_2S 的 3 个同质多像变体。在 103℃ 以下稳定的为斜方晶系变体;在此温度之上至 420℃ 范围内稳定的为六方晶系变体;在 420℃ 以上稳定的为等轴晶系变体。这里仅描述分布最广的 Cu_2S 低温变体。

辉铜矿(chalcocite)

Cu_2S

斜方晶系。通常呈致密块状、粉末状。暗铅灰色,条痕暗灰色(风化后表面为黑色),金属光泽,硬度 2~3,略具延展性。小刀刻划时不成粉末,留下光亮刻痕。相对密度 5.5~5.8。

内生辉铜矿见于某些热液成因的铜矿床中,外生辉铜矿见于某些含铜硫化物矿床氧化带的下部,系氧化带渗滤下去的硫酸铜溶液与原生硫化物进行交代作用的产物。此外,外生辉铜矿见于某些沉积成因的层状铜矿中。

方铅矿族

本族化合物属 AX 型。包括方铅矿 PbS、硒铅矿 PbSe、碲铅矿 PbTe 等。晶体结构属 NaO 型。本族矿物中分布最广的为方铅矿,其晶体结构表现于硫离子成立方最紧密堆积,而铅离子充填于所有八面体空隙中,阴阳离子的配位数均为 6。

方铅矿(galena)

PbS

等轴晶系。常呈立方体晶形,有时以八面体与立方体聚形出现。通常呈粒状、致密块状集合体。铅灰色,条痕灰黑色,金属光泽。硬度 2~3,解理平行 {100} 完全,相对密度 7.4~7.6。

方铅矿是自然界分布最广的铅矿物,并常含银(含银多时可以从中提取银)。形成于不同温度的热液过程。其中以中温热液过程为最主要,经常与闪锌矿一起形成铅锌硫化物矿床。我国方铅矿产地很多,其中以云南金顶、广东凡口、甘肃厂坝、青海锡铁山以及湖南水口山等地最著名。

闪锌矿族

本族化合物属 AX 型。ZnS 有等轴变体和六方变体。因而本族包括结晶成等轴晶系、结构属闪锌矿型的硫化物及其类似化合物，以及结晶成六方晶系、结构属纤锌矿型的硫化物及其类似化合物。本族矿物中分布最广的为闪锌矿。其成分与形成条件之间的关系较复杂。一般而言，较高温度下形成的闪锌矿，其成分中 Fe 和 Mn 的含量较高。压力增高则使 Fe 的含量下降（因 Fe^{2+} 在闪锌矿中的配位数为 4，在磁黄铁矿中的配位数为 6，压力的增高扩大了后者的稳定范围）。硫浓度的增高同样降低 Fe 在闪锌矿中的含量，这可用下列反应式表示：

$$5(Zn0.8Fe0.2)S + S \rightarrow 4ZnS + FeS_2$$

介质 pH 值的增高可使闪锌矿中 Fe 的含量减低。闪锌矿富含铁的亚种，称为铁闪锌矿，其 Fe 含量大于 8%。

闪锌矿型结构表现于硫离子成立方最紧密堆积，锌离子充填于半数的四面体空隙中，每个锌离子被 4 个硫离子包围形成四面体配位。阴阳离子的配位数均为 4。各个四面体共角顶相连而均具同一方位。反映在形态上，闪锌矿常呈四面体晶形。

闪锌矿(sphalerite)
ZnS

等轴晶系。晶形常呈四面体，正形和负形在光泽和蚀像上有所不同。有时呈菱形十二面体（通常为低温下形成）。以 {111} 为接合面成双晶，双晶轴平行 [111]。常见呈粒状块体。偶尔呈隐晶质的肾状形态。含铁量的不同直接影响闪锌矿的颜色、条痕、光泽和透明度。当含铁量增多时，颜色由浅变深，从浅黄、棕褐直至黑色（铁闪锌矿），条痕由白色至褐色，光泽由树脂光泽至半金属光泽，从透明至半透明，硬度 3.5~4，平行于 {110} 解理完全，相对密度 3.9~4.1，随含 Fe 量的增加而降低。

常见于各种热液成因矿床中，是分布最广的锌矿物，往往与方铅矿共生，通常含有 In、Tl、Ga、Ge 等类质同像混入物，可综合利用。

辰砂族

本族化合物属 AX 型。包括 HgS 的 3 个同质多像变体：三方晶系的辰砂，等轴晶系的黑辰砂以及六方晶系的六方辰砂。但后两者在自然界分布稀少。此外，在自然界还存在非晶质 HgS。辰砂形成于碱性介质中，黑辰砂形成于酸性介质中，六方辰砂则是 HgS 的高温相。

辰砂(cinnabar)
HgS

(1)三方晶系。单晶体呈菱面体形（图 13-1），或沿 c 轴方向延伸呈柱状（图

13-2),或垂直 c 轴方向延展呈厚板状。双晶常见,常成以 c 轴为双晶轴的贯穿双晶。集合体多为粒状,有时为致密块状以及被膜状。1980 年我国贵州岩屋坪矿山发现一颗"辰砂王",晶体长 65.4mm,宽 35mm,高 37mm,净重 237g,是辰砂晶体中的罕见珍品。猩红色,有时表面呈铅灰的锈色,条痕红色,金刚光泽,硬度 2～2.5,解理平行{1010}完全,相对密度 8.05。

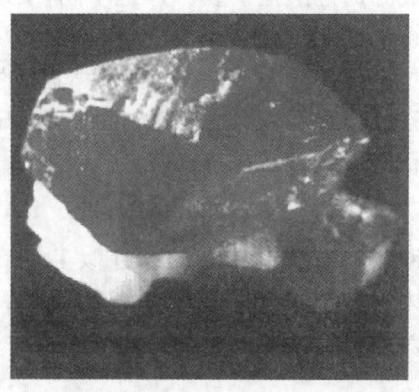

图 13-1 菱面体辰砂

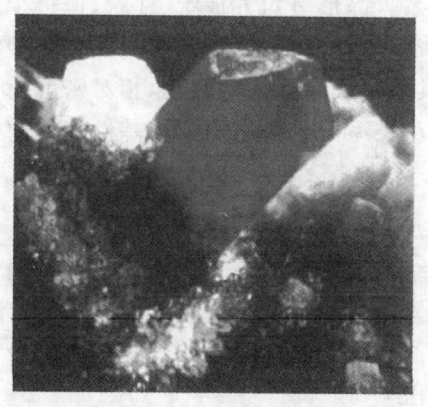

图 13-2 柱状辰砂晶体

辰砂是分布最广的汞矿物。形成于低温热液过程中,并由碱性介质中沉淀。我国是辰砂主要生产国之一。湖南晃县、贵州铜仁等地是辰砂的著名产地。

(2)鸡血石是具辰砂条带的地开石,其颜色比朱砂还鲜红。因为它的颜色像鸡血一样鲜红,所以人们俗称鸡血石。我国最早发现的鸡血石是浙江昌化玉岩山鸡血石。后来又发现了内蒙古赤峰市巴林右旗的巴林鸡血石。20世纪90年代又在陕西、甘肃、四川、湖南、云南等地发现了鸡血石。由于现在的昌化朱砂(汞矿)开采已近尾声,所以出产的鸡血石产量相当有限,市场价格日增不衰。鸡血石含有辰砂、朱砂、石英、方解石、辉锑矿、地开石、高岭石、白云石等矿物,且大部分含硫化汞等多种成分的硅酸盐矿物。产地不同,质地成分也不同,但都离不开硫化汞成分。

鸡血石由"地"和"血"两部分组成。一般认为"血"的矿物成分主要是辰砂。"地"的成分,以昌化鸡血石为例,以黏土矿物中的地开石为主,也含有相当量的高岭石、明矾石、埃洛石、石英、黄铁矿等。

磁黄铁矿族

本族化合物属 AX 型。磁黄铁矿的成分近似于 FeS,一般用 $Fe_{1-x}S$ 表示。它有两个同质多像变体:在 320℃ 以上为六方晶系变体;在 320℃ 以下稳定的为低温单斜晶系变体。六方磁黄铁矿的成分相当于 $FeS \sim Fe_7S_8$ 之间的固溶体,单斜磁黄铁矿成分为 Fe_7S_8。

磁黄铁矿(pyrrhotite)

$Fe_{1-x}S$

六方晶系或单斜晶系。晶形呈六方板状、柱状,但很少见。通常呈致密块状集合体。暗青铜黄色,表面常具黑褐锈色,条痕灰黑色,金属光泽。硬度为4,解理平行{1010}不完全,具平行底面{0001}裂理,相对密度 4.6~4.7,具磁性。

磁黄铁矿分布于各种类型内生矿床中。如基性岩体内的铜镍硫化物岩浆矿床,接触交代矿床以及一系列热液矿床。

镍黄铁矿族

镍黄铁矿在成分和结构上与其他各族硫化物均不相同。通常以 $(Fe,Ni)_9S_8$ 表示其化学式,实际上 $\sum Me:S=9:8$ 的情况不常见(Me 代表金属阳离子),一般均有不同程度的偏离。当镍黄铁矿中 Co 含量增加时,这种偏离趋向于减小。

镍黄铁矿(pentlandite)

$(Fe,Ni)_9S_8$

等轴晶系。通常成细小颗粒分布在磁黄铁矿、黄铜矿中。古铜黄色,条痕绿黑色,金属光泽。硬度 3~4,八面体{111}解理完全,相对密度5,不具磁性,导电性强。

主要富集于基性、超基性岩有关的铜镍硫化物岩浆矿床中,与磁黄铁矿、黄铜矿、少量磁铁矿和铂族矿物共生。它一般呈细小颗粒存在于磁黄铁矿和黄铜矿中。世界上最著名的产地是加拿大的肖德贝里。我国甘肃金川亦属世界最大型产地之一。

黄铜矿族

本族矿物包括黄铜矿、黄锡矿等。在自然界黄铜矿和黄锡矿均有两种同质多像变体：低温四方晶系和高温等轴晶系变体。黄铜矿在550℃稳定，黄锡矿在420℃稳定。高温变体其阳离子在结构中呈无序分布，具闪锌矿型结构。低温四方晶系变体，阳离子在结构中呈有序分布，因而与高温变体比较，其对称性降低。这两者的高温等轴晶系变体均能与闪锌矿无限混溶，而在低温下发生固溶体的出溶。

黄铜矿的晶体结构类似闪锌矿，其单位晶胞好似由两个闪锌矿晶胞叠加而成。每一金属离子（铜离子和铁离子）的位置均相当于闪锌矿中锌离子的位置，同样被4个硫离子包围形成四面体配位。而每个硫离子亦被4个金属离子（2Cu＋2Fe）所围绕，因此阴阳离子的配位数均为4。所有配位四面体的方位都是相同的。反映在形态上，黄铜矿常呈四方四面体晶形。

黄铜矿（chalcopyrite）

$CuFeS_2$

四方晶系。晶形呈四方四面体，$\{112\}$晶面上经常出现生长条纹，但在$\{1\bar{1}2\}$晶面上却很少出现，且两者光泽也不同。通常为致密块状或分散粒状。黄铜色，但往往带有暗黄色或斑状锈色，条痕绿黑色，金属光泽，硬度3～4，相对密度4.1～4.3。

形成于多种地质条件下。出现于铜镍硫化物岩浆矿床中。斑岩铜矿中，接触交代矿床中，各种热液（包括火山热液）成因铜矿床中，以及某些沉积成因的层状铜矿中。我国黄铜矿的主要产地集中在长江中下游地区、川滇地区、山西南部的中条山地区、甘肃的河西走廊以及西藏高原等。

斑铜矿族

本族矿物为斑铜矿，其化学式为Cu_5FeS_4。在228℃以上稳定的为高温等轴晶系变体，而Cu_5FeS_4的低温变体属四方晶系。

斑铜矿（bornite）

Cu_5FeS_4

等轴晶系和四方晶系。通常呈致密块状或粒状，新鲜断面呈暗铜红色，不新鲜的表面常被覆蓝紫斑状锈色，条痕灰黑色，金属光泽，硬度3，相对密度4.9～5.0。

为许多铜矿床中广泛分布的矿物。在斑岩铜矿中它与黄铜矿呈散染状分布于石英斑岩中。常见于各种热液成因的矿床中。外生斑铜矿形成于铜硫化物矿床的次生硫化物富集带。亦见于某些沉积成因的层状铜矿中。

辉锑矿族

本族化合物属 A_2X_3 型。其中只有辉锑矿和辉铋矿最为常见。根据实验结果,在常温下可获得 Sb_2S_3—Bi_2S_3 完全类质同像系列。但在自然界,目前在这个系列中还只发现辉锑铋矿$(Bi,Sb)_2S_3$,其成分中 Bi_2S_3:Sb_2S_3 从 9:11 至 13:7,并且仅在个别地方产出。

辉锑矿的晶体结构表现于由硫离子和锑离子紧密键联的链平行于 c 轴排列所组成。链内硫与锑离子的距离仅为 0.25nm,表现为共价连接,而链间硫与锑离子的距离则是 0.32nm 左右,键力较弱,因而沿着这一方向{010}表现出解理性。同时晶体的形态亦是沿结构中链体的方向延伸,而呈平行 c 轴的柱状。辉铋矿的晶体结构及所反映的形态及解理性完全类似于辉锑矿。

辉锑矿(stibnite)

Sb_2S_3

斜方晶系。晶形呈柱状或针状,柱面具有明显的纵纹(图 13-3)。集合体常呈放射状或致密粒状。铅灰色,条痕黑色,晶面常带暗蓝锖色,金属光泽,硬度 2,解理平行{010}完全,解理面上常有横的聚片双晶纹,相对密度 4.6。

图 13-3 辉锑矿

分布最广的锑矿物常见于中、低温热液矿床中。我国湖南新化锡矿山是世界最著名的最大的辉锑矿产地。

对于细粒的块体,滴 KOH 于其上,立刻呈现黄色,随后变为桔红色,以此区别于与其类似的辉铋矿。

辉铋矿(bismuthinite)

Bi_2S_3

斜方晶系。晶形呈长柱状至针状,晶面大多具纵纹,集合体以致密粒状为常见,微带铅灰的锡白色,表面常现黄色或斑状锈色,条痕铅灰色,金属光泽。硬度 2~2.5,解理平行{010}完全,相对密度 6.8。

分布最广的铋矿物主要见于钨锡高温热液矿床和接触交代矿床中。我国赣南钨锡矿床中常产辉铋矿。

雌黄族

本族化合物属 A_2X_3 型。晶体结构属层状。雌黄的晶体结构表现为砷、硫离子连接成层。层平行于{010},各层间以微弱分子键相维系;因而平行{010}产生极完全解理。

雌黄(orpiment)

As_2S_3

单斜晶系。晶形呈板状或短柱状。集合体成片状、梳状、土状等(图 13-4)。柠檬黄色,条痕鲜黄色,油脂光泽至金刚光泽。硬度 1.5~2,解理平行{010}极完全,薄片具挠性,相对密度 3.5。

图 13-4 雌黄晶体

雄黄族

雄黄的化学式为 As_4S_4(通常简写为 AsS)。As_4S_4 有高、低温变体的区分:α-As_4S_4 在常温下稳定,而 β-As_4S_4 则为高温变体。两者间的转变温度为

250℃左右。虽然两者均属单斜晶系，但空间群和晶胞参数却不一样。通常所描述的雄黄，均指 As_4S_4 的低温变体。

雄黄的晶体结构系由 As_4S_4 分子所构成，分子与分子间以分子键相连结。

雄黄（realgar）

As_4S_4

单斜晶系。晶体通常细小，呈柱状（图 13-5）。一般以致密粒状或土状块体产出。桔红色，条痕淡桔红色，晶面上具金刚光泽，断面上现树脂光泽。硬度 1.5~2，解理平行{010}完全，相对密度 3.6。长期受光作用，可转变为淡桔红色粉末。

图 13-5 雄黄晶体

主要为低温热液矿床中的典型矿物，经常与雌黄共生。

辉钼矿族

本族化合物属 AX_2 型。包括四价阳离子钨、钼与硫组成的化合物。自然界中辉钨矿 WS_2 极为罕见，因为钨几乎只以氧化物和钨酸盐形式产出。而钼则主要以其硫化物辉钼矿出现。

辉钼矿的晶体结构属层状。在结构中，钼离子与硫离子均成层分布。每一钼离子面，夹在上下两硫离子面之间，Mo 为呈三方柱状的 6 次配位。配位三方柱共棱连接而构成 MoS_2 结构层。层内离子连接紧密，而层与层之间的引力却很微弱，因而决定着辉钼矿有平行{0001}的极完全解理，并且晶体呈片状、板状。

辉钼矿（molybdenite）

MoS$_2$

（1）六方晶系。晶形呈六方板状，但往往不完整。底面上常有条纹。通常多以鳞片状集合体产出（图13-6）。铅灰色，条痕为亮铅灰色，在上釉瓷板上为带微绿的灰黑色，金属光泽。硬度1，解理平行{0001}极完全，薄片具挠性，有滑腻感，相对密度5.0。

图13-6　辉钼矿晶体

是分布最广的钼矿物，常含Re。主要是高、中温热液成因的。其矿床与酸性岩在成因上有关。最重要的钼矿床为斑岩钼矿，接触交代钼矿。此外，在许多锡石-黑钨矿石英脉矿床中，辉钼矿是经常出现的矿物。我国钼矿储量居世界首位。最著名的产地有辽宁、河南、山西、陕西等。

（2）可与相似的石墨区别。辉钼矿比石墨重，同时略带蓝色，石墨则略带棕色。在条痕方面，辉钼矿条痕呈绿色，但石墨呈黑色。

（3）辉钼矿可以作为观赏石。

铜蓝族

本族化合物虽属AX型，但阴阳离子均具两种不同的价态。主要矿物为铜蓝CuS，此外，还有与铜蓝的晶体结构相似的六方硒铜矿CuSe。它们的化学式正确地应写成Cu$_2$S·CuS$_2$和Cu$_2$Se·CuSe$_2$，亦即铜离子有Cu$^+$和Cu^{2+}，阴离子中除简单阴离子S^{2-}或Se^{2-}外，还存在对阴离子[S$_2$]$^{2-}$或[Se]$^{2-}$，所以铜蓝族可视为从单硫化物向对硫化物过渡的矿物族。本族矿物的晶体结构属于复杂层状。

铜蓝（covellite）

$CuS(Cu_2S \cdot CuS_2)$

六方晶系。晶形少见，呈细薄六方板状或片状。通常多以粉末状和被膜状集合体出现。靛青蓝色，条痕灰黑，金属光泽，硬度 1.5～2，解理平行{0001}完全，相对密度 4.67。

主要是外生成因，是含铜硫化物矿床次生富集带中最为常见的一种矿物。

三、对硫化物及其类似化合物矿物

对硫化物于上一节所描述的单硫化物及其类似化合物不同，在其晶体结构中存在着$[S_2]^{2-}$、$[Se]^{2-}$、$[Te_2]^{2-}$、$[AsS]^{3-}$、$[As_2]^{2-}$、$[SbS]^{3-}$等对阴离子。因此，它们相应地称为对硫化物、对硒化物、对碲化物、对砷化物、硫砷化物、硫锑化物等。

与这些对阴离子结合的阳离子，主要是 Fe、Co、Ni、Pt 等过渡型离子，而基本上缺乏在单硫化物中所常见的 Cu、Pb、Zn 等铜型离子。

本类化合物的晶体结构，往往是由哑铃状对阴离子近似于按立方最紧密堆积而成。但由于对阴离子的存在，与单硫化物中类似结构的矿物比较，对称性有所降低。例如黄铜矿与单硫化物中的方铅矿均类同于 NaCl 的结构，但方铅矿的对称性（$m3m;Fm3m$）却高于黄铁矿（$m3;Pa3$）。

本类化合物与单硫化物及其类似化合物比较，其硬度显著增大，一般在 5.5～6 之间。这是对阴离子本身之间具有强烈的共价键，而使其间的距离大为缩短所致。例如对硫离子中 S—S 之距离（0.205nm）小于两倍硫离子半径之距离（0.35nm），因而相应地使金属阳离子与这些对阴离子之间的距离亦缩短，使晶体结构趋向于紧密。它们还缺乏解理或解理不完全，这是对阴离子成哑铃状在结构中交错配置，使各方向键力比较相近所致。

黄铁矿-白铁矿族

本族化合物属 AX_2 型。其中 FeS_2、$CoSe_2$、$NiSe_2$ 均具两种同质多像变体。等轴晶系变体的结构属黄铁矿型，斜方晶系者属白铁矿型。这两者都包括了一系列矿物，因而本族矿物相应地分为黄铁矿亚族和白铁矿亚族。

黄铁矿的晶体结构与方铅矿相似，即哑铃状对硫离子代替了方铅矿结构中的单硫离子的位置，铁离子代替了铅离子的位置。但由于哑铃状对硫离子的长轴方向在结构中分别平行于立方体晶胞的 4 根体对角线而呈交错配置，使各方向键力相近，因而黄铁矿解理极不完全，而且硬度显著增大。白铁矿的晶体结构表现于铁离子位于斜方晶胞的角顶和中心，哑铃状对硫离子之轴线平行于(100)

面而与 c 轴斜交,通过由铁离子围成的两个三角形的中点。虽然白铁矿和黄铁矿具有十分相似的八面体的配位关系,但晶体结构的对称程度却完全不同。

黄铁矿(pyrite)

FeS_2

等轴晶系。晶形常呈立方体、五角十二面体,较少呈八面体(图 13-7)。在立方体晶面上常能见到晶面条纹,这种条纹的方向在两相邻晶面上相互垂直,和所属对称型符合。双晶主要依(110)和(111)而成。其中以(110)为双晶面的贯穿双晶,称为铁十字律双晶。集合体常成致密块状、散杂粒状以及结核状等。浅黄铜色,表面带有黄褐的锈色,条痕绿黑色,金属光泽,硬度 6~6.5,断口参差状,相对密度 5。

图 13-7 黄铁矿晶体

是地壳中分布最广的硫化物,形成于多种不同地质条件下。见于铜镍硫化物岩浆矿床、接触交代矿床、多金属热液矿床中。黄铁矿含量最大的矿床是产于火山岩系中的含铜黄铁矿层,由火山沉积和火山热液作用所形成。外生成因的黄铁矿见于沉积岩、沉积矿床和煤层中,往往成结核状和团结状。黄铁矿中常可含有以显微杂质形式存在的微量 Au 和 Cu。

白铁矿(marcasite)

FeS_2

斜方晶系。晶形呈板状,有时呈矛头状。常呈依(110)的鸡冠状连生体。通常多以结核状、皮壳状产出。淡黄铜色而稍带浅灰或浅绿的色调,条痕暗灰绿色,金属光泽。硬度 5~6,解理平行{101}不完全,相对密度 4.9。

在自然界的分布远较黄铁矿为少,并且不形成大量的聚积。它是 FeS_2 的不稳定变体,高于 350℃ 即转变为黄铁矿。外生成因的白铁矿主要见于含碳质砂页岩中,成结核状出现。

辉砷钴矿-毒砂族

本族化合物成分中的阴离子为 $[AsS]^{3-}$、$[SbS]^{3-}$ 或 $[As_2]^{4-}$ 和 $[S_2]^{2-}$ 共同存在的对阴离子。阳离子主要是 Fe、Co、Ni。在这些阳离子之间有广泛类质同像置换。As∶S 或 Sb∶S 一般接近于 1∶1,但可有不大的偏离,如毒砂的成分可在 $FeAs_{0.9}S_{1.1}$ 至 $FeAs_{1.1}S_{0.9}$ 范围内变动。

本族矿物按其结构类型的不同,可分为辉砷钴矿亚族和毒砂亚族。辉砷钴矿亚族矿物的结构近似于黄铁矿型。毒砂亚族矿物的结构则近似于白铁矿型。

毒砂(arsenopyrite)

FeAsS

单斜晶系。晶形呈柱状,{012}上有晶面条纹(图 13-8)。有时依(101)形成接触双晶,依(012)形成穿插双晶或三连晶。集合体往往为粒状或致密块状。锡白色,表面常带浅黄的锖色,条痕灰黑,金属光泽。硬度 5.5~6,解理平行 {101}、{010}不完全,相对密度 6.2。以锤击之发砷之蒜臭。

图 13-8 毒砂晶体

毒砂是分布最广的一种硫砷化物,其形成的温度范围很宽,从高温一直到低温,但大多数的毒砂都见于高温和中温热液矿床中。

四、硫盐矿物

在硫化物中,除简单硫离子 S^{2-}(组成单硫化物)和对硫离子 $[S_2]^{2-}$(组成对硫化物)之外,还存在着半金属元素 As、Sb、Bi 与 S 组成较复杂的络阴离子 $[AsS_3]^{3-}$、$[SbS_3]^{3-}$、$[BiS_3]^{3-}$ 等。具有这些络阴离子的硫化物通常称为硫盐。

硫盐矿物中络阴离子包括$[XS_3]^{3-}$（X=As、Sb、Bi）锥状络阴离子及它们相互连接而成的复杂形式的络阴离子。与硫盐中络阴离子相结合的金属阳离子主要是 Cu、Ag、Pb,偶尔有 Tl、Hg、Fe 等。

硫盐矿物从化学成分上可以认为是由磺酐(As_2S_3、Sb_2S_3、Bi_2S_3)和磺基(PbS、CuS、Cu_2S、Ag_2S)按不同比例组合而成。例如黝铜矿 $Cu_{12}Sb_4S_{13}=5Cu_2S·2CuS·2Sb_2S_3$,其中磺基与磺酐的比例是 7∶2。

绝大部分硫盐矿物是中、低温热液成因,并且往往为热液矿床中较后或最后阶段析出的矿物。但部分铋硫盐矿物可形成于较高温度条件下,见于高温热液脉中。

硫盐矿物的种数有130余种,但它们绝大多数却是稀少罕见的,仅少数几种在个别热液矿床中有一定量的聚积。

黝铜矿族

本族矿物的化学式可用 $Me_{12}X_4S_{13}$ 表示。Me 代表一价和二价阳离子。其中一价阳离子主要是 Cu^+,有时部分为 Ag^+,它们往往占 Me_{12} 中的 10 个原子左右的数量,而二价阳离子主要为 Cu^{2+},有时为 Fe^{2+}、Zn^{2+}、Hg^{2+},它们占 Me_{12} 中的 2 个原子左右的数量,在较少的情况下,可以为 2.5 或 3 个。因而本族化合物的化学式,其阳离子部分更全面地应写为 $(Cu^+,Ag^+)10(Cu^{2+},Fe^{2+},Zn^{2+},Hg^{2+})_2X_4S_{13}$。X 为 As、Sb,有时为部分的 Bi。其中 As 与 Sb 间可以完全类质同像置换,而 Bi 只部分置换 Sb,基本上不存在 Bi 与 As 间的类质同像置换。S 有时部分被 Se、Te 所置换。

本族矿物结构中的络阴离子为孤立的$[SbS_3]^{3-}$（黝铜矿中）或$[AsS_3]^{3-}$（砷黝铜矿中），并且还存在附加阴离子 S^{2-},故黝铜矿的结构式应以 $Cu_{10}Cu_2[SbS_3]_4S$ 表示。

黝铜矿-砷黝铜矿（tetrahedrite – tennantite）

$Cu_{12}Sb_4S_{13} - Cu_{12}As_4S_{13}$

等轴晶系。晶形呈四面体状,为{111}、{211}、{110}等所成的聚形。双晶轴平行[111],经常为贯穿双晶。集合体成致密块状、粒状。钢灰至铁黑色（富含铁的亚种）,条痕色与颜色相同,但砷黝铜矿条痕微带樱红色,金属或半金属光泽。硬度 3~4（砷黝铜矿较黝铜矿为大）,脆性明显,无解理,相对密度 4.6（砷黝铜矿）到 5（黝铜矿）。

黝铜矿分布虽很广泛,但一般很少聚积。见于各种成因的热液矿床和多种硫化物共生组合中。它主要分布于中温热液矿床中，尤其在一些火山热液成因的矿床中。

思考题

1. 说明单硫化物、对硫化物和硫盐矿物的划分依据，以及它们在成因和物理性质方面的异同点。

2. 在所学过的硫化物矿物中，哪些属于链状结构矿物？哪些属于层状结构矿物？这两类矿物间在形态和物理性质上有何明显的差异？造成这些差异的原因是什么？

3. 说明方铅矿和闪锌矿分别具$\{100\}$和$\{110\}$完全解理的原因。

4. 方铅矿和黄铁矿两者结构类似（NaCl型），而它们的对称型却不同，为什么？

5. 试用图分析白铁矿晶体中Fe离子和单个S原子的配位数分别是多少？

6. 如何区别辉铜矿和辉铜矿，辰砂和雄黄，黄铁矿和黄铜矿，辉锑矿和辉铋矿，辉钼矿和石墨，黄铜矿和自然金，雌黄和自然硫？

第十四章 卤化物矿物

一、概述

卤化物矿物为金属阳离子与卤素阴离子相化合而成的矿物。卤化物矿物的种数约在 100 种左右。其中主要是氟化物和氯化物,溴化物和碘化物则极为少见。

1. 化学成分

组成卤化物的阳离子主要是属于惰性气体型离子的钾、钠、钙、镁、铝等离子。此外,还有部分是属于铜型离子的银、铜、铅、汞等离子,不过它们所组成的卤化物在自然界极为少见,只有在特殊的地质条件下才能形成。

2. 晶体化学特征

在卤素化合物中,它们的阴离子 F^-、Cl^-、Br^-、I^-,在周期表上同属ⅦA族,性质相似。但这些阴离子的半径大小不同,因而显著影响着化合物形成时对阳离子的选择。其中以 F^- 的半径最小,6 次配位时为 0.133nm,它主要与 C^{2+}、Mg^{2+} 等组成稳定的化合物,并且大都不溶于水。而 Cl^-、Br^-、I^- 的半径也较大,它们往往与 K^+、Na^+ 等形成易溶于水的化合物。

在晶体结构中,由于阳离子性质的不同,结构的键性也不同。由惰性气体型离子组成的卤化物表现离子键性,而由铜型离子组成的卤化物则表现共价键性。

3. 物理性质

由惰性气体型离子所组成的卤化物矿物,一般为透明无色,呈玻璃光泽,相对密度不大,导电性差;而由铜型离子所著称的卤化物矿物,一般显浅色,呈金刚光泽,透明度降低,相对密度增大,导电性增强,并具延展性。氟化物的硬度一般比氯化物、溴化物和碘化物高。其中氟镁石 MgF_2 的硬度为 5,是本大类矿物中硬度最高的。

4. 成因

卤化物主要由热液作用和外生作用形成。在热液过程中往往形成大量的萤石,但却未发现有氯化物、溴化物和碘化物的沉淀,这是因为它们的溶解度较氟化物为大的缘故。在外生作用过程中,氯具有很强的迁移能力,它往往与钠、钾等组成易溶于水的化合物,而在干涸的含盐盆地中,形成相应化合物的沉淀和聚积。银、铜、汞等铜型离子所组成的卤化物只见于干热地区金属硫化物矿床的氧化带中,系由含这些元素的硫化物氧化后所形成的易溶于硫酸盐,与下渗的含卤素的地表水反应而形成。

二、氟化物矿物

氟化物在自然界的分布量不多,和氟组成化合物的元素种类约 15 种左右,形成的矿物种类约 25 种左右。其中钙起着独特的作用,形成较为常见的萤石。

萤石族

萤石族化合物属 AX_2 型。晶体结构属萤石型,表现于钙离子分布于立方晶胞的角顶和面中心,氟离子占据立方晶胞中 8 个相等的小立方格的所有中心,阴、阳离子的配位数分别为 4 和 8。

在萤石晶体结构中,{111}面网间距离虽非常大,但在这个方向上存在着相互毗邻的同号离子层,由于静电斥力起着主要作用,导致萤石有平行八面体{111}的完全解理。

萤石(fluorite)

CaF_2

等轴晶系。呈立方体、八面体或菱形十二面体晶型以及它们与四六面体、四角三八面体的聚形。在立方体面上有时出现镶嵌式花纹。双晶常见,由两个立方体相互贯穿而成,双晶面(111)。常见的是紫色、蓝色或绿色,而无色、黄色少见。玻璃光泽,硬度 4,解理平行{111}完全。相对密度 3.18,显荧光性(图 14-1、图 14-2)。

萤石晶体

萤石晶簇

图 14-1 萤石晶体

主要形成于热液作用,有时可聚集成为独立萤石脉出现。我国是世界上出产萤石最多的国家之一。最主要的萤石产地是浙江武义、义乌、金华一带,集中了全国萤石资源的大部分。

冰晶石族

冰晶石(cryolite)

Na_3AlF_6

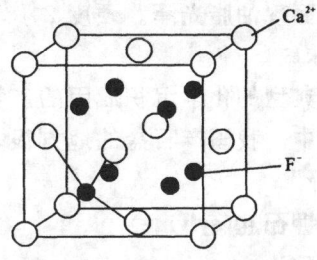

图 14-2 萤石的晶体结构

单斜晶系。当温度达 560℃ 转变为等轴晶系。

当底轴面{001}和菱方柱{110}发育近于相等时,呈假立方体形。通常呈块状或粒状。无色或白色,玻璃至油脂光泽。折射率与水的折射率极其接近,因此将较透明的冰晶石碎屑投入水中时,难以看清它们的存在。硬度 2~3,无解理,有时见有三组彼此近于正交的裂开,参差状断口,相对密度 2.97。

主要产于伟晶岩脉内,但极少聚集成为单独矿床。世界上以格陵兰西部伊维格杜特矿床最为著名。

三、氯化物矿物

在自然界与氯组成化合物的元素约 16 种左右,其中以钠、钾和镁为最主要,其次为铜、银和铅等。所形成的矿物种类,却远比氟化物多,约 60 余种。

石盐族

本族中的主要矿物为石盐和钾石盐,它们的晶体结构同属 NaCl 型,是许多 AX 型化合物的典型结构,表现为阴离子成立方最紧密堆积,阳离子填充全部八面体空隙,阴阳离子的配位数均为 6(参见图 14-1)。

钠和钾在化学元素周期表上同属 IA 族,它们有些化学性质很相似,因而在石盐和钾石盐这两种矿物之间有着不少相似的性质。但是由于 6 次配位时 Na^+(0.102nm)和 K^+(0.138nm)的半径相差过大,不能形成连续的类质同像系列。

石盐(halite)

NaCl

等轴晶系。晶型呈立方体。盐湖中形成的晶体,其{100}面常呈漏斗状阶梯凹陷,特称漏斗晶。

我国西北盐湖中的有些石盐,盐粒如珠,特称珍珠盐。几何体常呈块状粒状或疏松状盐华。纯净者透明无色,结构中存在重型钠原子时呈蓝色。玻璃光泽,风化面现油脂光泽。硬度 2,解理平行{100}面完全,相对密度 2.1～2.2,易溶于水,味咸。

典型的化学沉积成因的矿物。在干热气候条件下它沉淀于盐湖和海滨浅水泻湖中。我国产石盐的地方很多,其中以柴达木盆地最为著名。"柴达木"意即"盐泽"。

钾石盐(sylvine)

KCl

等轴晶系。晶型呈立方体与八面体的聚形。依(111)的双晶常见。集合体为致密块状。纯净者无色透明,玻璃光泽,硬度 2,解理平行{100}完全,相对密度 1.97～1.99,易溶于水,味咸且涩。

典型的化学沉积成因的矿物,产于含盐沉积岩层中。我国钾石盐主产于云南。

光卤石族

光卤石(carnallite)

$KMgCl_3 \cdot 6H_2O$

斜方晶系。通常呈致密块状或粒状集合体,无色至白色,含 Fe_2O_3 者显红色。新鲜面玻璃光泽,在空气中很快转为油脂光泽,硬度 2～3,性脆,无解理,相对密度 1.60,在空气中极易潮解,易溶于水,味辛咸,具强荧光性。

是富含镁、钾的盐湖中由蒸发作用最后所形成的矿物之一,出现于盐层的上部,与石盐、钾石盐等共生。我国西北柴达木盆地盐层和云南钾石盐矿床中,均已发现丰富的光卤石。

思考题

1. 钾和钠两元素在地壳中的克拉克值近似,而它们的氯化物又都是典型的化学沉积成因的矿物,但在自然界钾石盐的分布远较石盐为少,为什么?
2. 说明萤石和石盐分别具{111}和{100}完全解理的原因。

第十五章 氧化物和氢氧化物矿物

一、概述

氧化物和氢氧化物矿物是一系列金属阳离子和某些非金属阳离子(如 Si 等)与 O^{2-} 或 $(OH)^-$ 相化合而成的矿物。这类矿物的种数约在 200 种左右。它们占地壳总重量的 17% 左右,其中石英族矿物就占了 12.6%,而铁的氧化物和氢氧化物占了 3.9%。工业上的黑色金属以及铝、锡、铌、钽、铀等金属主要都来源于本大类矿物。

1. 化学成分

与 O^{2-} 或 $(OH)^-$ 组成化合物的元素有 40 种左右。它们主要是惰性气体型离子(如硅、铝等)和过渡型离子(如铁、锰、钛、铬等)。至于某些铜离子(如铜、锑、铋等),它们的氧化物往往是这些元素的硫化物经过氧化后所形成的次生矿物,并且数量很少。此外,在少数氧化物中还含有水分子。

2. 晶体化学特征

氧化物中的键性,以离子键为主,并以在由低价惰性气体型离子所组成的氧化物中为最强,如方镁石 MgO。随着离子电价的增加,共价键的成分趋向增多,如刚玉 Al_2O_3 已具有较多的共价键成分,而石英 SiO_2 则以共价键占优势。另一方面,阳离子的类型不同,键性亦随之改变。即随着从惰性气体型、过渡型离子向铜型离子改变时,共价键性则趋向增强,同时阳离子配位数趋向减少。例如赤铜矿 Cu_2O,如果按其阴阳离子半径比值 0.333 考虑,Cu^+ 的配位数应为 4,但实际上 Cu^+ 的配位数却为 2。这种阳离子配位数(即成键数)的减少,是由于共价成键的结果。

在氢氧化物结构中,由 $(OH)^-$ 或 $(OH)^-$ 和 O^{2-} 共同形成紧密堆积。在后一种情况下 $(OH)^-$ 和 O^{2-} 通常呈互层分布。氢氧化物的晶体结构主要呈层状或链状,与相应的氧化物比较,其对称程度降低。例如方镁石 MgO 结晶成等轴晶系,而水镁石结晶成三方晶系。在氢氧化合物中除离子键外,还往往存在氢键。由于氢键的存在,以及 $(OH)^-$ 的电价较 O^{2-} 为低,导致阳离子与阴离子间键力的减弱,因此与相应的氧化物比较,其相对密度和硬度都趋向减小。

3. 物理性质

氧化物的物理性质以硬度最为突出,一般均在5.5以上,如石英、尖晶石、刚玉依次为7、8、9。氢氧化物的硬度与其相应的氧化物比较,则显著降低。例如方镁石的硬度为6,而水镁石仅为2.5。

氧化物的相对密度,彼此间相差较大。其中以钨、锡、铀等氧化物的相对密度为最大,一般大于6.5,而α-石英的相对密度仅2.65。氢氧化物的相对密度与其相应的氧化物比较,则趋向减小。例如方镁石的相对密度为3.6,而水镁石仅为2.35。

在光学性质方面,镁、铝、硅等惰性气体型离子组成的氧化物和氢氧化物,通常呈浅色或无色,半透明至透明,以玻璃光泽为主。而由铁、锰、铬等过渡型离子组成者,则呈深色或暗色,不透明至微透明,表现出半金属光泽,并且磁性增高。

4. 成因

氧化物矿物可以形成于内生、外生和变质等作用下。其中少数氧化物是单一成因的,例如铬铁矿,它是典型的岩浆成因矿物,只产于超基性、基性火成岩。又如铜、锑、铋等的氧化物(赤铜矿Cu_2O、锑华Sb_2O_3、铋华Bi_2O_3等),则是硫化物矿床氧化带的次生矿物。它们是这些元素的硫化物在表生条件下氧化后的产物。绝大部分的氧化物是多成因的,它们可以形成于不同地质作用中。

氢氧化物往往是外生成因的,其中尤以铁、锰、铝的氢氧化物最为典型,它们是风化作用过程和沉积作用过程中的胶体溶液凝聚而成。

在区域变质作用中,氢氧化物和含水分子的氧化物往往转变为无水氧化物。某些变价元素如铁,在不同的氧化-还原条件下,易于相互转变为不同价态的氧化物。例如在自然条件下,当氧的浓度增大时,成分中兼有二价铁和三价铁的磁铁矿可转变成完全是三价铁的赤铁矿,此时如仍然保持磁铁矿的晶形,则称假像赤铁矿。如情况相反,当氧的浓度减小时,赤铁矿可以还原为磁铁矿,如果仍保持赤铁矿的晶形,则这种磁铁矿特称为穆磁铁矿。上述可作为判断氧化或还原条件的依据。

二、氧化物矿物

根据与氧离子相结合的阳离子种数的多少,可将氧化物区分为简单氧化物和复氧化物。

简单氧化物是仅由一种阳离子与氧化合而成的化合物。由于阳离子价态的不同,可以组成A_2X、AX、A_2X_3、AX_2型的化合物。复氧化物是由两种或两种以上的阳离子与氧化合后而成的化合物,可以组成ABX_3、ABX_4、AB_2X_6等类型的化合物。在这类氧化物中,以铌钽复氧化物的矿物种数最多,同时化合物类型亦最复杂。这里需要说明的是,黑钨矿以往一直归属于钨酸盐矿物,但近年来对黑钨矿结构的晶体化学研究表明,在黑钨矿(Fe,Mn)WO$_4$ 晶体结构中,Fe^{2+} 或 Mn^{2+} 以及 W^{6+} 均为 6 次配位,亦即均为周围 6 个氧离子组成变形的配位八面体,而且 W—O 间的键强与 Fe—O 或 Mn—O 间的键强相差不大,所以在黑钨矿结构中并不存在内部键力特强的钨酸根络阴离子。相反,在白钨矿 Ca—O 间的键强,从而形成钨酸根的络阴离子。所以,白钨矿仍属于钨酸盐,而黑钨矿则应归属于复氧化物。

刚玉族

本族化合物属 A$_2$X$_3$ 型,主要矿物有刚玉 α-Al$_2$O$_3$ 和赤铁矿 α-Fe$_2$O$_3$。二者均结晶成三方晶系,晶体结构属刚玉型。不过,在自然界除赤铁矿外,还有 γ-Fe$_2$O$_3$,结晶成等轴晶系,具磁性,因此 γ-Fe$_2$O$_3$ 称为磁赤铁矿。Al$_2$O$_3$ 的其他同质多像变体均系人工合成。

刚玉的晶体结构特点是在垂直 3 次轴平面内,O^{2-} 成六方最紧密堆积,Al^{3+} 则在两氧离子层之间,充填 2/3 的八面体空隙,组成共棱的 Al—O$_6$ 配位八面体层,相邻层间的八面体则为共面连接。由于共面八面体中的两个 Al^{3+} 彼此较为靠近,相互之间存在一定的斥力,因而位于同一层内的 Al^{3+},并不处于同一水平面上,而是分别偏向相邻未被充填的八面体空隙一侧。

虽然刚玉和赤铁矿具有相同的晶体结构,但由于阳离子的性质不同,因而二者的物理性质有很大的差异。

刚玉(corundum)

Al$_2$O$_3$

三方晶系。晶形呈柱状、桶状(近似腰鼓状)或板状。常依菱面体($10\bar{1}1$),较少依(0001)成聚片双晶,以致在晶面上常常出现相交的两组双晶纹。一般为蓝灰、黄灰色,含铬而呈红色者,称为红宝石;含钛而呈蓝色者称蓝宝石。在有些红宝石和蓝宝石的{0001}面上可见因含有定向分布的针状金红石包体而呈现的六射星彩,称为星彩红宝石或星彩蓝宝石。玻璃光泽,硬度 9,常因聚片双晶或细微包体产生(0001)或($10\bar{1}1$)裂理,相对密度 3.95~4.10。

可以形成于富 Al$_2$O$_3$ 贫 SiO$_2$ 的岩浆结晶作用中,因而见于刚玉正长岩和斜长岩中,或刚玉正长岩伟晶岩中。接触交代作用形成的刚玉,见于火成岩与灰岩的接触带中。黏土质岩石经区域变质作用则可以形成刚玉结晶片岩。此外,见于砂矿中。

红宝石和蓝宝石都属于刚玉矿物,基本化学成分为 Al$_2$O$_3$。除具星光效应外的刚玉,只有半透明-透明且色彩鲜艳的刚玉才能做宝石。红色的称为红宝石,而其他色调的刚玉在商业上统称蓝宝石。

赤铁矿(hematite)
Fe_2O_3

三方晶系。晶形呈菱面体状、板状,主要由平行双面与菱面体等所成之聚形。在$\{0001\}$面上常出现由$\{10\bar{1}1\}$双晶纹组成的三角形条纹。集合体形态多样:显晶质的有片状、鳞片状和块状。其中具金属光泽的片状集合体称为镜铁矿,具金属光泽的细鳞片状集合体称为云母赤铁矿,隐晶质的有鲕状、肾状和粉末状。呈暗红色,条痕樱红色,金属光泽(镜铁矿、云母赤铁矿)至半金属光泽,或土状光泽。硬度5.5~6,加热后变得有磁性。土状者显著降低。相对密度5.0~5.3。镜铁矿常因含磁铁矿细微包裹体而具有较强的磁性。

是自然界分布很广的铁矿物之一。可形成于各种地质作用,但以热液作用、沉积作用和沉积变质作用为主。我国河北宣化、湖南宁乡等地是著名的沉积成因的赤铁矿产地,辽宁鞍山等地是著名的沉积变质成因的赤铁矿、磁铁矿产地。

金红石族

本族化合物属AX_2型,主要包括金红石、锡石和软锰矿。它们的晶体结构均属金红石型。另外还包括TiO_2的其余两个同质多像变体锐钛矿和板钛矿。

金红石的晶体结构表现为氧离子近似成六方紧密堆积,而钛离子位于变形八面体空隙中,构成$Ti-O_6$配位八面体。钛离子配位数为6,氧离子配位数为3。$Ti-O_6$配位八面体沿c轴成链状排列,与其上下的$Ti-O_6$配位八面体各有一条棱共用。链间由配位八面体共顶相连。金红石沿c轴延伸的柱状晶形和平行延伸方向的解理,反映了链状结构的特征。

金红石(rutile)
TiO_2

四方晶系。晶形呈柱状或针状、放射状(图15-1、图15-2),双晶依(101)成膝状双晶或轮式双晶,集合体呈致密块状。通常褐红色,条痕浅褐色,金刚光泽,微透明,硬度6,解理平行$\{110\}$中等,相对密度4.2~4.3。

形成于高温条件下,主要产于变质岩系的含金红石石英脉中的伟晶岩脉中。此外,常见于砂矿中。

金红石有时以针状包体存在与石英、刚玉以及其他透明的矿物中,形成星光效应。如有一些宝石中当含有针状金红石包体时,在特殊光线下观察,会看到星线视觉效应。如星光红宝石、星光蓝宝石等。

图 15-1 板状金红石晶体

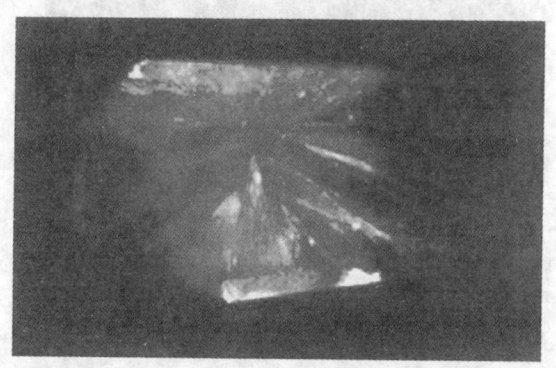

图 15-2 放射状金红石晶体

锡石（cassiterite）
SnO₂

四方晶系。晶形常呈由四方双锥、复四方双锥和四方柱所组成的双锥柱状聚形（图 15-3、图 15-4），以{101}为双晶面之膝状双晶常见。集合体呈不规则粒状，一般为黄棕色至深褐色，条痕白色至淡黄色，金刚光泽，断口油脂光泽。透明度随颜色的深浅而异，大多为半透明至不透明，硬度 6～7，解理平行{110}不完全，贝壳状断口，相对密度 6.8～7.0。

锡石矿床在成因上与酸性火成岩，首先与花岗岩有密切的关系，其中以锡石石英脉和锡石硫化物矿床最有价值。此外，常富集于砂矿中。我国是世界上产

图 15-3 锡石晶体

图 15-4 锡石双晶

锡的主要国家之一,广西大厂、云南个旧是我国最著名的产地。

软锰矿(pyrolusite)

MnO_2

四方晶系。晶体少见,有时呈针状,结晶完好的柱状晶体称黝锰矿。常呈肾状、结核状、块状或粉末状集合体。黑色,条痕黑色,半金属光泽至暗淡,硬度视结晶粗细程度而异,显晶质者可达6,而隐晶质的块体则降至2,解理平行{110}完全。晶体的相对密度为5,块状的降至4.5。

是氧化条件下所有锰矿物中最稳定的产物,沉积成因锰矿床中的主要锰矿物之一。我国湖南、广西、辽宁、四川等地沉积锰矿床中有大量产出。

晶质铀矿族

本族化合物属 AX_2 型。主要包括晶质铀矿和方钍石。它们的晶体结构同属萤石型。由于 Th^{4+} 和 U^{4+} 的化学性质和 8 次配位时有效离子半径（Th^{4+} 0.105nm，U^{4+} 0.100nm）均很相似，根据实验，它们之间可以形成完全类质同像。

晶质铀矿（uraninite）

$(Th,U)O_{2+x}$

等轴晶系。晶形呈立方体、八面体或两者的聚形，通常呈分散细粒状。外形呈肾状、钟乳状、葡萄状或致密块状者称沥青铀矿，呈非晶质的土状和粉末状者称铀黑。黑色，条痕褐黑色，晶质铀矿呈半金属光泽至树脂光泽，沥青铀矿主要呈沥青光泽，而铀黑则光泽暗淡。晶质铀矿的硬度为 5~6，沥青铀矿为 3~5，而铀黑为 1~4。贝壳状断口或参差状断口。晶质铀矿的相对密度一般为 10 左右，沥青铀矿的相对密度为 6.5~8.5。具强放射性。

晶质铀矿产于花岗伟晶岩中，沥青铀矿产于中、低温热液矿床中，铀黑则系原生铀矿床中的铀矿物经部分氧化而成，或由氧化带渗滤下来的 UO_3 再经部分还原而成。

石英族

本族矿物包括 SiO_2 的一系列同质多像变体：α-石英、β-方石英、α-鳞石英、β_1-鳞石英、β_2-鳞石英、α-方石英、β-方石英、柯石英、斯石英等。此外，把含 H_2O 的 SiO_2 矿物蛋白石也并合在本族内。这些 SiO_2 同质多像变体的主要特征见表 15-1。

在 SiO_2 的各种天然同质多像变体中，除斯石英（属金红石型结构）中硅离子为八面体配位外，在其余各变体中硅离子均为四面体配位，即每一硅离子均被 4 个氧离子包围成硅氧四面体。各硅氧四面体彼此均以角顶相连而成三维的架状结构。由于不同的变体中硅氧四面体在排列方式和紧密程度上有所差异，从而反映在形态和某些物理性质上（如相对密度等）有所不同。

在石英、鳞石英及方石英各自的高、（中）低温变体之间，其同质多像转变均不涉及晶体结构中键的破裂和重建，转变过程迅速且是可逆的。但石英与鳞石英间及鳞石英与方石英间的转变，都涉及键的破裂和重建，其过程相当缓慢，且当降温时，往往过冷却而并不发生转变，继续以准稳定状态存在，直至最后转变为本身的低温变体。

表 15-1 SiO₂ 主要同质多像变体的主要特征

变体名称	常温下的稳定范围	晶系	形态	相对密度	成因和产状
α-石英（低温石英）	573℃以下稳定	三方	单晶体为菱面体与六方柱所成之聚形	2.65	形成于各种地质作用
β-石英（高温石英）	573～870℃稳定	六方	单晶体呈六方双锥	2.53	产于酸性火山岩中
α-鳞石英（低温鳞石英）	117℃以下准稳定	斜方	具β_2-鳞石英六方板状假象，或呈极细的粒状、球粒状	2.26	见于酸性火山岩中，由β_2-鳞石英转变而成，或由低温热液作用和表生作用形成
β_1-鳞石英（中温鳞石英）	117～163℃准稳定	六方	具β_2-鳞石英六方板状假象		见于酸性火山岩中，由β_2-鳞石英转变而成
β_2-鳞石英（高温鳞石英）	870～1 470℃稳定 163～870℃准稳定	六方	单晶体呈六方板状	2.22	产于酸性火山岩中
α-方石英（低温方石英）	268℃以下准稳定	四方	具β-方石英八面体假象，或呈隐晶质	2.32	见于酸性火山岩中，由β-方石英转变而成，或由低温热液作用和表生作用形成
β-方石英（高温方石英）	1 470～1 723℃稳定 268～1 470℃准稳定	等轴	单晶体呈八面体	2.20	产于酸性火山岩中
柯石英	约 19～76×10⁹Pa 范围内稳定，常温下准稳定	单斜	呈不规则粒状	2.93	产于陨石坑中，由陨石撞击变质形成，亦见于榴辉岩中
斯石英	约 76×10⁸Pa 以上稳定，常温常压下准稳定	四方	呈极细小的一向延长之晶形（20～25μm）	4.28	产于陨石坑中，由陨石撞击变质形成

α-石英（quartz）

α-SiO₂

三方晶系。通常呈六方柱$\{10\bar{1}0\}$和菱面体$\{10\bar{1}1\}$等单形所成之聚形（图 15-5）。柱面上常具横纹，有时还出现三方双锥和三方偏方面体单形的小面。分左形晶和右形晶（图 15-6）。常见的双晶有道芬双晶和巴西双晶（图 15-7），偶见日本双晶。集合体呈粒状、致密块状或晶簇状。无色透明者称水晶，烟黄至黑色者称烟水晶，紫色者称紫水晶，浅红色者称蔷薇石英。玻璃光泽，断口呈油脂光泽。硬度7，贝壳状断口，相对密度2.65，具压电性。隐晶质的石英一般称石髓（玉髓）。具有不同颜色条带的或花纹相同分布的石髓称为玛瑙。呈晶腺等形态，蜡状光泽，微透明。

α-石英在自然界分布极广，是许多火成岩、沉积岩的变质岩的主要造岩矿物。α-石英又是花岗伟晶岩脉和大多数热液脉的主要矿物成分。在伟晶岩脉洞和变质岩系中的石英脉内，α-石英则是天然压电水晶的重要来源。玛瑙为低温热液的胶体成因产物，主要产于喷出岩的孔洞中。

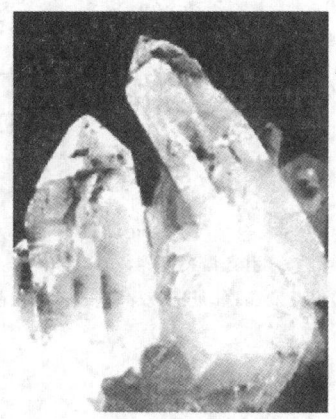

图 15-5　水晶晶体

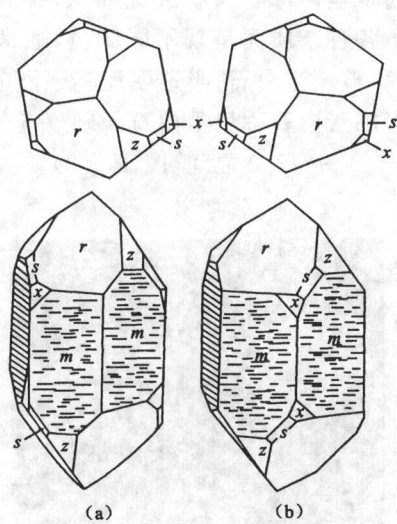

图 15-6　石英晶体

(引自潘兆橹等，1993)

(a)左形　(b)右形

六方柱 $m\{10\bar{1}0\}$，菱面体 $r\{01\bar{1}1\}$、$z\{01\bar{1}1\}$，三方双锥 $s\{11\bar{2}1\}$ 及三方偏方面体 $x\{51\bar{6}1\}$（右形）、$\{6\bar{1}5\bar{1}\}$（左形）等

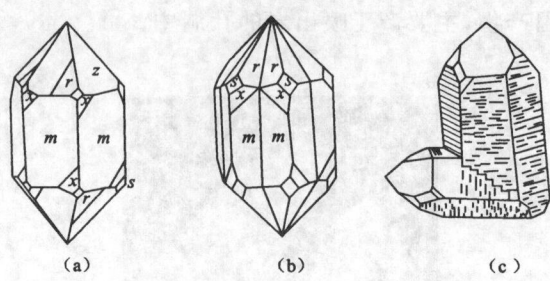

图 15-7 水晶的双晶
(引自潘兆橹等,1993)
(a)道芬双晶;(b)巴西双晶;(c)日本双晶

蛋白石(opal)
$SiO_2 \cdot nH_2O$

非晶质,但根据扫描电子显微镜的研究发现,其内部存在着 SiO_2 球体堆积构造,无一定的外形。通常呈肉冻状块状或葡萄状、钟乳状、皮壳状等。颜色不定,通常为蛋白色。因含各种杂质而呈现不同颜色,通常微透明,玻璃光泽或者蛋白光泽。无色透明者称玻璃蛋白石;半透明而具强烈的橙、红等反射色称火蛋白石;半透明带乳光变彩的蛋白石称贵蛋白石。硬度5~5.6。相对密度视含水量和吸附物质的多少介于1.9~2.3之间(图15-8)。

图 15-8 欧泊

由低温热液形成,其中从火山温泉中沉淀而成的,称硅华。在外生条件下可有硅酸盐矿物受风化分解而产生的硅酸溶液凝聚而成。带至海水中的硅酸溶液,被硅藻、放射虫等生物吸收后构成硅质骨骼,死后堆积成为硅藻土。

钛铁矿族

本族化合物属 ABX_3 型。A 代表二价的铁、镁或锰,B 代表四价的钛。本组矿物除钛铁矿物外,还包括镁钛矿 $MgTiO_3$、红钛锰矿 $MnTiO_3$ 等。其中钛铁矿之间与镁钛矿之间呈完全类质同像。晶体结构属有序的刚玉型,Fe^{2+} 和 Ti^{4+} 相间地占据刚玉结构中 Al^{3+} 的位置。

钛铁矿(ilmenite)

$FeTiO_3$

三方晶系。晶型呈厚板状,双晶依(0001)和($10\bar{1}1$)。通常呈不规则细粒。钢灰至黑色,条痕黑色。含赤铁矿者带褐色,半金属光泽,不透明。硬度5~6,次贝壳状断口,相对密度4.72,微具磁性。

主要形成于岩浆作用。作为副矿物见于各种类型岩浆岩中。与基性岩有关的钒钛磁铁矿矿床中,钛铁矿呈显微粒状或片状分布于磁铁矿颗粒之间,或沿磁铁矿八面体裂理面呈定向分布。我国四川攀枝花钒钛磁铁矿矿床,其中钛铁矿的储量极为可观,是世界上钛铁矿著名产地之一。在碱性岩,尤其是碱性伟晶岩中钛铁矿可形成很大的晶体。此外,常见于砂矿中。

尖晶石族

本族化合物属 AB_2X_4 型。A 代表二价的镁、铁、锌、锰,B 代表三价的铁、铝、铬。在本族矿物之间,广泛发育着完全和不完全的类质同像置换。

在尖晶石族矿物中,根据其成分中三价阳离子的不同,分为下列三个系列。

(1)尖晶石系列(铝-尖晶石):三价阳离子为 Al,如尖晶石 $MgAl_2O_4$;

(2)磁铁矿系列(铁-尖晶石):三价阳离子为 Fe,如磁铁矿 $FeFe_2O_4$;

(3)铬铁矿系列(铬-尖晶石):三价阳离子为 Cr,如铬铁矿 $FeCr_2O_4$。

上述三个系列之间存在着不同的类质同像关系。铬铁矿系列与磁铁矿系列之间为连续的类质同像;铬铁矿系列与尖晶石系列之间为不连续的类质同像;尖晶石系列与磁铁矿系列之间不发生类质同像。

本族矿物中尖晶石、铬铁矿等的晶体结构属正常尖晶石型。氧离子接近于成立方紧密堆积,二价阳离子充填1/8的四面体空隙,三价阳离子充填1/2的八面体空隙。这种典型结构表现出配位四面体和配位八面体共有角顶的链接。本族矿物中磁铁矿等的晶体结构属倒置尖晶石型结构。它与正常尖晶石型结构的差别在于:在它的结构中半数的三价阳离子充填1/8的四面体空隙,另外半数的三价阳离子和二价阳离子一起充填 1/2 的八面体空隙。

属于尖晶石型结构的矿物,反映在形态上通常呈八面体、菱形十二面体晶型,而在物理性质上则为硬度高、无解理特征等。

尖晶石(spinel)

$MgAl_2O_4$

等轴晶系。常呈八面体型[图 15-9(a)],有时八面体与菱形十二面体组成聚形。双晶依(111)成尖晶石律接触双晶[图 15-9(b)]。无色者少见,通常呈红色(含 Cr^{3+})、绿色(含 Fe^{3+})或褐黑色(含 Fe^{2+} 和 Fe^{3+})。玻璃光泽,硬度 8,偶有平行{111}裂理,相对密度 3.55。

形成于侵入岩与白云岩或镁质灰岩的接触变质带,在富铝贫硅的泥质岩的热变质带亦可产出。此外,常见于砂矿中。

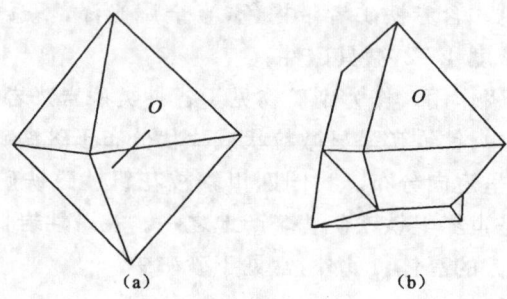

图 15-9 尖晶石晶形

磁铁矿(magnetite)

$FeFe_2O_4$

等轴晶系。晶型常呈八面体,较少呈菱形十二面体。在菱形十二面体上沿长对角线方向常现条纹。双晶依(111)成尖晶石律接触双晶。集合体常成致密块状和粒状。铁黑色,条痕黑色,半金属光泽,不透明,硬度 6,有时具{111}裂理,性脆,相对密度 5.20,具强磁性。

形成于内生作用和变质作用过程,是岩浆成因铁矿床、接触交代铁矿床、气化-高温含稀土铁矿床、沉积变质铁矿床以及一系列与火山作用有关铁矿床中的主要铁矿物。此外,也常见于砂矿中。我国磁铁矿的产地很多,其中以四川攀枝花(岩浆成因铁矿床)、辽宁鞍山(沉积变质铁矿床)、湖北大冶(接触交代铁矿床)等最为著名。

铬铁矿(chromite)

$FeCr_2O_4$

等轴晶系。呈八面体晶形,但极少见。通常呈粒状和块状集合体。黑色,条痕褐色,半金属光泽,不透明,硬度 5.5～6.5,相对密度 4.3～4.8,具弱磁性。

岩浆成因的矿物,常产于超基性岩中,也见于砂矿中。我国铬铁矿的主要产地分布在甘肃、西藏、青海、四川等省。

黑钨矿族

本族化合物属 ABX_4 型,A 代表 Fe^{2+}、Mn^{2+},B 代表 W。本族矿物包括钨锰矿和钨铁矿以及由这两种矿物作用端员所组成的完全类质同像系列的中间成员黑钨矿。在这一系列中含 $MnWO_4$ 分子在 80% 以上者称为钨锰矿,含 $FeWO_4$ 分子在 80% 以上者称为钨铁矿,介于两者之间的则通称为黑钨矿。

黑钨矿(wolframite)

$(Fe,Mn)WO_4$

单斜晶系。常呈沿 c 轴延伸的{100}板状或短柱状。[001]晶带中的晶面上常具平行于 c 轴的条纹。双晶常依(100)或(023)成接触双晶。集合体为板状、刃片状或粗粒状。褐黑至铁黑色,条痕褐色(均随含 Fe 量的增大而增大),具弱磁性。

主要是由气化-高温热液作用形成的矿物,以产于高温热液石英脉及脉旁云英岩化花岗岩中者为最常见。成因上与花岗岩有联系,也形成砂矿。我国华南一带是世界著名的黑钨矿产区。

黑钨矿常与白钨矿共生,称为"黑白分明",是一种观赏石。

(本章中氢氧化物矿物水镁石族、三水铝石族、硬水铝石族、针铁矿族、硬锰矿族各论省略)

思考题

1. 氧化物矿物中的简单氧化物和复氧化物是否与硫化物矿物中的单硫化物和对硫化物分别对应?为什么?
2. 试从组成元素的离子类型分析常见氧化物和硫化物各自的成分特征。
3. 氧化物矿物常形成砂矿,而硫化物矿物在砂矿中难以见到,为什么?

第十六章 含氧盐矿物

碳酸盐、硝酸盐和硼酸盐这三类矿物的共同特点是,在它们的晶体结构中均存在三角形络阴离子(但硼酸盐中也可为四面体络阴离子,或两者并存)。故将这三类矿物一并归入本章阐述。

一、碳酸盐矿物

碳酸盐矿物是金属阳离子与碳酸根$[CO_3]^{2-}$相化合而成的含氧盐矿物。已知碳酸盐矿物的种数有90余种。它们构成地壳总重量的1.7%左右。其中分布最广的是钙和镁的碳酸盐,能形成很厚的海相沉积地层。不少碳酸盐矿物所组成的矿石和岩石则是许多工业部门的原料或材料,具有重要的经济意义。

碳酸盐矿物中,与碳酸根化合的金属阳离子有20余种。其中最主要的是Ca^{2+}和Mg^{2+},其次是Fe^{2+}、Mn^{2+}和Na^+,以及Ca^{2+}、Zn^{2+}、Pb^{2+}、Tr^{3+}等。阴离子部分除$[CO_3]^{2-}$外,有时还有附加阴离子,其中以$(OH)^-$为主。

碳酸盐矿物晶体结构中存在$[CO_3]^{2-}$的络阴离子,较一般的阴离子为大,它与较大或中等离子半径的二价阳离子,主要是Ca^{2+}、Mg^{2+}、Fe^{2+}、Mn^{2+}、Ba^{2+}、Sr^{2+}、Pb^{2+}、Zn^{2+}等结合成无水化合物。对于Cu^{2+}等可形成含$(OH)^-$的碳酸盐,即所谓的基性盐,如孔雀石$Cu_2[CO_3](OH)_2$。对于一价阳离子,主要是Na^+,往往形成含结晶水的碳酸盐,如水碱$Na_2[CO_3] \cdot H_2O$,有时还有氢离子参与其组成,形成所谓的酸性盐,如天然碱$Na_3H[CO_3] \cdot 2H_2O$。

碳酸盐矿物的物理性质特征是硬度不大,一般在3左右。硬度最大的是稀土碳酸盐矿物,但也不超过4.5。非金属光泽,大多数为无色或白色,含铜者呈鲜绿或鲜蓝色,含锰者呈玫瑰红色,含稀土或铁者呈褐色。

碳酸盐矿物主要有内生成因和外生成因两类,但是外生成因的矿物却远比内生成因者分布广泛。

方解石族-文石族

本族矿物包括镁、锌、锰、钙、锶、铅和钡等二价阳离子与碳酸根化合而成的无水碳酸盐。其中$Ca[CO_3]$在天然矿物中有3个同质多像变体,最常见的是三方晶系变体方解石,其次是斜方晶系变体文石,而六方晶系变体六方碳钙石,由于稳定性很差,在自然界很少见。

在上述二价金属阳离子的无水碳酸盐中,镁、锌、铁、锰的碳酸盐之晶体结构属方解石型,锶、铅、钡的碳酸盐之晶体结构属文石型。

方解石的晶体结构可看成由NaCl型结构演化而来,Ca^{2+}的配位数为6。而NaCl结构中出现的{100}立方体解理,在方解石中便相应地表现为{1011}菱面体解理。而其单位晶胞则应是一个具原始格子的尖菱面体晶胞,后者沿L^3的高度为前者的两倍,但其体积仅为两者的1/2。

根据结构本族矿物相应地分为方解石亚族和文石亚族。

1. 方解石亚族

本亚族矿物包括：方解石$Ca[CO_3]$、菱镁矿$Mg[CO_3]$、菱铁矿$Fe[CO_3]$、菱锰矿$Mn[CO_3]$、菱锌矿$Zn[CO_3]$等。它们均具方解石型结构。各矿物组份之间的类质同像置换普遍。$Ca[CO_3]$与$Mn[CO_3]$之间、$Mn[CO_3]$与$Fe[CO_3]$之间、$Fe[CO_3]$与$Mg[CO_3]$之间是完全类质同像系列;而$Ca[CO_3]$与$Zn[CO_3]$之间以及$Ca[CO_3]$与$Fe[CO_3]$之间是不完全类质同像系列。由于Ca^{2+}和Mg^{2+}的离子半径相差过大,在低温条件下相互取代的能力极小,因而当Ca和Mg同时存在时,则形成复盐白云石$CaMg[CO_3]_2$。方解石的晶体结构见图16-1。

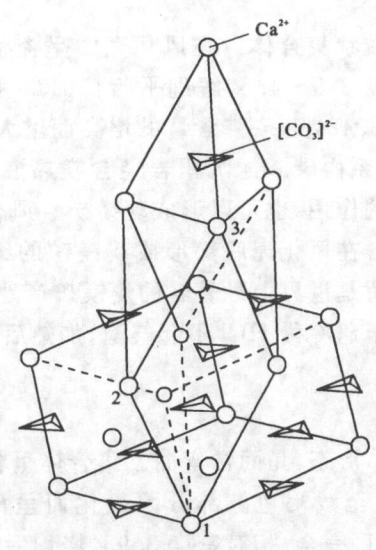

图16-1 方解石的晶体结构

方解石（calcite）
$Ca[CO_3]$

三方晶系，经常出现良好的晶形。常见的单形有：$\{10\bar{1}0\}$六方柱，$\{0001\}$底面，$\{02\bar{2}1\}$等菱面体，以及复三方偏三角面体等。以$(01\bar{1}2)$为双晶面的负菱面聚片双晶或接触双晶极为常见，前者多为滑移双晶以(0001)为双晶面的方解石律接触双晶也较普遍，以$(20\bar{2}1)$为双晶面的接触双晶却少见。集合体常呈晶簇状、片状、粒状、块状、钟乳状（称钟乳石）、结合状等。纯净的方解石无色透明，称冰洲石，一般呈白色，玻璃光泽。硬度3，解理平行$\{10\bar{1}1\}$完全，相对密度2.715，遇冷的稀盐酸反应剧烈产生气泡。

方解石的成因较多。海水中溶解的重碳酸钙$CaH_2[CO_3]_2$，由于CO_2的大量逸散，形成沉积的石灰岩。风化过程中，石灰岩溶解所形成的重碳酸钙溶液，由于CO_2的逸散，在石灰岩溶洞或裂隙中，常形成石钟乳。泉水中溶解的重碳酸钙，由于泉水到达地表后因压力降低释放出CO_2，而在泉水出口处沉淀出石灰华。内生岩浆成分的方解石是碱性岩浆分异的产物，或山上地幔中物质形成的碳酸盐熔融体，侵入地壳冷凝结晶而成。中低温热液矿脉中经常伴有方解石的出现。

市场上有很多用方解石制成的仿水晶球。

菱镁矿（magnesite）
$Mg[CO_3]$

三方晶系。通常呈粒状集合体。在风化壳中呈瓷状块体。白色，含铁者呈黄或褐色，玻璃光泽，硬度3.5～4.5，解理平行$\{10\bar{1}1\}$完全，瓷状块体具贝壳状断口。相对密度2.98～3.48，随Fe^{2+}含量的增高而增大。

热液成因的菱镁矿，系由碳酸盐沉积岩经含镁热液交代而成。富含镁的超基性岩收到含碳酸热液的作用，也可以形成菱镁矿。风化作用下，蛇纹岩受地表含碳酸水溶液的作用。常在风化壳底部形成菱镁矿的细脉，或呈脉态填充于裂缝之中。我国辽宁大石桥是世界上最著名的菱镁矿产地之一。

与方解石的区别在于遇冷稀HCl不起气泡，加热后才剧烈产生气泡。

菱铁矿（siderite）
$Fe[CO_3]$

三方晶系。呈菱面体形态，晶面常弯曲。集合体呈粒状至细粒状，亦有呈结核状、葡萄状、土状，灰黄至浅褐色。部分因氧化而呈深褐色，玻璃光泽，硬度3.5～4.5，解理平行$\{10\bar{1}1\}$完全，相对密度3.95，烧灼后的残渣具磁性。

菱铁矿是二价铁的碳酸盐，形成于还原条件下。热液成因的菱铁矿见于金属矿脉中，外生成因的菱铁矿见于页岩、黏土或煤层中。所谓泥铁矿便是外生成因的,系在缺氧的环境下,由生物作用或化学作用沉积形成,规模大者,可以作为铁矿开采。

菱锰矿(rhodochrosite)

$Mn[CO_3]$

三方晶系。呈菱面体,但比较少见。通常呈粒状、肾状、块状或柱状集合体。玫瑰红色,随钙含量增加而变浅,氧化后呈褐黑色,玻璃光泽。硬度 3.5~4,解理平行{10$\bar{1}$1}完全,相对密度在 3.70 左右,随铁和钙含量的变化而变化。

有内生热液成因和外生沉积成因,前者见于铜、铅、锌硫化物热液矿脉中。外生沉积生成的菱锰矿大量分布于海相沉积锰矿床中。

菱锌矿(smithsonite)

$Zn[CO_3]$

三方晶系。通常呈钟乳状、土状、皮壳状集合体。灰白色微带浅绿或浅褐,玻璃光泽,解理面有时呈珍珠光泽,硬度 4~4.5,解理平行{10$\bar{1}$1},但不及前几种矿物完全,相对密度 4.43。

主要见于原生铅锌矿氧化带中,系闪锌矿氧化分解所产生的硫酸锌,交代碳酸盐围岩或原生矿石中的方解石而成。

2. 文石亚族

亚族矿物包括:文石 $Ca[CO_3]$、碳锶矿 $Sr[CO_3]$、白铅矿 $Pb[CO_3]$、碳钡矿 $Ba[CO_3]$。它们均具文石型结构。各矿物组份之间的类质同像置换远比方解石亚族中的少。

文石(aragonite)

$Ca[CO_3]$

斜方晶系。晶体呈柱状或尖锥状(图 16-2),以(110)为双晶面的文石律接触双晶常见,并往往构成假六方柱形的贯穿三连晶。集合体常呈柱状、针状、纤维状或晶簇,也有呈钟乳状、豆状、鲕状。无色或白色,玻璃光泽,硬度 3.5~4,解理平行{010}不完全,贝壳状断口,断口油脂光泽。相对密度 2.94,遇冷稀 HCl 即剧烈发生气泡。

在自然界,文石远比方解石少,主要形成于外生作用。它作为生物化学作用的产物,见于许多动物的贝壳或骨骸之中,珍珠的主要构成物也是文石,内生成因的文石是热液作用最后阶段的低温产物,见于玄武岩、安山岩的气孔中或裂隙中。

白铅矿(cerussite)

$Pb[CO_3]$

斜方晶系。晶形常呈柱状、板柱状和假六方双锥状。常以(110)为双晶面呈

图 16-2 柱状文石晶体

双晶或三连晶。

集合体常呈粒状、块状、钟乳状等。白色或灰白色，金刚光泽，硬度 3~3.5，解理平行{110}和{021}不完全，贝壳状断口，相对密度 6.55。

是铅锌硫化物矿床氧化带中的次生矿物。系由方铅矿氧化成铅矾 $Pb[SO_4]$，再受碳酸水溶液作用而形成。

白云石族

本族矿物为两种阳离子按固定比例与 $[CO_3]^{2-}$ 结合而成的复盐。除白云石外，还有铁白云石 $Ca(Mg,Fe)[CO_3]_2$、锰白云石 $CaMn[CO_3]_2$ 等。

白云石结构中的 Ca 和 Mg 在位置上的分布，和含镁方解石结构中 Ca 和 Mg 的分布是不同的，前者的 Ca 和 Mg 沿 c 轴方向交替分布，呈有序结构，而含镁方解石中的 Ca 和 Mg 在金属阳离子的位置上则是随机地无序分布的。

白云石（dolomite）

$CaMg[CO_3]_2$

三方晶系。常呈{10$\bar{1}$1}菱面体（图 16-3），双晶常弯曲成马鞍形。双晶以(0001)、(10$\bar{1}$0)、(11$\bar{2}$0)为双晶面的聚片双晶常见。此外尚有机械作用所形成的聚片双晶，其双晶面为(0$\bar{2}$21)，而方解石的机械双晶，其双晶面为(01$\bar{1}$2)。集合体常呈粗粒至细粒状或块状。无色或白色，玻璃光泽，硬度 3.5~4，解理平行{10$\bar{1}$1}完全，解理面常弯曲，相对密度 2.86。遇冷凝 HCl 微弱起泡而与方解石及菱镁矿区别。

是沉积岩中广泛分布的矿物之一，可以形成巨厚的白云岩。原生沉积的白云石是在盐度很高的海湖中直接形成的。但是大量的白云石是次生的，是石灰岩受到含镁溶液交代形成的。此外，在金属矿脉中也常有白云石出现。

图 16-3 白云石晶体

孔雀石族

本族矿物包括含有(OH)⁻的铜的碳酸盐,主要有孔雀石和蓝铜矿,它们在晶体结构上存在着差异,但它们均是含铜硫化物矿床氧化带的风化产物,并共生在一起。

孔雀石(malachite)

$Cu_2[CO_3](OH)_2$

单斜晶系。晶体呈柱状或针状,但极少见。集合体常呈肾状、葡萄状(图16-4),其内部具同心层状或放射纤维构造。深绿至鲜绿色,条痕淡绿色,玻璃光

图 16-4 孔雀石晶体

泽至金刚光泽，纤维状集合体呈丝绢光泽，土状者光泽暗淡，遇盐酸起泡。硬度3.5～4，解理平行$\{\bar{2}01\}$完全，平行$\{010\}$中等，相对密度3.9～4.0。

孔雀石是含铜硫化物矿床氧化带中的风化产物，经常与蓝铜矿共生。是原生铜硫化物矿床的找矿标志。我国广东阳春绿以盛产孔雀石著名。

蓝铜矿（azruite）

$Cu_3[CO_3](OH)_2$

单斜晶系。晶体呈厚板状或短柱状。集合体呈钟乳状或土状者光泽暗淡。硬度3.5～4，解理平行$\{011\}$完全，贝壳状断口，相对密度3.77。

成因、产状与孔雀石相似。

二、硝酸盐矿物

硝酸盐矿物是阳离子与硝酸根$[NO_3]^-$相化合而成的含氧盐矿物。硝酸盐由于其在水中的溶解度很高，因而仅在气候干旱炎热的地方形成和保存。所以在自然界硝酸盐矿物的数量很少，且种类也不多。据目前资料，大约只有10种左右的矿物。工业上主要用于制取氮肥。

在硝酸盐矿物中，与$[NO_3]^-$结合的阳离子是Na^+、K^+、NH^{4+}、Mg^{2+}、Ca^{2+}、Ba^{2+}和Cu^{2+}。其中仅以Na^+和K^+为主要。阴离子部分除$[NO_3]^-$外，在个别硝酸盐矿物中还存在附加阴离子$(OH)^-$或结晶水。

硝酸盐矿物晶体结构中存在的$[NO_3]^-$三角形络阴离子，它较一般的阴离子大，它与半径较大的阳离子K^+、Na^+、Ba^{2+}等结合成无水化合物，而与较小的二价阳离子Mg^{2+}和Cu^{2+}，以及Ca^{2+}结合成含水化合物，如镁硝石$Mg[NO_3]_2 \cdot 6H_2O$。

硝酸盐矿物中的阳离子大多数为惰性气体型离子，所以，硝酸盐矿物一般呈无色透明或白色，只有当阳离子为铜时，才表现为绿色。相对密度一般偏低，在1.5～3.5之间。硬度一般也比较低，在1.5～3.0之间。溶解度大。

硝酸盐矿物的形成是在植被稀少的干旱地区，通过含氮有机物质的分解作用与土壤中的碱质（钠和钾）化合而成。

钠硝石族

本族矿物包括在化合物类型上相同的钠硝石和钾硝石。

钠硝石（soda-niter）

$Na[NO_3]$

三方晶系。通常呈致密块状、皮壳状或盐华状。无色或白色，玻璃光泽。硬度1.5～2，解理平行$\{10\bar{1}1\}$完全。相对密度2.24～2.29，味微咸，易溶于水，具强潮解性。

在炎热干旱地区的土壤中产出。主要系腐败的有机物受硝化细菌分解作用而产生的硝酸根与土壤中的钠化合而成。我国青海西宁地区红土层有巨厚钠硝石层分布。

三、硼酸盐矿物

硼酸盐矿物是金属阳离子与硼酸根相化合而成的含氧盐矿物。目前已知的硼酸盐矿物约 90 余种。其中仅 10 种左右在自然界常见,并能聚集成有工业意义的硼矿床。

与硼酸根相化合形成硼酸盐矿物的金属阳离子约有 20 余种,但其中最主要的只有 Mg^{2+}、Ca^{2+}、Na^+、Fe^{2+} 和 Fe^{3+},其次为 Mn^{2+}。大多数硼酸盐矿物含水分子和羟离子$(OH)^-$。

在硼酸盐晶体结构中,除$[BO_3]^{3-}$三角形外,还可存在$[BO_4]^{6-}$四面体络阴离子,它们都既可以独立存在,亦可以共用部分角顶而连接成各种复杂的络阴离子。同时,其非共用角顶上的 O^{2-} 则可被$(OH)^-$所替代。

大部分硼酸盐矿物呈白色或无色,只有含 Fe^{2+}、Fe^{3+}、Mn^{2+} 等硼酸盐矿物呈深色,甚至黑色。硬度变化范围较大,但大部分属低硬度和中硬度,只有极少数其硬度可高达 7~7.5,如方硼石。绝大多数硼酸盐矿物的相对密度在 4 以下,其中约有半数在 2.5 以下。

硼酸盐矿物有内生成因和外生成因。前者主要形成于接触交代作用过程,如硼镁石、硼镁铁矿,它们见于镁质矽卡石,有时可富集成有工业价值的硼矿床。但硼酸盐矿物的大规模聚积则是在外生条件下,由化学沉积作用形成于硼湖中。

硼镁铁矿族

本族矿物包括硼镁铁矿、硼铁矿 $Fe_2^{2+}Fe^{3+}[BO_3]O_2$ 等,其中以硼镁铁矿为常见。

硼镁铁矿(ludwigite)

$(Mg,Fe^{2+})_2Fe^{3+}[BO_3]O_2$

斜方晶系。晶体呈柱状或针状。通常呈纤维状或射状集合体,也呈粒状、致密块状。黑绿色至黑色,随成分中 Fe 含量的增大而颜色变深,条痕浅黑绿色至黑色,光泽暗淡。纤维状集合体者呈丝绢光泽,硬度 5.5~6,相对密度 3.6,粉末具弱磁性。

主要产于接触交代成因的镁质矽卡岩中。

硼镁石族

本族矿物包括硼镁石和白硼锰矿 $Mn_2[B_2O_4(OH)](OH)$。二者构成类质同像系列。

硼镁石（ascharite）

$Mg_2[B_2O_4(OH)](OH)$

单斜晶系呈柱状或针状，双晶依（100）成聚片双晶。通常呈纤维状、块状集合体。白色或微带黄色，条痕白色，纤维状集合体呈丝绢光泽，块状则光泽暗淡。硬度 3～4，纤维不具弹性或挠性，解理平行{110}完全，相对密度2.62。

内生成因的硼镁石，其产物相似于硼镁铁矿，并与后者共生。此外，硼镁石亦可在沉积硼矿床中由其他含水硼酸盐矿物转变而成。

硼砂矿

硼砂（borax）

$Na_2(H_2O)_8[B_4O_5(OH)_4]/Na_2B_4O_7 \cdot 10H_2O$

单斜晶系。晶体通常呈{100}板状或沿 c 轴延伸的短柱状，集合体常呈粒状或土块状。白色，玻璃光泽，土状者光泽黯淡。解理平行{100}完全，平行{110}中等，平行{010}不完全。硬度2～2.5，性极脆，易溶于水，微带甜味，烧灼时膨胀，易熔成透明的玻璃状体。

是最常见的硼酸盐矿物之一，主要产于硼湖的干涸沉积物中。我国西藏拉萨附近的硼湖沉积矿床是世界上著名的硼砂产区之一。

四、硫酸盐矿物

硫酸盐矿物是金属阳离子与硫酸根$[SO_4]^{2-}$相化合而成的含氧盐矿物。目前已知的硫酸盐矿物种数有170余种。虽然它们只占地壳总重量的0.1%，但它们中的石膏、硬石膏、重晶石、天青石、芒硝、明矾石等均能富集成具有工业意义的矿床。

在硫酸盐矿物中，可以与硫酸化合的金属阳离子有20余种。其中最主要的是 Ca^{2+}、Mg^{2+}、K^+、Na^+、Ba^{2+}、Sr^{2+}、Pb^{2+}、Fe^{3+}、Al^{3+}、Cu^{2+}。阴离子部分除$[SO_4]^{2-}$外，有时还有附加阴离子，其中以$(OH)^-$居多。此外，许多硫酸盐矿物中存在结晶水。

硫酸盐矿物晶体结构中存在的$[SO_4]^{2-}$络阴离子，它较一般的阴离子大，与半径较大的二价阳离子 Ba^{2+}、Sr^{2+}、Pb^{2+} 结合成无水化合物，如重晶石 $Ba[SO_4]$。而与离子半径较小的二价阳离子，如 Mg^{2+}、Cu^{2+} 等，则结合成含结晶水的硫酸盐，如泻利盐 $Mg[SO_4] \cdot 7H_2O$。当离子半径介于上述大小之间者，如 Ca^{2+} 既可形成无水硫酸盐硬石膏 $Ca[SO_4]$，又可形成含水硫酸盐石膏 $Ca[SO_4] \cdot 2H_2O$。一价碱金属阳离子虽然能与$[SO_4]^{2-}$结合成无水或含水硫酸盐，如无水芒硝 $Na_2[SO_4]$ 或芒硝 $Na_2[SO_4] \cdot 10H_2O$，但更主要地是与二价或三价阳离子（Al^{3+}、Fe^{3+}）一起与 $[SO_4]^{2-}$ 结合成含附加阴离子（OH）$^-$ 或含结晶水的复硫酸盐，如明矾石 $KAl_3[SO_4]_2(OH)_6$。

硫酸盐矿物的物理性质特征是硬度低，通常在 2～3.5 之间。相对密度一般不大，在 2～4 左右，含钡和铅的硫酸盐矿物则可高至 4 以上，甚至可达 6～7。颜色一般呈白色或无色，含铁者呈黄褐或蓝绿色，含铜者呈蓝绿色，含锰或钴者呈红色。

硫酸盐矿物形成于氧浓度大和温度低的条件下，因此地壳浅部和地表部分是最适宜于形成硫酸盐矿物的地方。在这里可以出现大量的本类矿物，包括内生成因和外生成因的矿物。

重晶石族

本族矿物包括重晶石、天青石和铅矾等。它们均具有相同的晶体结构，阴离子具 12 次配位。在本族矿物中，$Ba[SO_4]$ 和 $Sr[SO_4]$ 之间存在着完全的类质同像系列；$Ba[SO_4]$ 和 $Pb[SO_4]$ 之间可能只发生有限的类质同像；而 $Sr[SO_4]$ 和 $Pb[SO_4]$ 之间基本上不存在类质同像置换。这一事实说明，在类质同像置换关系中，离子类型所起的作用要比离子大小更为重要。

重晶石（barite）

$Ba[SO_4]$

斜方晶系。常以良好的单晶体出现，一般为平行于{001}的板状或厚板状，有时沿 a 轴或 b 轴延长的短柱状。通常板状晶体聚成晶簇，并常呈块状、粒状、结核状集合体。无色或白色，玻璃光泽，解理面显珍珠光泽。硬度 3～3.5，解理平行{001}和{210}完全，平行{010}中等，相对密度 4.5 左右。作为宝石的重晶石，要求有较好的晶体，清澈透明，色泽鲜艳。达到宝石级的重晶石在自然界极少。

热液成因的重晶石见于中、低温热液金属矿脉中，或以单一的重晶石脉出现。沉积成因的重晶石呈透镜体状和结核状见于沉积锰矿、铁矿和浅海相沉积中。我国重晶石产地很多，其中尤以湖南、广西、山东等省区最为重要。

天青石（celestite）

$Sr[SO_4]$

斜方晶系。常呈厚板状或短柱状（图 16-5），集合体呈粒状、块状、结核状。灰白色而带浅蓝色调，有时无色透明，玻璃光泽，解理面显珍珠晕彩。硬度 3～3.5，解理平行{001}和{210}完全，平行{010}中等，相对密度 3.9～4.0。

外生沉积成因天青石见于白云石、石灰岩、泥灰岩等沉积岩中，也见于盐丘

图 16-5　柱状天青石晶体

的顶帽中。热液成因的天青石以热液脉产出。我国江苏溧水爱景山是热液成因天青石的著名产地。

硬石膏族

本族矿物硬石膏，其化合物类型与重晶石族矿物相同，但二者的晶体结构有别。

硬石膏（anhydrite）

$Ca[SO_4]$

斜方晶系。晶体呈等轴状或厚板状，集合体常呈块状或粒状。双晶依(011)成接触双晶或聚片双晶。纯净者透明，无色或白色，常因含杂质而呈暗灰色，有时微带红色或蓝色，玻璃光泽，解理面显珍珠光泽。硬度 3～3.5，解理平行{010}和{001}完全，平行{100}中等，三组解理面相互垂直，可裂成火柴盒状小块，相对密度 2.9～3.0。

主要产于由蒸发作用所形成的盐湖沉积物中，亦可由石膏经过脱水作用而形成。此外，石灰岩或白云岩受热液交代而形成的硬石膏以及金属矿脉中的硬石膏，均可能是受含硫酸溶液作用的矿物。

石膏族

石膏（gypsum）

$Ca[SO_4]\cdot 2H_2O$

单斜晶系。晶体常呈{010}板状，以(100)为双晶面的燕尾双晶常见。集合体呈块状、细粒状、纤维状、土状等(图 16-6)。通常呈白色，无色透明的晶体称透石膏。玻璃光泽,解理面显珍珠光泽,纤维状集合体(称纤维石膏)呈丝绢光泽。硬度2,解理平行{010}极完全,平行{100}和{011}中等,薄片具挠性,相对密度2.30～2.37。

图 16-6 石膏纤维状晶体

石膏广泛形成于沉积作用,如海盆或湖盆中化学沉积的石膏常与石灰岩、泥灰岩等呈互层出现。在风化过程中,硫酸物矿床氧化带中的硫酸水溶液在与石灰岩作用时也可形成石膏。热液成因的石膏通常见于某些低温热液硫化物矿床中。此外,硬石膏在压力降低并与地下水相遇时也可形成石膏。我国石膏储量居世界前列,绝大多数省区都有产出,其中以湖北应城最为著名。

明矾石族

本族矿物是含$(OH)^-$的复硫酸盐,其化学通式可用$AB_3[SO_4]_2(OH)_6$来表示,其中A代表一价的K^+、Na^+、$(NH_4)^+$,B代表三价的Al^{3+}和Fe^{3+}。其中主要的矿物是明矾石和黄钾铁矾。

明矾石(alunite)

$KAl_3[SO_4]_2(OH)_6$

三方晶系,通常呈致密块状、细粒状、土状集合体。白色,常带浅灰、浅黄或浅红色调,玻璃光泽。硬度3.5～4,解理平行{0001}中等,断口多片状至贝壳状,相对密度2.6～2.9。

是中酸性火山岩的低温热液蚀变的产物,这种作用通常称为明矾石化。

我国明矾石的主要产地有浙江苍南矾山、安徽庐江、福建福鼎等，其中尤以矾山最为著名。

黄钾铁矾（jarosite）

$KFe_3[SO_4]_2(OH)_6$

三方晶系，晶体罕见，呈假立方体的菱面体或{0001}厚板状。集合体常呈皮壳状、土状、致密块状或结核状。黄色至深褐色，条痕淡黄色，玻璃光泽。硬度 2.5～3.5，解理平行{0001}中等至完全，相对密度 2.91～3.26。

是金属硫化物矿床氧化带中的次生矿物，主要系黄铁矿氧化分解后所形成，见于干旱地区。我国西北祁连山地区金属硫化物矿床氧化带中，普遍分布有黄钾铁矾。

五、钨酸盐矿物

钨酸盐矿物是金属阳离子与钨酸根$[WO_4]^{2-}$相化合成的含氧盐矿物。目前已知的钨酸盐矿物种数不足 10 种，但其中的白钨矿却常富集成钨矿床。

与$[WO_4]^{2-}$相结合的阳离子主要是 Ca^{2+} 和 Pb^{2+}，它们形成无水化合物。半径较小的 Al^{3+}、Cu^{2+} 等，则在它们的钨酸盐中同时存在附加阴离子$(OH)^-$或/和水分子，如铜钨矿 $Cu_2[WO_4](OH)_2$、水钨铝矿 $Al[WO_4](OH)\cdot H_2O$。

钨酸盐矿物的相对密度都较大，如白钨矿的相对密度为 6.1，钨铅矿 $Pb[WO_4]$ 的相对密度高至 8.13。

硬度一般都不高，不超过 4.5，含水者则很低，如水钨铝矿的硬度只有 1。本类矿物的颜色，除钨铅矿为深色外，其余多为淡色。

在成因上，无水钨酸盐矿物均由内生作用形成，主要见于接触交代和热液矿床中。

白钨矿族

白钨矿（scheelite）

$Ca[WO_4]$

四方晶系，晶体呈四方双锥形，以{101}或{112}最为发育。双晶依(110)常见。通常为粒状或块状集合体。白色微带浅黄或浅绿，油脂光泽或金刚光泽。硬度 4.5，解理依{101}中等，参差状断口，相对密度 6.1，在紫外线照射下发浅蓝色荧光。

主要产于接触交代矿床中，或产于高温热液脉中。

六、磷酸盐矿物

磷酸盐矿物是金属阳离子与磷酸根相化合而成的含氧盐矿物。本类矿物的种数较多，有近 200 种，但它们中除极少数矿物如磷灰石等在自然界中有广泛分布并可形成有工业价值的矿床外，其余品种在地壳中的含量极少。

本类矿物中，与磷酸根化合的阳离子主要是 Ca^{2+}、Al^{3+}、Fe^{2+}、Fe^{3+}、Mn^{2+}、Cu^{2+}、Pb^{2+}、TR^{3+} 等。此外，还常存在铀酰 $[UO_2]^{2+}$ 络阳离子。阴离子部分除 $[PO_4]^{3-}$ 外，常存在附加阴离子 $(OH)^-$、F^-、Cl^-、O^{2-} 等。同时，有半数左右的矿物含 H_2O 分子，尤其是含 $[UO_2]^{2+}$ 的矿物，均为含水化合物，如铜铀云母 $Cu[UO_2]_2[PO_4]_2 \cdot 12H_2O$。

在磷酸盐矿物中，络阴离子 $[PO_4]^{3-}$ 与半径较大的三价阳离子如 TR^{3+} 结合成无水化合物，如磷钇矿 $Y[PO_4]$；二价阳离子也以半径较大的 Ca^{2+}、Pb^{2+} 等所组成的化合物为最稳定，矿物的种别也较多，但往往带有附加阴离子，如磷灰石 $Ca_5[PO_4]_3(F,Cl,OH)$；半径较小的二价阳离子如 Fe^{2+}、Mn^{2+}、Cu^{2+} 等与之结合时，则往往形成含水化合物，如蓝铁矿 $Fe_3[PO_4]_2 \cdot 8H_2O$；一价阳离子如 Na^+、Li^+ 等一般与 Al^{3+} 一起参与组成矿物，如磷锂铝石 $LiAl[PO_4](F,OH)$。

本类矿物由于成分比较复杂，种类也较多，在物理性质方面的变化范围也较大。大多数矿物具有低的或中等的硬度，只有无水磷酸盐矿物可有较高的硬度，但最高亦没有大于 6.5。相对密度的变化范围很大，如水磷铍石 $Be_2[PO_4](OH) \cdot 4H_2O$ 只有 1.81，而磷氯铅矿则高达 7.14。含铁、锰、铜、铀等的矿物，均出现较为鲜艳的颜色。

在地壳中，磷几乎都形成了磷酸盐矿物。内生成因的大部分形成于岩浆作用和伟晶作用，也可形成于接触交代和热液作用。外生成因是由复杂的生物作用所形成，或者是由内生成因的磷酸盐矿物经变化后所形成的次生矿物。按矿物的种数而言，外生成因的磷酸盐矿物比内生成因的多。

独居石族

独居石（morazite）

（Ce,La…）[PO_4]

单斜晶系。晶体常呈平行于{100}的板状，晶面常粗糙。双晶依(100)成接触双晶。在砂矿中常呈粒状。黄褐色或红褐色，条痕白色，树脂光泽。硬度 5～5.5，解理平行{100}中等，贝壳状断口至参差状断口，有时具平行(001)裂理。相对密度 5～5.3，随含钍量的增加而增大。在紫外线照射下发鲜绿色荧光。

成分散细粒状见于花岗岩、正长岩中，较大的晶体见于伟晶岩中。主要产于与碱性岩密切有关的碳酸盐岩的稀土矿床中。表生条件下独居石往往转入砂矿。

磷灰石族

本族矿物以磷灰石最为重要。磷灰石按附加阴离子的不同主要可分氟磷灰

石 $Ca_5[PO_4]_3F$、氯磷灰石 $Ca_5[PO_4]_3Cl$、羟磷灰石 $Ca_5[PO_4]_3(OH)$，它们相互间成类质同像关系。其中以氟磷灰石最常见。

磷灰石（apatite）
$Ca_5[PO_4]_3(F,Cl,OH)$

六方晶系。晶体常见，呈六方柱状（图16-7）。集合体呈块状、粒状、结核状等，隐晶质者称为胶磷矿。颜色多种多样，以黄色、绿色、黄绿色、褐色等为常见，玻璃光泽。硬度5，解理平行{0001}不完全，参差状或贝壳状断口，断口面呈油脂光泽，相对密度2.9～3.2。

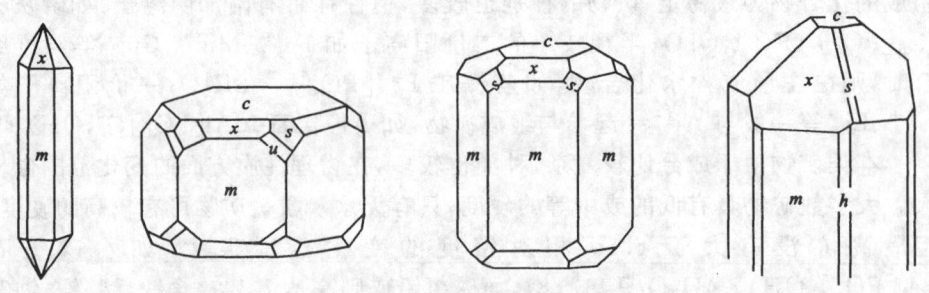

图16-7 磷灰石的理想晶形

常作为副矿物见于许多岩浆岩中，有时在碱性岩、基性岩以及与之密切有关的碳酸盐岩中富集成磷矿床。在伟晶岩、接触交代矿床和热液矿脉中有时也有生成。海相沉积成因主要形成胶磷矿，并往往富集成最有经济价值的磷矿床。胶磷矿在受区域变质作用后可变为显晶质细粒磷灰石。我国云南昆阳、贵州开阳、湖北襄阳是著名的沉积成因的磷矿产地，江苏海洲等地是沉积变质成因的磷矿产地，河北矾山等处则是岩浆成因的磷矿产地。

结核状磷灰石和胶磷矿不易认识，可用 HNO_3 滴于其上，再加少许钼酸铵粉末，如粉末由白色变为黄色，则指示有磷的存在。

铜铀云母族

本族矿物包括铜铀云母、钙铀云母等矿物。其特点是在它们的成分中存在着络阳离子 $[UO_2]^{2+}$。在晶体结构中，$[PO_4]^{3-}$ 四面体被哑铃状的 $[UO_2]^{2+}$ 连接成平行于{001}方向的层，U^{6+} 成6次配位，层与层之间则由 Cu^{2+} 或 Ca^{2+} 等金属阳离子以及水分子相连接。由于这种结构属于开放性的，故其中部分水属沸石水的性质。当温度升高时，水分子可部分脱失。如铜铀云母，当温度高于75℃时，失去1/3的水分子而成为变铜铀云母。

铜铀云母(torbernite)
Cu[UO$_2$]$_2$[PO$_4$]$_2$·12H$_2$O
钙铀云母(autunite)
Ca[UO$_2$]$_2$[PO$_4$]$_2$·10~12H$_2$O

四方晶系,晶体呈细小的四方板状。集合体多为鳞片状,有时呈皮膜状。铜铀云母翠绿色,条痕淡绿色。钙铀云母柠檬黄色,条痕淡黄色。玻璃光泽,解理面显珍珠光泽。硬度2~2.5,解理平行{001}极完全。相对密度3.2左右。具放射性。钙铀云母在紫外光照射下发鲜明的黄绿色荧光。

为原生铀矿物氧化后所形成的次生矿物,产于原生铀矿床的氧化带中,是寻找原生铀矿的标志。

七、硅酸盐矿物

硅酸盐矿物是金属阳离子与各种硅酸根相化合而成的含氧盐矿物。

硅酸盐矿物种类繁多,约占矿物种总数的24%,占地壳总重量的75%左右。除个别岩石如碳酸盐岩、可燃性有机岩等以外,硅酸盐是三大类岩石的主要矿物成分。硅酸盐矿物除在地壳中广泛分布外,有一些还是地幔物质的主要存在形式。此外,已确认在太阳系的一些行星和卫星中,也以硅酸盐矿物为主要物质成分。因此,硅酸盐矿物的分布具有广泛和重要的意义。

不少硅酸盐矿物本身就是重要的矿物材料,如石棉、云母、高岭石等。某些硅酸盐矿物则是提炼稀有金属的矿物原料,如从锆石中提炼锆,从绿柱石中提炼铍。此外,有些硅酸盐矿物则是珍贵的宝石矿物,如祖母绿(翠绿色的绿柱石)、翡翠(硬玉)等。

1. 化学成分

组成硅酸盐矿物成分中的阳离子元素有50多种,包括14种稀土元素,其中最主要的是惰性气体型离子和部分过渡型离子,如K$^+$、Na$^+$、Li$^+$、Ca^{2+}、Mg^{2+}、Be^{2+}、Al^{3+}、Zr^{4+}、Ti^{4+}、Mn^{2+}、Fe^{2+}等。铜型离子对硅酸盐矿物不是特征的,它们主要作为金属硫化物矿床氧化带的次生矿物出现,如硅孔雀石等。

阴离子部分除[SiO$_4$]$^{4-}$络阴离子及它们相互连接而成的一系列复杂络阴离子外,有时还存在(OH)$^-$、F$^-$、Cl$^-$、O^{2-}以及(SO$_4$)$^{2-}$等附加阴离子。此外,有时还存在水分子H$_2$O(例如在蒙脱石等一些层状结构矿物中存在有层间水,在沸石族矿物中存在有沸石水)。

2. 晶体化学特征

硅酸根络阴离子的基本形式是[SiO$_4$]$^{4-}$配位四面体。在晶体结构中,此种硅氧四面体既可以孤立地出现,也可以通过共用四面体角顶上氧离子的方式彼此相连结而形成各种复杂的络阴离子。根据硅氧四面体在结构中的连结方式的不同,可以区分出下列 5 种类型的络阴离子,即 5 种不同的硅氧骨干类型。

(1) 岛状络阴离子:由单个硅氧四面体所构成,或由有限的若干个硅氧四面体连结而成的络阴离子团(图 16-8)。它们在晶体结构中均孤立存在,彼此间由其他金属阳离子相连结。常见的除单个的硅氧四面体$[SiO_4]$外,主要还有硅氧双四面体$[Si_2O_7]$,其他形式的岛状络阴离子均罕见。单个四面体和双四面体还可以同时存在于同一晶体结构中,例如绿帘石 $Ca_2(Al,Fe)_3[SiO_4][Si_2O_7]O(OH)$。双四面体中公共角顶位置上的氧,是两个四面体所共有的,它从相邻的两个 Si^{4+} 离子上各自得到一个正电荷,从而达到中和。这种连结两个四面体的氧,特称之为桥氧,也可以说两个四面体是通过桥氧相互连接在一起的。

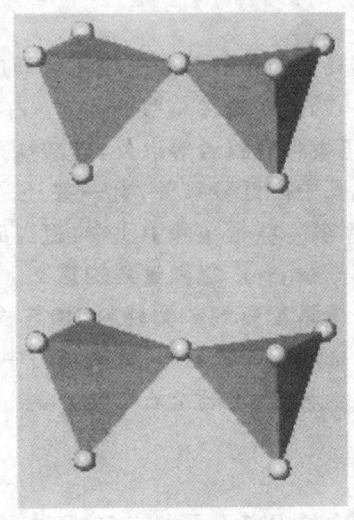

图 16-8　岛状结构

(2) 环状络阴离子:由有限的若干个硅氧四面体借助于桥氧而连结成的呈封闭环状的络阴离子。在晶体结构中,各个环均孤立存在,相互间由其他金属阳离子来维系。按环中四面体的数目,较常见的有三联环$[Si_3O_9]$(图 16-9)、四联环$[Si_4O_{12}]$(图 16-10)和六联环$[Si_6O_{18}]$,其中又以六联环最为常见。此外,还有更多重的以及双层的某些环状络阴离子,但均罕见。

(3) 链状络阴离子:由无限数硅氧四面体借助于桥氧而连结成的一维无限延伸的络阴离子。最常见的为单链和双链。单链中每个硅氧四面体以两个角顶分别与相邻的两个硅氧四面体连接。例如辉石中的单链(图 16-11),其络阴离子

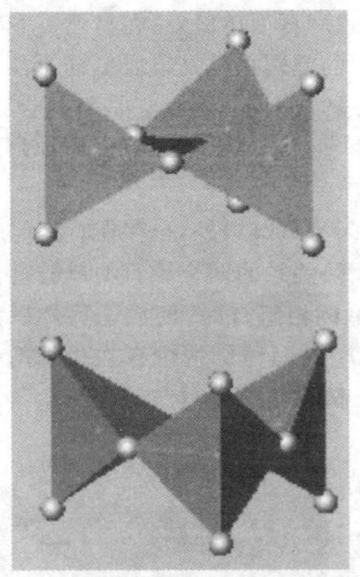

图 16-9 三联环

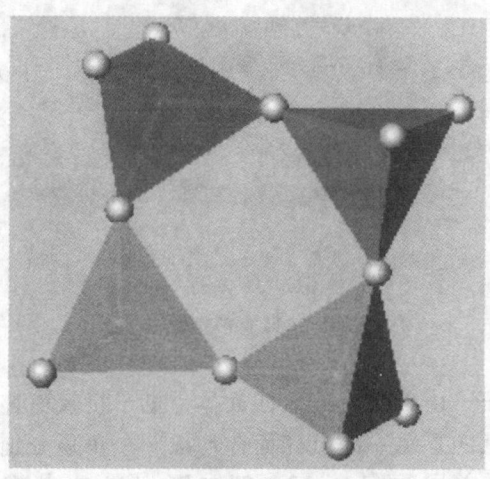

图 16-10 四联环

可以用$[Si_2O_6]_n^{4n-}$表示。双链相当于两个单链组合而成,例如闪石中的双链,其络阴离子可以用$[Si_4O_{11}]_n^{6n-}$表示。但任何形式的链状络阴离子,链与链之间都是通过其他金属阳离子而相互联系的。

在单链结构中,除上述辉石型单链外,在另外一些硅酸盐矿物中还存在有其他形式的单链。它们之间的差别主要是组成单链的各个硅氧四面体彼此连接时的空间取向有所不同。在辉石型单链中,它是每两个硅氧四面体重复一次。而在硅灰石 $Ca_3[Si_3O_9]$ 和蔷薇辉石 $Mn_5[Si_5O_{15}]$ 中,则分别是每 3 个和 5 个硅氧四面体重复一次。

至于双链结构,除了闪型双链以外,也存在有其他形式的双链。闪石型双链可以看成是由互成镜像反映关系的两个辉石型单链组合而成。如果两个互成旋转 180°关系的硅灰石型单链相组合时,便成了另外一种形式的双链,后者在硬硅钙石 $Ca_6[Si_6O_{17}](OH)_2$ 的晶体结构中存在。无论是链或双链,都还有其他不同的形式,此外,还有三链以至更多重链的存在。

图 16-11 单链结构

(4)层状络阴离子:由无限个硅氧四面体借助于桥氧而连结成的二维无限延展的络阴离子。常见的是每一硅氧四面体均以 3 个角顶分别与相邻的 3 个硅氧四面体相连结而成的单层(图 16-12),例如 $Mg_3[Si_4O_{10}](OH)_2$ 中的层状络阴离子,它可以用 $[Si_4O_{10}]_n^{4n-}$ 来表示。滑石型的硅氧四面体层是硅酸盐矿物中最常见的层状络阴离子,它可以看成是由一系列闪石型双链在同一平面内相互结合而成的层,呈六边形网孔状。在其层内的每个硅氧四面体中,有 3 个角顶上的氧为桥氧,其电已达到平衡,但另一个角顶上的氧离子则为非桥氧,所有非桥氧都位于层的同一侧,它们能与其他金属阳离子相结合。此外,也还有其他形式的单层或双层的层状络阴离子。

图 16-12 层状结构

(5)架状络阴离子:由无限个硅氧四面体借助于桥氧可连结成三维无限扩展的硅氧骨干。此时,每一硅氧四面体均以其全部 4 个角与相邻的四面体连结,每个氧离子都是桥氧,且 Si^{4+} 与 O^{2-} 间的电荷已达到平衡(图 16-13)。石英族矿物即具有这种架状结构。但若在此硅氧骨干中有一部分的硅氧四面体[SiO_4]$^{4-}$被铝氧四面体[AlO_4]$^{5-}$(个别情况下可被铍氧四面体[BeO_4]$^{8-}$或硼氧四面体[BO_4]$^{5-}$ 等)所替代时,就出现过剩的负电荷。这种络阴离子可以用[($Al_x Si_{n-x}$)O_{2n}]$^{x-}$ 来表示,并由一定的阳离子进入晶格使其剩余的负电荷得到平衡。如正长石 K[$AlSi_3O_8$]和方钠石 Na_8[$AlSiO_4$]$_6Cl_2$。

由于硅酸盐矿物晶体结构中络阴离子的形式多种多样,因而不同的络阴离子就要求有半径大小和电价高低不同的金属阳离子与之相匹配。总的来说,架状络阴离子中都存在有大的空隙,且剩余的负电荷偏低,因此,与之相结合的主要是 K^+、Na^+、Ca^{2+}、Ba^{2+} 等大半径的低价阳离子,且一般具有高于 6 的大配位数。反之,与岛状络阴离子相结合的则往往是半径较小而电价偏高的阳离子,典型的如 Zr^{4+}、Ti^{4+} 等,配位数一般很少高于 6。至于半径大小和电价高低均属中间状态的阳离子,如 Fe^{2+}、Mg^{2+}、Al^{3+} 等,则适应范围比较宽广,在岛状和环状结构硅酸盐矿物中经常存在,在链状和层状结构硅酸盐矿物中则频繁出现,而在

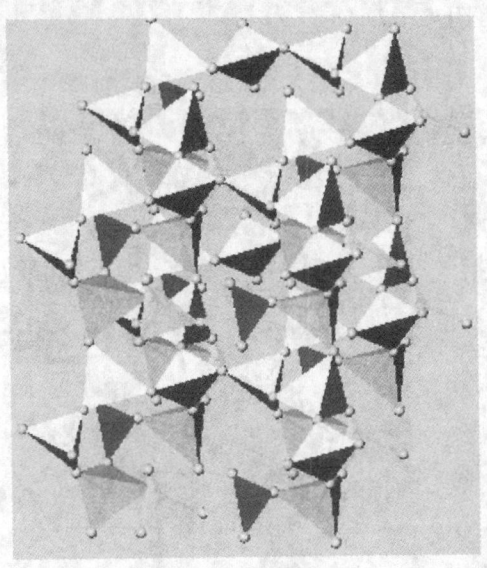

图 16-13　架状结构

个别架状结构硅酸盐矿物中也能见及，通常呈 6 次配位。此外，Na^+ 和 Ca^{2+} 在链状和层状结构硅酸盐中也常出现。这是因为，一方面在那些结构中本身就可以有较大的空隙存在；另一方面，络阴离子自身还可在一定范围内进行调整，以适应不同大小的金属阳离子。例如辉石结构中的单链，在不同成分的矿物种中，其链的折曲角也不相同。从这个意义上讲，又可以说硅氧四面体络阴离子的具体形式，是受金属阳离子配位多面体的种类及其连接方式所控制的。

3. 形态和物理性质

硅酸盐矿物由于具有不同的晶体结构和化学组成特点，因而在形态和物理性质上也表现出各不相同的特性。矿物的光学性质主要取决于金属阳离子的性质和结构的紧密程度，晶体习性和力学性质则主要取决于结构的键强及其强键的取向。

硅酸盐矿物的解理明显受结构中强键的分布所控制。岛状结构硅酸盐矿物之三向等长者，一般无完全解理。而红柱石、蓝晶石等矿物之所以出现解理，也是与铝氧配位八面体的连结方式有关，因而分别具有平行 c 轴方向的柱状解理和平行{100}的完全解理。链状结构硅酸盐矿物多为平行于链的柱状解理。环状结构硅酸盐矿物如有解理，则属柱状或平行于底轴面的解理，如绿柱石。层状结构硅酸盐矿物几乎无例外地都具完全的底面解理。架状结构硅酸盐矿物中，则视其格架之属于何种类型而有所不同，其完全程度也视键力情况而不同，如长石族矿物具有{001}和{010}的解理。

矿物的相对密度主要决定于结构的紧密程度和主要阳离子的半径及原子量的大小。架状结构硅酸盐矿物结构疏松，空隙大，主要阳离子多系半径大而原子量小的元素，如 K^+、Na^+、Ca^{2+} 等，故矿物相对密度小，例如长石族、沸石族矿物的相对密度不超过 2.8（钡长石除外）。岛状结构硅酸盐则相反，多成紧密堆积，半径较小、原子量偏高的阳离子如 Zr^{4+}、Ti^{4+} 等多在其中出现，矿物相对密度大，一般在 3.5 左右或以上，其中锆石的相对密度则大于 4.5。至于介乎其间的链状、层状或环状结构硅酸盐矿物，其相对密度也介于其间，约为 3～3.5。

硅酸盐矿物可以有不同的透明度，但在薄片中全部透明，因而不出现金属或半金属光泽。这是因为硅酸盐矿物主要属于离子晶格，它们的折射率、反射率和吸收率都不高的缘故。但是，当比较不同结构硅酸盐矿物时，又可看到其中以岛状结构硅酸盐矿物具有相对较高的数，而显较强的光泽，如锆石、榍石等呈金刚光泽。反之，架状结构硅酸盐矿物，具有相对较低的数值，因而很少出现金刚光泽。至于颜色，一般来说，含过渡型离子的硅酸盐矿物往往带色，而在岛状、层状、链状和环状结构硅酸盐中，这样的矿物很多，因而可以是深色的，架状结构硅酸盐含惰性气体型离子如 K^+、Na^+、Ca^{2+} 等多呈浅色。

硅酸盐矿物的硬度一般均较高，仅层状结构硅酸盐矿物例外。岛状结构硅酸盐矿物，由于结构紧密，故硬度最高，通常是 6～8；环状结构者大体相似；链状结构者稍低，在 5～6 之间；而在架状结构硅酸盐矿物中，结构虽疏松，但硅氧四面体和铝氧四面体的连接都很牢固，故而硬度并不低，仍在 5～6 之间，只有沸石族矿物因含水分子，其硬度下降至 3.5～5 之间。层状结构硅酸盐矿物，因层与层之间的联结力较弱，因而使其硬度降低很多，最低者如滑石、高岭石等仅为 1 左右；云母族矿物升高至 2.5 左右。

4. 成因

硅酸盐矿物总的来说，可在所有各种成岩成矿地质作用中形成。不含水的硅酸盐矿物，一般其形成时的温度和压力较含 $(OH)^-$ 或 H_2O 的硅酸盐矿物要高。

5. 分类

硅酸盐矿物由于种类繁多，而含不同类型络阴离子的矿物在一系列性质上彼此都有明显差异，因而通常都按所含络阴离子类型而将硅酸盐矿物分为：岛状、环状、链状、层状和架状结构硅酸盐矿物 5 个亚类。

第一亚类 岛状结构硅酸盐矿物

岛状结构硅酸盐矿物的络阴离子主要有孤立的硅氧四面体$[SiO_4]^{4-}$和孤立的硅氧双四面体$[Si_2O_7]^{6-}$。有时二者共存于同一种矿物的结构中。本亚类矿物种类较多，同时阳离子远较其他亚类复杂多样，主要是Ca、Mg、Fe、Mn、Al、Ti、Zr等。但在其他亚类矿物中分布较普遍的K、Na，在本亚类矿物中却很少出现。

锆石族

本族矿物除锆石外，还有钍石$Th[SiO_4]$等。锆石的晶体结构表现于孤立的$[SiO_4]^{4-}$四面体络阴离子彼此间借8次配位的ZrO_8变形配位立方体而相互连系。

锆石（zircon）

$Zr[SiO_4]$

四方晶系。晶体呈带双锥的柱状（图16-14）。通常呈黄色至红棕色，金刚光泽，有时显油脂光泽。硬度7.5，{100}解理不完全，相对密度4.6~4.7。

是火成岩中常见的副矿物之一。并常富集于砂矿中。经常含Hf。我国除华南及沿海一带有大量盛产锆石的冲积砂矿和海滨砂矿外，在新疆、内蒙古等地的伟晶岩中亦有产出。

无色锆石常用来仿造钻石。

橄榄石族

本族包括一组成分类似，同属斜方晶系的矿物。一般化学式可以用$X_2[SiO_4]$来表示。X通常为Mg^{2+}、Fe^{2+}、Mn^{2+}等。其中Mg^{2+}和Fe^{2+}是最常见的组成成分，可以形成以$Mg_2[SiO_4]$镁橄榄石及$Fe_2[SiO_4]$铁橄榄石为两个端员组分的完全类质同像系列。其中间成员是最常见的通常所称的橄榄石。

橄榄石的晶体结构表现为孤立的$[SiO_4]^{4-}$由金属阳离子Mg^{2+}和Fe^{2+}相连接。氧离子近似作六方紧密堆积，八面体空隙被二价阳离子占据。由于结构中各方向的键力相差不大，故呈三向等长形态，亦无完好的解理。

橄榄石（olivine）

$(Mg,Fe)_2[SiO_4]$

斜方晶系，晶体少见，呈三向等长形或稍稍扁平，扁平方向多平行于{100}或{010}（图16-15），集合体呈粒状。镁橄榄石色浅，通常为白色至浅黄色，含铁越高则颜色越深，一般呈黄绿色至橄榄绿色，玻璃光泽。断口常呈次贝壳状，硬度6.5，{010}解理不完全，相对密度3.3~3.4。

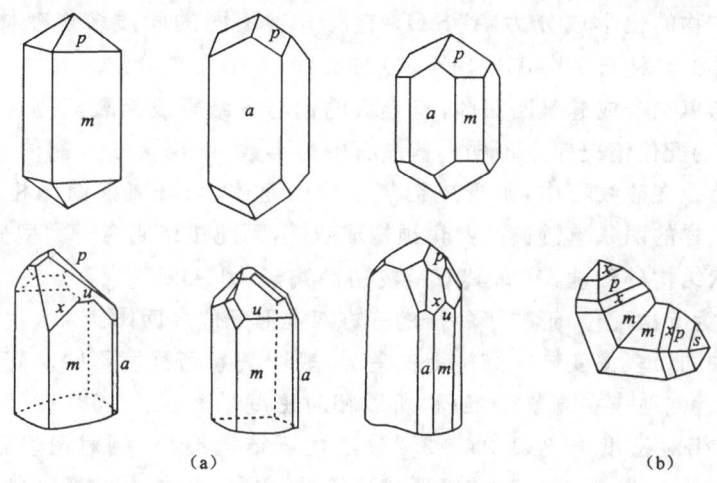

图 16-14 锆石晶体

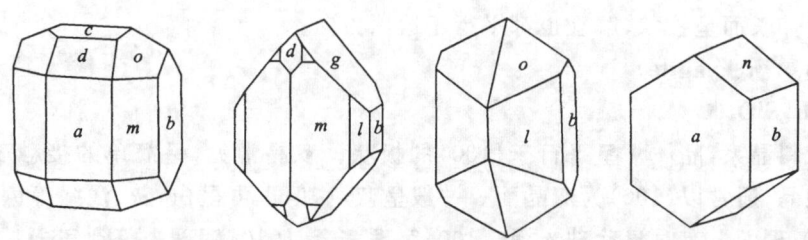

图 16-15 橄榄石晶体

(引自潘兆橹等,1993)

橄榄石是地幔岩的主要组成矿物之一。地壳中与地幔物质有关的各种喷出的或侵入的基性、超基性岩都含有大量的橄榄石。在接触变质和区域变质过程中,镁质碳酸盐岩层会因变质作用而生成橄榄石。

橄榄石属于铁镁硅酸盐矿物,因具有橄榄绿颜色而得名。古埃及人在公元前就将它制成首饰。我国的宝石级橄榄石直到1979年才在河北省张家口地区发现,这是一个原生矿床,年产5mm以上的优质橄榄石宝石达数百万克拉,其中最大的一颗重130余克拉,命名为"华北之星"。

蓝晶石族

本族矿物的化学成分为 Al_2SiO_5，它有 3 种不同的同质多像变体：蓝晶石 $Al_2^{VI}[SiO_4]O$、红柱石 $Al^{VI}Al^V[SiO_4]O$ 和矽线石 $Al^{VI}[Al^{IV}SiO_5]$。它们的共同点是硅均与氧结合成硅氧四面体，有半数的铝与氧结合成铝氧配位八面体。但另半数 Al 的配位情况完全不同。蓝晶石中另半数 Al 仍为 6 次配位，形成铝氧配位八面体。在矽线石中，则形成铝氧配位四面体，与硅氧四面体相间连接成链。并由这样的两条单链彼此共角顶构成双链，因此按络阴离子类型分类，矽线石应属链状结构硅酸盐矿物，其双链的络阴离子为 $[AlSiO_5]_n^{3n-}$。在红柱石中，另半数 Al 为 5 次配位，形成了特殊的三方双锥形配位多面体。

这 3 种同质多像变体在结构上的差异，表明其紧密程度不同。蓝晶石结构最紧密，氧近似地作立方紧密堆积，所以相对密度最大，为 3.53～3.65；矽线石结构较松，相对密度降至 3.23～3.27；红柱石结构最松，相对密度仅 3.13～3.16。三者的差异，恰好反映它们形成环境的不同。虽然它们都是典型的变质矿物，但蓝晶石的形成需要较高的压力，而矽线石则需要有较高的温度，红柱石形成的温压条件都相对较低。由于这 3 个矿物结构中都有铝氧配位八面体彼此以共棱方式联结成平行于 c 轴的链，且沿此方向的键力也特强，因此它们都沿 c 轴方向伸长而呈柱状，解理也都平行于这一方向。

蓝晶石(kyanite)
$Al_2[SiO_4]O$

三斜晶系，晶体常呈平行于{100}的板状。双晶常见，呈简单的接触双晶或聚片双晶，通常以(100)为双晶面。一般呈蓝色，但也可呈白、灰、浅绿等色，玻璃光泽，解理面上有时显珍珠光泽，{100}解理完全，{010}解理中等到完全，另有平行(001)的裂理。硬度在(100)晶面上平行 c 轴方向为 4.5～5.5，垂直方向为 6.5～7.0，表现出极其显著的各向异性，相对密度 3.63。

是典型区域变质矿物之一，多由泥质岩变质而成。它主要形成于中级变质作用压力较高的条件下，并与十字石等变质矿物共生。我国山西繁峙等地变质岩中常产晶体较大的蓝晶石。

红柱石(andalusite)
$Al_2[SiO_4]O$

斜方晶系，晶体呈柱状，其横切面接近于正方形，类似四方柱。常含碳质包裹体，并呈定向排列(称空晶石)(图 16-16)。集合体呈放射柱状(图 16-17)或粒状。常呈灰白色或肉红色，玻璃光泽。硬度 7.5，{110}解理清晰，解理交角为 90°48′，{100}解理不完全，相对密度 3.15。

图 16-16　空晶石原石，可以看到横断面上的黑十字

图 16-17　集合体红柱石——菊花石

主要是变质成因矿物，常见于热变质带的泥质岩石中，发生于热变质程度较低的情况下。在区域变质作用中，多由泥质岩变质而成。主要形成于温度和压力都较低的条件下。

夕线石（sillimanite）

Al[AlSiO$_5$]

斜方晶系，晶体呈针状或棒状，少见。一般呈放射状或纤维状集合体。通常呈灰白色，玻璃光泽。硬度 7，{010}解理完全，相对密度 3.24。

是典型的变质矿物，由富铝的泥质岩石经高温变质而成，见于中、高级变质相带中。

石榴子石族

本族矿物的一般化学式可用 $X_3Y_2[SiO_4]_3$ 表示,其中 X 代表二价阳离子,主要为 Ca^{2+}、Mg^{2+}、Fe^{2+}、Mn^{2+} 等;Y 代表三价阳离子,主要为 Al^{3+}、Fe^{3+}、Cr^{3+} 等。类质同像现象广泛存在。通常分成两个系列:二价阳离子为 Ca^{2+} 的所谓钙系,包括钙铝榴石 $Ca_3Al_2[SiO_4]_3$、钙铁榴石 $Ca_3Fe_2[SiO_4]_3$ 和钙铬榴石 $Ca_3Cr_2[SiO_4]_3$;三价阳离子为 Al^{3+} 的所谓铝系,包括镁铝榴石 $Mg_3Al_2[SiO_4]_3$、铁铝榴石 $Fe_3Al_2[SiO_4]_3$ 和锰铝榴石 $Mn_3Al_2[SiO_4]_3$。除了上述 6 种矿物外,在自然界里还有锰铁榴石 $Mn_3Fe_2[SiO_4]_3$ 等。

石榴子石族矿物之间的类质同像置换现象极为普遍。除了铝系或钙系内三组分之间的类质同像混晶外,在两系之间也有不完全的置换。

石榴子石族矿物的晶体结构表现于孤立硅氧四面体$[SiO_4]^{4-}$由二价和三价阳离子所联结。二价阳离子作 8 次配位,形成畸变配位立方体;三价阳离子作 6 次配位,形成配位八面体。这种结构很紧密,各方向的键力很少有差异,所以石榴子石族矿物呈三向等长形态,无解理。

本族矿物常呈菱形十二面体、四角三八面体,或二者之聚形(图 16 - 18)。通常在富 Ca 岩石(如矽卡岩)中,多形成钙系石榴子石,以菱形十二面体为主,四角三八面体为次;而在富 Al 岩石(首先是花岗伟晶岩)中,多形成铝系石榴子石,往往呈四角三八面体晶形。

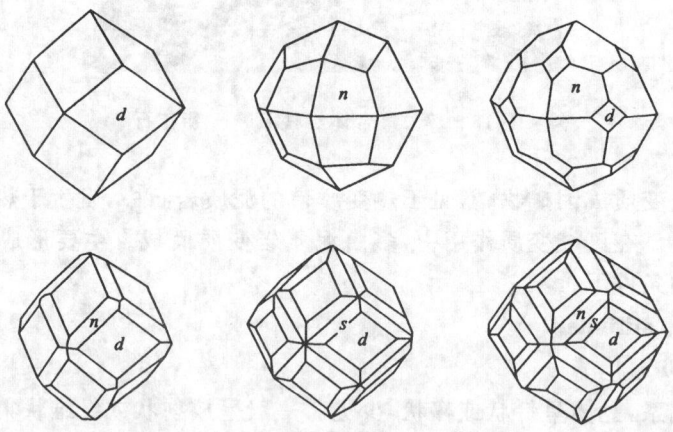

图 16 - 18　常见石榴子石晶体形态

钙铝榴石（grossularite）

Ca₃Al₂[SiO₄]₃

等轴晶系。晶体常呈菱形十二面体，集合体呈粒状或致密块状。其晶体结构如图16-19。颜色以白、浅绿、浅褐色常见，玻璃光泽。硬度6.5～7，无解理，断口呈次贝壳状或参差状，相对密度3.59。

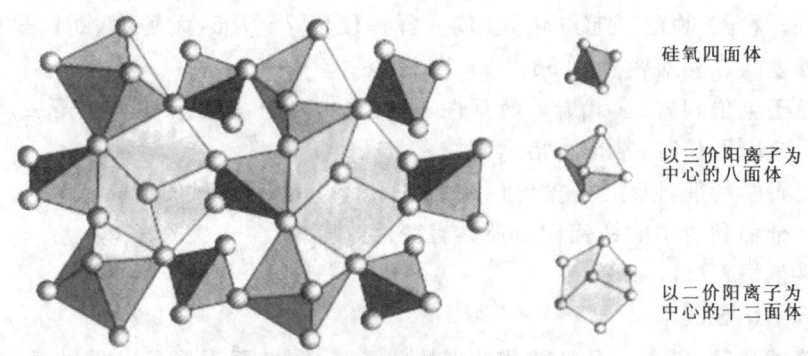

图16-19 钙铝榴石的晶体结构

主要产于接触交代成因的矽卡岩中，但不及钙铁榴石那样普遍。与矽卡岩型白钨矿矿床关系密切，可以作为该类型矿床的找矿标志。

钙铝榴石是自然界常见的矿物，但用作宝石的并不多见。颜色多种多样，包括绿色、黄绿色、黄色、粉红色及乳白色。其中绿色调的在查尔斯滤色镜下变红。

钙铁榴石（andradite）

Ca₃Fe₂[SiO₄]₃

等轴晶系。颜色以黄、褐、黑褐色常见，还常显色调不同的环带构造。相对密度3.86。形态、光泽、硬度、断口等与前述的钙铝榴石相似。

主要产于接触交代成因的矽卡岩中，与钙铁辉石等共生。可以用作矽卡岩型磁铁矿矿床的找矿标志。

宝石学特征：常见黄色、绿色、黑褐色。但是黑褐色的不具宝石学意义。绿色的称为翠榴石，含少量的铬，其内部具有非常特征的马尾丝状包体，在查尔斯滤色镜下变红色，其色散值(0.057)高于钻石。黄色的称为黄榴石。

钙铬榴石（uvarovite）

Ca₃Cr₂[SiO₄]₃

等轴晶系，晶形常呈菱形十二面体，集合体呈粒状。翠绿至墨绿色。相对密度3.90。光泽、硬度、断口等与前述的钙铝榴石相似。

仅见于富含铬铁矿的超基性岩中。可以用作寻找铬铁矿的指示矿物之一。我国西藏藏南地区的超基性岩中,即有产出。

宝石学特征:呈鲜艳的绿色、蓝绿色,常被称为祖母绿色石榴石。

镁铝榴石(pyrope)

$Mg_3Al_2[SiO_4]_3$

等轴晶系。晶体常呈四角三八面体或菱形十二面体或二者的聚形,集合体呈粒状。粉红、血红至暗红色,玻璃光泽。硬度7~7.5,无解理,断口呈次贝壳状或参差状。相对密度3.58。

见于金伯利岩、玄武岩等超基性、基性火山岩中,亦见于榴辉岩等变质岩中。在探寻金刚石矿时,常作为指示矿物。

宝石学特征:以紫红-橙色色调为主,随着Cr_2O_3含量的增高,红色加深。少量产于金伯利岩中的镁铝榴石还具有变色效应。

铁铝榴石(almandite)

$Fe_3Al_2[SiO_4]_3$

等轴晶系,集合体呈粒状或致密块状。褐、深红至近黑色。相对密度4.32。单晶体形态、光泽、硬度、断口等与前述镁铝榴石相似。

作为变质成因的矿物,常见于各种片岩、片麻岩中,有时还见于伟晶岩中。

宝石级铁铝榴石以红色色调为主,常见针状包体(图16-20),当这些针状包体十分密集时可产生四射星光效应。

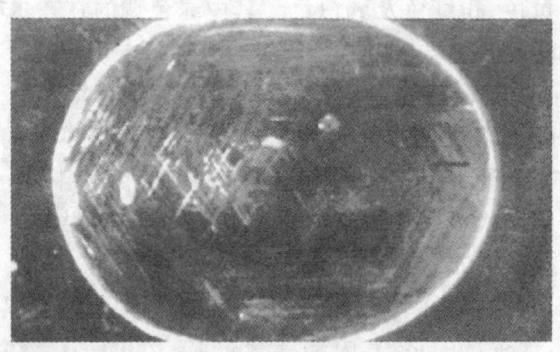

图16-20 铁铝榴石

锰铝榴石(spessartite)

$Mn_3Al_2[SiO_4]_3$

等轴晶系。颜色以暗红色常见。相对密度4.19。形态、光泽、硬度、断口等与前述镁铝榴石相似。见于锰矿床的接触变质带或富锰沉积岩层的区域变质带中。此外,也产于花岗伟晶岩中。

宝石学特征:常见棕红色、黄色、黄褐色,以黄色为最佳,其价值不低于同色的蓝宝石。内部常含花边状包体。

黄玉族

黄玉(topaz)

$Al_2[SiO_4](F,OH)_2$

斜方晶系。晶体常呈柱状(图 16-21),柱面上常显纵纹。集合体呈粒状或块状。无色透明,或呈浅黄、浅蓝、浅绿和浅红等色,玻璃光泽。硬度 8,{001}解理中等至完全。相对密度 3.52~3.57。

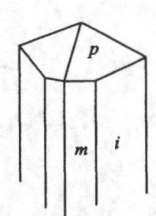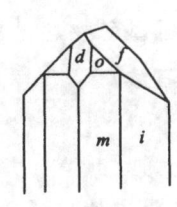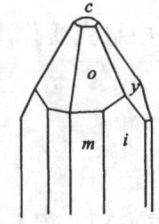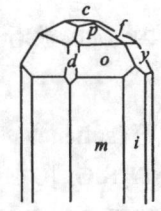

图 16-21 托帕石晶形

形成于高温并有富氟挥发分作用的条件下。主要见于花岗岩、花岗伟晶岩、云英岩以及高温气成热液矿脉中。我国新疆曾发现重达 7.8kg 的晶体。

托帕石是流行的中低档宝石,它透明度好、硬度高、反光效果好。由于托帕石的颜色种类丰富多彩,几乎包含了所有可以想象到的颜色,因此托帕石颇受人们的青睐,被列为 11 月份生辰石。托帕石中常含气-液包体,并含云母、钠长石、磷灰石等矿物包裹体。

十字石族

十字石(staurolite)

$Fe_2Al_9[SiO_4]_4O_6(O,OH)_2$

单斜(假正交)晶系。晶体呈短柱状。贯穿双晶很常见,以(031)为双晶面时成十字形,交角近 90°,以(231)为双晶面时成 X 形,交角近 60°(图 16-22)。集合体呈不规则粒状。红棕、黄褐至暗褐色,玻璃光泽。硬度 7~7.5,平行{010}解理中等,相对密度 3.74~3.83。

十字石是泥质岩石的区域变质作用产物。由于它的形成仅局限于一定的温

图 16-22　十字石穿插双晶

压范围内,所以被看成是中级变质作用的标型矿物。

榍石族

榍石(sphene)

CaTi[SiO₄]O

单斜晶系。晶体常呈横切面为菱形的扁平信封状的柱体,集合体呈粒状(图16-23)。依(100)而呈的简单接触双晶常见,有时也呈贯穿双晶。黄色、褐色、绿色、灰色或黑色,玻璃光泽或金刚光泽。硬度5,解理平行{100}中等,具(221)裂理,相对密度3.45~3.55。

图 16-23　片状榍石晶体

榍石是酸性、中性特别是碱性火成岩中常见的副矿物之一,基性岩中偶有见到。伟晶岩中,尤其是碱性伟晶岩中,常有较大的晶体产出。

绿帘石族

本族矿物包括黝帘石、斜黝帘石、绿帘石、红帘石、褐帘石等矿物。其中黝帘石属斜方晶系,其余均属单斜晶系。黝帘石 $Ca_2Al_3[SiO_4][Si_2O_7]O(OH)$ 与斜黝帘石成同质二像关系。斜黝帘石与绿帘石构成一个类质同像系列。当黝帘石中的 Al^{3+} 逐步被 Fe^{3+} 所置换时,则向绿帘石 $Ca_2(Al,Fe)_3[SiO_4][Si_2O_7]O\cdot(OH)$ 过渡。褐帘石 $(Ca,Ce,Y)_2(Al,Fe,Mg)_3[SiO_4][Si_2O_7]O(OH)$ 则富含稀土,本族矿物以绿帘石分布最广。

绿帘石(epidote)

$Ca_2(Al,Fe)_3[SiO_4][Si_2O_7]O(OH)$

单斜晶系。晶体呈沿 b 轴延伸的柱状,柱面上具纵纹。集合体呈放射状、粒状或块状。呈各种不同色调的绿色,含 Fe 高者颜色较深。玻璃光泽,硬度 6~6.5,{001}解理完全,相对密度随成分中 Fe 含量之增高而增大,为 3.38~3.49。

可以是变质成因的,多见于绿片岩中,在接触交代成因的矽卡岩中,绿帘石往往由早期矽卡岩矿物如石榴子石、符山石等转变而成。也可以是围岩蚀变的产物,在热液蚀变的各种火成岩,尤其在基性岩中,有着广泛的分布。

符山石族

符山石(vesuvianite)

$Ca_{10}(Mg,Fe)_2Al_4[SiO_4]_5[Si_2O_7]_2(OH)_4$

四方晶系。晶体常呈四方柱状,集合体呈粒状或放射状。通常呈褐色或绿色,铬质符山石呈翠绿色,玻璃光泽或油脂光泽。硬度 6~7,平行{110}、{100}或{001}解理均不完全,相对密度 3.33~3.43。

主要是接触交代成因的矿物,常与石榴子石共生。我国南岭地区和长江中下游一带的矽卡岩型矿床中,经常含有符山石。

第二亚类 环状结构硅酸盐矿物

环状结构硅酸盐矿物中的络阴离子虽有多种形式,但实际上只有具六联环络阴离子的硅酸盐矿物如绿柱石、堇青石和电气石较为常见。

绿柱石族

本族矿物包括绿柱石等。绿柱石的晶体结构为硅氧四面体组成六联环,环与环之间借 Be^{2+}、Al^{3+} 相联。Be^{2+} 作 4 次配位,形成扭曲了的铍氧配位四面体;Al^{3+} 作 6 次配位,形成铝氧配位八面体。绕 c 轴方向,上下叠置的六联环错开一定角度。上下叠置的环内,形成了一个巨大的通道,大半径阳离子如 K^+、Cs^+ 以及 H_2O 分子即可赋存其中。绿柱石的结构特征说明了它的六方柱状形态和解理性。

绿柱石(beryl)

$Be_3Al_2[Si_6O_{18}]$

六方晶系。晶体呈柱状,通常发育完整,柱面上有细纵纹,低温下形成者呈板状。集合体呈柱状或晶簇状。一般呈不同色调的绿色,但也有白色或无色透明者,含 Cr 的亚种(祖母绿)呈翠绿色,含 Cr 者(艳绿柱石)呈玫瑰红色,透明而呈蔚蓝色者称为海蓝宝石。玻璃光泽,透明至半透明。硬度 7.5~8,{0001} 和 {10$\bar{1}$0} 解理不完全,相对密度 2.66~2.83。

主要产于花岗伟晶岩中,其个体可以非常巨大,如我国新疆阿尔泰地区即有巨大的绿柱石晶体产出,重达 60t。有一颗海蓝宝石晶体,重达 14.64kg。此外,也产在云英岩或高温热液脉中。

在宝石学中属绿柱石的宝石品种有海蓝宝石、祖母绿、粉红色绿柱石、金黄色绿柱石、无色绿柱石、绿柱石猫眼等。

堇青石族

本族矿物包括 $Mg_2Al_4Si_5O_{18}$ 的两个同质多像变体:六方晶系变体印度石和斜方晶系变体堇青石,前者形成于高温条件下。晶体结构类型同于绿柱石,即绿柱石结构中的 Al 被 Mg 所取代,而 Be 被 Al 所取代。电荷的不平衡导致在环状络阴离子里有一个硅氧四面体被铝氧四面体所置换。在高温条件下,六联环中的铝氧四面体作无序分布,即 Al-Si 之间变成有序替代,即铝氧四面体只能位于六联环中的特定位置上,使堇青石变为斜方晶系。

堇青石(cordierite)

$(Mg,Fe)_2Al_3[AlSi_5O_{18}]$

斜方晶系。晶体呈柱状(图 16-24),很少见,双晶依(110)发育。集合体呈致密块状或不规则的散染粒状。微带蓝色或紫蓝色者最为常见,玻璃光泽。堇青石作为宝石,其多色性非常明显。硬度 7,{010} 解理中等,{001}、{100} 解理不完全,贝壳状断口,相对密度 2.53~2.78。

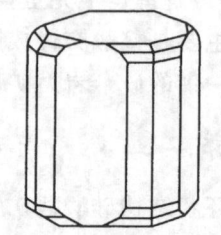

图 16-24 堇青石常见理想晶形

主要是变质成因矿物。当泥质岩石在热变质程度较高条件下,即可形成。在区域变质作用下,堇青石首次形成是作为中级变质作用的标志,它主要是由绿泥石转变而成。也产出于某些基性火成岩和花岗岩中。

电气石族

本族矿物包括电气石的几个类质同像系列的端员矿物,其中主要有锂电气石、黑电气石和镁电气石。而一般化学式可用 $NaR_3Al_6[Si_6O_{18}](BO_3)_3(OH)_4$ 表示。黑电气石与镁电气石之间,以及黑电气石与锂电气石之间,均为完全类质同像;但锂电气石与镁电气石之间则为不完全类质同像。

锂电气石(elbaite)
$Na(Li,Al)_3Al_6[Si_8O_{18}](BO_3)_3(OH,F)_4$

黑电气石(schorl)
$NaFe_3Al_6[Si_6O_{18}](BO_3)_3(OH)$

镁电气石(dravite)
$NaMg_3Al_6[Si_6O_{18}](BO_3)_3(OH)_4$

三方晶系。晶体呈短柱状、长柱状甚至针状(图16-25)。最常见的单形是三方柱$\{01\bar{1}0\}$和六方柱$\{11\bar{2}0\}$,同时柱面上常有纵纹,并因而使晶体的横断面呈弧线三角形。集合体呈放射状或纤维状,少数情况下呈块状或粒状。黑电气石一般呈绿黑色至深黑色,锂电气石常呈玫瑰色、蓝色或绿色,也有呈无色,镁电气石的颜色变化于无色到暗褐色之间。此外在同一个晶体横切面上,还会出现不同颜色所组成的环带,或沿c轴的两端呈现不同的颜色。玻璃光泽。硬度7,无解理,参差状断口,相对密度3.03~3.25。

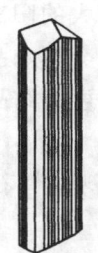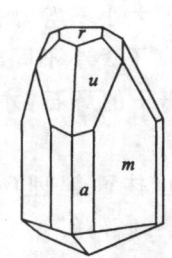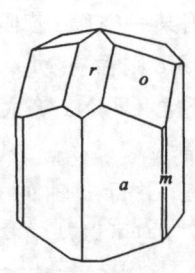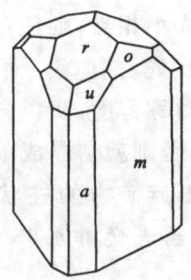

图16-25 电气石晶形
(引自潘兆橹等,1993)

见于花岗伟晶岩,气化高温热液矿脉和云英岩中。这时的电气石属黑电气石—锂电气石系列。在变质岩中,由交代作用形成的电气石则属黑电气石—镁电气石系列。

电气石的宝石学名称为碧玺，碧玺用来做宝石的历史较短，但由于它鲜艳丰富的颜色和高透明度所构成的美，而成为人们喜爱的中档宝石品种。

第三亚类 链状结构硅酸盐矿物

链状结构硅酸盐有单链、双链等之别。辉石族矿物是单链结构的典型代表。此外，尚有硅灰石、蔷薇辉石等类型的单链。闪石族矿物则是双链结构的典型代表。矽线石按结构特征，应属于不同于闪石的另一种双链型结构硅酸盐。考虑到它与蓝晶石、红柱石成同质三像关系，已在岛状结构硅酸盐中叙述。其他链型结构的矿物很罕见，因此均不作介绍。

辉石族

辉石族（pyroxene）

辉石族矿物是重要的造岩矿物，普遍出现于中、基性火成岩和许多变质岩中。辉石族矿物结晶成斜方晶系或单斜晶系，因此可进一步分为斜方辉石亚族和单斜辉石亚族。

辉石族矿物的一般化学式可以用 $W_{1-p}(X,Y)_{1+p}Z_2O_6$ 表示。式中：$W=Ca^{2+}$、Na^+；$X=Mg^{2+}$、Fe^{2+}、Mn^{2+}、Li^+ 等；$Y=Al^{3+}$、Fe^{3+} 等；$Z=Si^{4+}$、Al^{3+}。辉石的晶体结构最突出的地方是每一硅氧四面体均以两个角顶与相邻的硅氧四面体连接，形成沿一个方向无限延伸的单链，链内每隔两个共顶的硅氧四面体即发生一次重复。链与链之间借 Mg、Fe、Ca、Al 等阳离子相连。链的方向即 c 轴的方向。链与链之间有两种不同大小的空隙，小者记为 M_1，大者记为 M_2。如果阳离子大小相当，则任意占据某一空隙；若阳离子大小不等，则较大的阳离子如 Na、Ca 优先占有 M_2，而 Mg、Fe 则占有 M_1。阳离子大小不同时，会影响晶胞参数以至对称程度，所以只有不含 Ca、Na 等大阳离子的辉石，才有可能结晶成斜方晶系，否则就结晶成单斜晶系。

辉石族矿物的柱状形态，平行 c 轴的 {110} 柱面解理（在斜方辉石中为 {210}），解理交角为 93° 和 87°，均可以从结构上得到解释。

斜方辉石亚族

本亚族矿物是由顽火辉石 $Mg_2[Si_2O_6]$ 和铁辉石 $Fe_2[Si_2O_6]$ 两个端员组分构成的完全类质同像系列。根据近年来国际矿物学会辉石小组拟订的辉石命名法，将这个系列中含 $Mg_2Si_2O_6$ 分子＞50％者称为顽火辉石，含 $Fe_2Si_2O_6$ 分子＞50％者称为铁辉石，而取消这个系列的中间成员古铜辉石和紫苏辉石等名称。考虑到目前习惯上的用法，在此仍暂保留古铜辉石和紫苏辉石的名称。仍将这个系列中含 $Fe_2Si_2O_6$＜10％分子者称为顽辉石，含 $Fe_2Si_2O_6$ 为 10％～30％分子者称为古铜辉石,含 $Fe_2Si_2O_6$ 为 30%～50%分子者称为紫苏辉石。

顽火辉石(enstatite)$Mg_2[Si_2O_6]$

古铜辉石(bronzite)$(Mg,Fe)_2[Si_2O_6]$

紫苏辉石(hypersthene)$(Mg,Fe)_2[Si_2O_6]$

斜方晶系。晶体呈短柱状,集合体呈粒状或块状。颜色随 Fe 含量的增高而加深,顽辉石为无色或带浅绿的灰色,紫苏辉石呈绿黑色或褐黑色,古铜辉石呈特征性的古铜色,玻璃光泽。硬度 5～6,{210}解理完全。相对密度 3.15～3.6,随 Fe 含量的增高而增大。

主要是基性岩浆结晶作用的产物,见于橄榄岩、辉石岩、斜长岩中。此外,也是区域变质程度较深的变质岩中常见的矿物。

单斜辉石亚族

在本亚族矿物中,主要描述透辉石、钙铁辉石、普通辉石、霓石、硬玉(俗称翡翠)和锂辉石等矿物。其中透辉石和钙铁辉石是 $CaMg[Si_2O_6]$-$CaFe[Si_2O_6]$ 类质同像系列的两个端员矿物,而霓石 $NaFe[Si_2O_6]$ 与钙铁辉石或透辉石之间能形成类质同像,霓辉石$(Na,Ca)(Fe^{3+},Fe^{2+},Mg,Al)[Si_2O_6]$便是其间的过渡性矿物。

透辉石(diopside)

$CaMg[Si_2O_6]$

单斜晶系。晶体呈短柱状,其横切面多呈正方形或截角的正方形。依(100)成双晶。集合体呈致密块状或粒状。无色至浅绿色,玻璃光泽。硬度 5.5～6.5,{110}解理中等至完全,解理交角 87°,有时具(001)或(100)裂理,相对密度 3.22～3.38。

是矽卡岩矿物之一,经常与石榴子石等共生。一些基性和超基性火成岩中亦有产出。在高级区域变质和热变质作用中,也有形成。

钙铁辉石(hedenbergite)

$CaFe[Si_2O_6]$

单斜晶系。晶体呈短柱状,很少见。通常呈块状或粒状集合体。深绿色至墨绿色,氧化后呈褐色或褐黑色,条痕微具浅绿色,玻璃光泽。硬度 5.5～6.5,{110}解理中等至完全,有时具(001)或(100)裂理,相对密度 3.50～3.56。

是矽卡岩矿物之一,此外,受热变质作用的含铁沉积物中,也可见到。

普通辉石(augite)

$Ca(Mg,Fe^{2+},Fe^{3+},Ti,Al)[(Si,Al)_2O_6]$

单斜晶系。晶体呈短柱状,其横断面多呈八面体。依(100)成双晶。集合体呈粒状或块状。绿黑色或黑色,少数情况下呈暗绿色或褐色,玻璃光泽,硬度5.5~6,{110}解理中等至完全,有时可见到平行(100)或(001)的裂理,相对密度3.2~3.4。

是火成岩,尤其是基性火成岩中极为普遍的造岩矿物之一。在变质程度偏高的变质岩中,也形成普通辉石。此外,也见于接触变质作用所形成的辉石角岩中。

霓石(aegirine)
NaFe$[Si_2O_6]$

单斜晶系。晶体呈长柱状或针状,柱面上经常发育有纵纹。集合体呈柱状或针状,也有呈放射状的。暗绿色或墨绿色至黑色,条痕浅绿色,玻璃光泽,硬度6,{110}柱面解理中等至完全,有时有(100)或(001)裂理,相对密度3.55~3.60。

是碱性火成岩的造岩矿物之一,常见于霞石正长岩等碱性岩及其伟晶岩中。

硬玉(jadeite)
NaAl$[Si_2O_6]$

单斜晶系。晶体极少见到,通常呈致密块状集合体。以苹果绿色最常见,也呈浅蓝或白色。硬度6.5~7。由于经常呈致密块状,很少表现出解理,而出现刺状断口,质地坚韧,相对密度3.24~3.43。

变质成因的矿物,仅产于变质岩中。

硬玉矿物是翡翠的主要矿物,翡翠不管是"山料"(原生矿石)还是"籽料"(次生矿石),主要是由硬玉矿物组成的致密块体。在显微镜下观察,组成翡翠的硬玉矿物紧密地交织在一起,形成翡翠的纤维状结构。这种紧密的纤维状结构,使翡翠具有细腻和坚韧的特点。

锂辉石(spodumene)
LiAl$[Si_2O_6]$

单斜晶系。晶体呈柱状,柱面具纵纹。双晶依(100)。集合体呈板柱状或致密块状。灰白色,有时带微绿色或微紫色调,玻璃光泽。硬度6.5~7,{110}解理中等至完全,有时有(100)或(001)裂理,相对密度3.03~3.23。

产于白云母型和锂云母型花岗伟晶岩中,是伟晶作用过程交代成因的矿物。我国新疆阿尔泰地区是锂辉石的主要产地之一,曾发现重达36.2t的晶体。

硅灰石族

硅灰石(wollastonite)
$Ca_3[Si_3O_9]$

三斜晶系。晶体呈沿b轴延伸的针状、板状或片状。通常呈纤维状、放射状或块状集合体，尤以纤维状最为常见。白色或灰白色，玻璃光泽。解理面可显珍珠光泽。硬度 4.5～5，{100}解理完全，{001}和{$\bar{1}$02}中等。相对密度 2.86～3.09。遇浓 HCl 可分解成絮状物。

硅灰石是不纯灰岩的热变质产物，也可以是接触交代作用的产物。我国吉林盘石是著名的产地之一。

蔷薇辉石族

蔷薇辉石不属于辉石族矿物，而与硅灰石等一起归属于所谓的似辉石。似辉石是指除辉石以外的其他单链结构硅酸盐矿物。

蔷薇辉石（rhodonite）
$(Mn,Fe,Ca)_5[Si_5O_{15}]$

三斜晶系。晶体呈厚板状、短柱状或三向等长状。集合体呈致密块状或粒状。玫瑰红色，玻璃光泽，解理面上有时显珍珠光泽，表面因氧化而暗淡且显黑色。硬度 5.5～6.5，{110}和{1$\bar{1}$0}解理完全，交角为 92°30′，另有{001}中等解理。相对密度 3.57～3.76。

沉积锰矿层区域变质作用，或菱锰矿受接触交代作用均可形成蔷薇辉石。亦存在于热液交代成因的锰矿床中。

闪石族

闪石族矿物也是重要的造岩矿物。闪石族矿物结晶成斜方晶系，因此可以进一步分为斜方闪石亚族和单斜闪石亚族。

闪石族矿物的一般化学是可以用 $W_{0～1}X_2Y_5O_{22}(OH)_2$ 表示。式中：W=Na^+、K^+；X=Ca^{2+}、Na^+、Mn^{2+}、Fe^{2+}、Mg^{2+}、Li^+；Y=Mn^{2+}、Fe^{2+}、Mg^{2+}、Al^{3+}；Z=Si^{4+}、Al^{3+}。在结构中 Z 作 4 次配位，与 O^{2-} 组成闪石型双链状络阴离子。W 阳离子在斜方闪石亚族矿物中不存在，而在单斜闪石亚族矿物中，当部分的 Si^{4+} 被 Al^{3+} 置换时，则有 W 阳离子的参与，如普通角闪石等。

由于结构中双链的方向平行于 c 轴，所以闪石族矿物都具平行 c 轴方向延伸的形态，一般呈长柱状甚至针状，其呈纤维状者则构成闪石石棉。石棉是对能耐火，具可劈分性和挠性的细纤维状矿物的统称。闪石由于{010}和{110}（直闪石中为{210}）单形经常发育良好，所以晶体横切面常呈六边形。平行 c 轴的{110}（在直闪石中为{210}）柱状解理，解理交角为 124°和 56°，均可以从结构上得到解释。

单斜闪石亚族

本亚族矿物中，主要描述透闪石、阳起石、普通角闪石、蓝闪石和钠闪石。其中透闪石系 $Ca_2Mg_5[Si_4O_{11}]_2(OH)_2 - Ca_2Fe_5[Si_4O_{11}]_2(OH)_2$ 类质同像系列的端员组分,其成分中的 Mg：(Mg+Fe^{2+})比值为 1.0 至 0.9;阳起石为该系列的中间成员,其成分中 Mg：(Mg+Fe^{2+})比值为 0.89 至 0.5;而当该比值为 0.5 至 0 时,称为铁阳起石。普通角闪石是本亚族矿物成分最复杂者。它可以看成是阳起石成分中(Mg,Fe)和 Si 部分地分别被 Al^{VI} 和 Al^{IV} 所置换,并相应的有 Na 的进入。后者占据结构中 A 空隙的位置。蓝闪石可以看成是透闪石中 2CaMg 被 2NaAl 所置换的产物;钠闪石可以看成是铁阳起石中 2CaFe^{2+} 被 2NaFe^{3+} 所置换的产物。

透闪石(tremolite)$Ca_2Mg_5[Si_4O_{11}]_2(OH)_2$

阳起石(actinolite)$Ca_2(Mg,Fe)_5[Si_4O_{11}]_2(OH)_2$

单斜晶系。晶体常呈柱状或针状,集合体呈放射柱状或细长柱状,也有呈粒状或块状。呈纤维状者,称透闪石石棉或阳起石石棉,是常见的闪石石棉品种。致密坚韧并具刺状断口的隐晶质块体,称为软玉。透闪石色浅,常呈白色或灰白色,阳起石呈绿色,由浅绿色至墨绿色,视 Fe 含量之多少而定,玻璃光泽,纤维状者呈丝绢光泽。硬度 5~6,{110}解理中等至完全,相对密度随 Fe 含量之增高而增大,在 3.02~3.44 之间。

透闪石可以是不纯灰岩或白云岩遭受接触变质的产物。在区域变质作用中,也可由不纯灰岩、基性灰岩或硬砂岩等变质形成。在热液蚀变过程中,可形成阳起石,称阳起石化作用。

普通角闪石(hornblende)

$Ca_2Na(Mg,Fe^{2+})_4(Al,Fe^{3+})[(Si,Al)_4O_{11}]_2(OH)_2$

单斜晶系。晶体呈柱状。由于经常发育{110}和{010}单形,故晶体横切面呈六边形。双晶依(100)。集合体常呈柱状或纤维状,浅绿至深绿色或黑绿色,条痕白色略带浅绿色,玻璃光泽。硬度 5~6,{110}解理完全。相对密度 3.02~3.45,含 Fe 越高者比重越大。

是分布很广的造岩矿物之一。在火成岩中,尤以中性岩中最为常见。此外,大量存在于角闪片岩、角闪片麻岩等变质岩中。

蓝闪石(glaucophane)

$Na_2Mg_3Al_2[Si_4O_{11}]_2(OH)_2$

单斜晶系。晶体呈细长柱状,通常呈纤维状集合体。灰蓝色、深蓝色至蓝黑色,条痕带浅蓝的灰色,玻璃光泽或丝绢光泽。硬度 6,{110}解理完全,相对密度 3.03~3.30。

变质成因的矿物,产于由硬砂岩或泥岩等在低温高压变质条件下所形成的蓝片岩中。板块学说认为蓝片岩见于板块俯冲带的大洋板块一侧。

钠闪岩（arfvedsonite）

$Na_2Fe_3^{2+}Fe_2^{3+}[Si_4O_{11}]_2(OH)_2$

单斜晶系。晶体呈长柱状，柱面上有纵纹、集合体呈棒状、纤维状或粒状。呈石棉状者，称为青石棉，商业上又称蓝石棉。黑色，条痕色为蓝灰色，玻璃光泽或丝绢光泽。硬度5，{110}解理完全，相对密度3.02～3.42。

见于碱性岩、碱性伟晶岩以及钠质粗面岩等岩石中。青石棉主要是由泥铁矿层受到强烈的剪切作用并发生钠质交代而生成的。

第四亚类　层状结构硅酸盐矿物

层状结构硅酸盐矿物分布很广，尤以作为黏土矿物分布最多。黏土矿物主要是指产于黏土和黏土岩中，结晶细小（一般小于 $2\mu m$），主要是含水的铝、铁和镁的层状结构硅酸盐矿物。因而黏土矿物也都按结构层的特点来进行分类。

结构层的特征

层状结构硅酸盐的络阴离子虽有多种类型，但最重要的则是滑石型层状络阴离子。

八面体片与硅氧四面体片通过共用活性氧的方式相互连结组成结构层，结构层彼此堆垛相连，便构成了层状结构硅酸盐矿物的晶体结构。假如结构层内的正负电荷已经达到平衡，那么结构层之间只能以微弱的分子键或氢键相维系。如果未达到平衡而有多余的负电荷（特称为层电荷），例如由于 Al 置换 Si 而引起的层电荷，此时为了达到正负电荷的平衡，势必导致在层间出现一定数量的金属阳离子，如 K^+ 或 Na^+ 等。此时可借助于其间的离子键力，使结构层彼此相连。显然它的键强会比分子键或氢键强的多。

一种层状结构硅酸盐矿物，尽管组成它的各个结构层都是相同的，但彼此堆垛时的重复方式却常常可以不同，这样就形成了同一种矿物不同的多型，并导致晶系也可能不同。多型现象在层状结构硅酸盐矿物中是极为普遍的现象。在以后矿物种的描述中所列的晶系、对称型、空间群和晶胞参数等，都只是以该矿物中最常见的多型为准。

层状结构硅酸盐矿物的许多性质，是由其特殊的层状结构决定的。就形态而言，均呈假六方片状或短柱状。在物理性质上表现为硬度小，相对密度也不高，有完全的{001}解理，解理面上可显珍珠光泽等。云母族矿物还具有弹性。至于黏土矿物的可塑性，则是因为粒径极细而引起的。凡是极细的物质，与水在一起，都可具有一定的可塑性。

蛇纹石-高岭石族
蛇纹石亚族

蛇纹石亚族包括纤蛇纹石、利蛇纹石和叶蛇纹石。它们之间的组成差异以及稳定范围,均有待于研究。

在蛇纹石结构中,八面体片的 a_0 和 b_0 值,稍大于四面体片的相应数值。为了两者能够彼此匹配,整个结构层可发生卷曲,以改变氧的间距。纤蛇纹石便是这种情况。

如果成分中有一定数量的 Fe^{3+} 置换其中的 Mg^{2+},这样会减小八面体片的 a_0 和 b_0 值,从而可以适应于四面体片的相应数值。这样形成的结构,在电镜观察时,可以看到的是平整不卷曲的细小鳞片,利蛇纹石的情况便是如此。

叶蛇纹石在电镜观察时,呈现细小叶片状,叶片呈波状起伏。四面体片的 a_0 和 b_0 值同样稍小于八面体片的相应数值。它是通过四面体片每个若干个硅氧四面体后反向相接并弯曲而连结在一起的形式,使八面体片与四面体片配置相互适应。

蛇纹石(serpentine)

$Mg_6[Si_4O_{10}](OH)_8$

单斜晶系。一般呈显微叶片状、显微鳞片状、致密块状集合体,或呈具胶凝体特征的肉冻状块体。呈纤维状的纤蛇纹石称作蛇纹石石棉或温石棉,一般呈绿色,有时深有时浅,也有呈白色、浅黄色、灰色、蓝绿色。常见的块体呈油脂光泽或蜡状光泽,纤维状者呈丝绢光泽。硬度 2.5～3.5,除纤维状者外,{001}解理完全。相对密度 2.55 左右。色泽鲜艳的致密块体,在工艺材料上叫做岫岩玉。温石棉的抗张强度较闪石石棉高,但耐酸能力不及闪石石棉。

主要是由超基性岩如橄榄岩或辉石岩等,经过热液蚀变而形成。此种作用称为蛇纹石化。

高岭石亚族

本亚族包括高岭石、地开石和珍珠石。以前认为地开石和珍珠石是两个独立的矿物种,现在一般认为是高岭石的两个多型。

高岭石属二八面体型,有 1/3 的八面体晶位是空缺的,因此凡是被占位的八面体都将变形。四面体片上的活性氧所组成的六联环,与八面体片底面上的六边形,大小也不相适应。它是通过硅氧四面体片中四面体的轻度相对转动和翘曲而与八面体片相匹配的。

高岭石（kaolinite）

$Al_4[Si_4O_{10}](OH)_8$

三斜晶系。晶体呈菱形片状或六方片状，但很细小，在电子显微镜下才能见到。集合体呈土状或块状。白色，因含杂质而染成浅黄、浅灰、浅红、浅绿、浅褐等色，致密块体光泽暗淡或呈蜡状光泽。硬度2，{001}解理完全，相对密度2.61~2.68。

是黏土矿物中分布最广的一种，也是黏土中最主要的组分之一。有长石、似长石等风化或蚀变而成。我国盛产优质高岭石，著名产地有江西景德镇、江苏苏州的羊山、河北唐山、福建福清、湖南醴陵等地。

埃洛石族

本族矿物中埃洛石的结构类同于高岭石，但层间存在水分子层，且结构层有卷曲。卷曲时四面体片在外，八面体片在内，与纤蛇纹石的卷曲情况正好相反。硅孔雀石的结晶学特征以及各种参数均不详，有人归之于本族，也有人归之于蒙皂石族。

埃洛石（halloysite）

$Al_4[Si_4O_{10}](OH)_8 \cdot 4H_2O$

单斜晶系。常呈胶凝状或瓷状块体，干燥后，呈尖棱状碎块。在电子显微镜下可见晶体呈管状形态。白色，蜡状光泽或光泽暗淡。贝状断口，硬度1~2，相对密度2.1，失水后增高至2.6。失水者称为变埃洛石，与高岭石呈同质多像。

常与高岭石共生，酸性介质有利于它们的形成。在风化壳里和一些沉积岩层中均有产出。

硅孔雀石（chrysocolla）

$(Cu_{2-x}Al_x)H_{2-x}[Si_2O_5](OH)_4 \cdot nH_2O$

呈皮壳状、土状或钟乳状。天蓝色或绿色，条痕浅绿色，蜡状光泽，土状者光泽暗淡（图16-26）。硬度2，相对密度2~2.4。

产于含铜矿床的氧化带，是同硫化物风化后的次生矿物。

滑石-叶蜡石族

本族矿物滑石属2∶1型的三八面体型结构，叶蜡石属2∶1型的二八面体型结构，因而相应的划分为两个亚族。

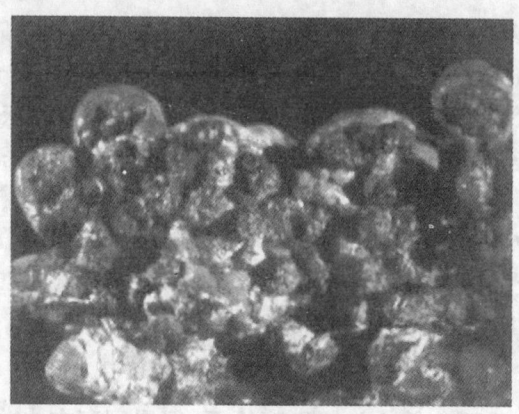

图 16-26 硅孔雀石晶体

滑石亚族

滑石（talc）

$Mg_3[Si_4O_{10}](OH)_2$

单斜晶系，晶体呈假六方或菱形的片状，偶见。通常呈致密块状、叶片状、纤维状、放射状集合体（图 16-27）。无色透明或白色，但因含少量杂质而呈现浅绿、浅黄、浅棕甚至浅红色，解理面上呈珍珠光泽。硬度 1，{001}解理完全，手触之有滑腻感，薄片具挠性，相对密度 2.82。

图 16-27 片状滑石晶体

主要由热液蚀变和低温热变质作用形成。低温热变质作用形成的滑石见于硅质白云岩中。我国辽宁盖平一带是滑石的主要产地之一。

叶蜡石亚族

叶蜡石（pyrophyllite）

$Al_2[Si_4O_{10}](OH)_2$

单斜晶系，晶体极为罕见。通常呈片状、放射状或致密块状集合体。纯者白色，或呈黄色、浅蓝、浅绿或灰色，解理面上具珍珠光泽，致密块体有的呈油脂光泽。硬度1～2，{001}解理完全，具滑腻感，薄片具挠性，相对密度2.84。

主要是酸性火山岩经热液蚀变而成。在某些富含铝的变质岩中亦有产出。浙江青田是著名的叶蜡石产地之一。青田石，产于浙江省青田县，我国传统的"四大印章石之一"。色彩丰富，花纹奇特。以"叶蜡石"为主，显蜡状，油脂、玻璃光泽，无透明、微透明至半透明，质地坚密细致，是中国篆刻用石最早之石种。

蛭石族

本族矿物蛭石与蒙脱石-皂石族矿物相类似层间也存在阳离子和层间水水分子。不同的是蛭石的层电荷要高的多。以层间阳离子 Mg^{2+} 为主的二价阳离子。

蛭石（vermiculite）

$(Mg,Ca)_{0.5}(Mg,Fe,Al)_3[(Si,Al)_4O_{10}](OH)_2 \cdot 4H_2O$

单斜晶系，具黑云母的片状或鳞片状晶形的假象。褐黄色至褐色，珍珠光泽，但较黑云母弱。硬度1～1.5，{001}解理完全，薄片具挠性。相对密度约为2.3。加热时，由于层间水分子的气化所形成的蒸汽压，可以使蛭石沿 c 轴方向急剧膨胀而发生层裂，形成蛭虫状。呈银灰或古铜色的膨胀体，相对密度迅速下降到0.6～0.9之间，并具极高的绝热性能和隔音性能。

由黑云母经低温热液蚀变或风化作用所成。进一步遭风化破碎后，粒径变细，可转入黏土中。

云母族

云母族矿物的化学式可用 $XY_{2\sim3}[Z_4O_{10}](OH,F)_2$ 通式表达，式中 X 主要是 K^+，次为 Na^+。Y 主要为 Mg、Al、Fe、Li。Z 主要是 Si 和 Al。

云母的结构主要是典型的2∶1型，与滑石、叶蜡石相似，只是在硅氧四面体结构片中部分的 Si^{4+} 被 Al^{3+} 所代替，并在结构层之间出现 K^+ 来平衡层电荷。本族矿物也有二八面体型和三八面体型之分。白云母和钠云母属二八面体型，黑云母、金云母、锂云母等属三八面体型。过渡类型是存在的，但成员较少。

本族矿物中已知的多型多达20种，但在自然界主要出现 $1M$、$2M_1$、$2M_2$ 和 $3T$ 型，其中在二八面体型中以 $2M_1$ 型出现最多，在三八面体中以 $1M$ 型出现最多。

云母族矿物的结构特征,决定了它具有平行{001}的片状形态。K^+离子位于相临两结构层之间,居于六连环的中轴线上,与上下各6个O^{2-}均能接触,故配位数为12。层间无水分子,层与层之间以离子键连在一起,强度相对较大,因此云母具有稍高的硬度。当云母片受到应力作用时,与K^+配位的12个O^{2-}所形成的配位多面体,可以作适当的弹性形变,应力释放后能自行复原,所以云母有显著的弹性而不同于其他层状结构硅酸盐。层间虽以K^+相连,但是比结构层中任何其他方向的结合力要弱的多,所以表现出极完全的{001}解理。

白云母亚族

白云母(muscovite)

$KAl_2[AlSi_3O_{10}](OH)_2$

单斜晶系。晶体呈假六方柱状、板状或片状。集合体呈片状、鳞片状,呈极细的鳞片状集合体并呈丝绢光泽者,称为绢云母。薄片无色透明,含杂质者则微具浅黄、浅绿等色,解理面上显珍珠光泽。硬度2.5~3,{011}解理极完全,相对密度2.77~2.88,薄片具显著的弹性,绝缘性和隔热性特强。

是分布很广的造岩矿物之一,在三大岩类中均有存在。酸性岩浆结晶晚期以及伟晶作用阶段,均有大量产出。尤其是花岗伟晶岩中的白云母晶体可以极大。已知加拿大安大略省曾产有片径为10.06m×4.27m的大晶体,重300kg以上,又是云英岩化和绢云母化围岩蚀变的产物。泥质岩石在低、中级区域变质过程中可以形成绢云母、白云母。风化破碎成极细鳞片的白云母,既可以成为碎屑沉积物中的碎屑,也可以是泥质岩的黏土矿物成分之一。白云母经强烈化学风化,可形成伊利石,后者是分布很广的一种黏土矿物,它与白云母的区别在于成分中Si:Al>3:1,而层间的K^+则相应减少。

金云母亚族

本亚族为金云母和铁云母$KFe_3[Si_3AlO_{10}](OH)_2$的完全类质同像系列。其中间成员为黑云母。

金云母(phlogopite)

$KMg_3[AlSi_3O_{10}](OH,F)_2$

单斜晶系。晶体呈假六方板状、短柱状,集合体成片状或鳞片状。无色、浅棕色、红棕色、棕绿色。玻璃光泽,解理面显珍珠光泽。{001}解理极完全。薄片具弹性,硬度2~3,相对密度2.76~2.90,绝缘性良好。

主要产于白云质大理岩的接触变质带中。此外,一些超基性岩如金伯利岩中亦有所见。

黑云母(biotite)

$K(Mg,Fe)_3[AlSi_3O_{10}](OH,F)_2$

单斜晶系。晶体呈假六方板状、短柱状，集合体呈片状或鳞片状。褐黑色、绿黑色乃至黑色，玻璃光泽，解理面呈珍珠光泽，{001}解理极完全。薄片具弹性，硬度2~3，相对密度3.02~3.12。因海铁量高，绝缘性差。

是主要的造岩矿物之一。广泛分布于岩浆岩，特别是酸性或偏酸性的岩石中。在花岗伟晶岩中，常可见粗大的晶体。当泥质岩石遭受热变质或区域变质作用时，常能形成。

锂云母亚族

本亚族矿物以成分中含锂为特征。含锂的云母族矿物的组成成分中，其类质同像置换情况比较复杂。一种情况是置换二八面体型的白云母，形成白云母-锂云母系列，其中间成员为锂白云母；另一种情况是置换三八面体型的铁云母，形成铁云母-锂云母系列，其中间成员为铁锂云母。

锂云母(lepidolite)

$K(Li,Al)_3[(Si,Al)_4O_{10}](F,OH)_2$

单斜晶系。完整的晶体少见，通常呈片状或鳞片状集合体。浅紫色，有时呈粉红色或无色。玻璃光泽，解理面显珍珠光泽。{011}解理极完全，薄片具弹性，硬度2~3，相对密度2.8~2.9。

几乎只产与花岗伟晶岩和花岗岩有关的高温气成热液矿床中。

铁锂云母(zinnwaldite)

$K(Li,Fe^{2+},Al)_3[(Si,Al)_4O_{10}]$

单斜晶系。晶体呈假六方板状，集合体呈片状、鳞片状。浅褐至深褐色，有时灰色或暗绿色，玻璃光泽，解理面显珍珠光泽。{001}解理极完全，薄片具弹性，硬度2~3，相对密度2.90~3.02。

常见于高温气成热液矿脉中，如我国华南南岭地区钨锡矿脉两侧所形成的云母边，大都由铁锂云母构成。

绿泥石族

本族矿物的化学通式可用 $Y_3[Z_4O_{10}](OH)_2 + Y_3(OH)_6$ 表示。Y主要为Mg、Al、Fe，Z主要是Si和Al。通式中前半部分相当于滑石层，后半部分相当于水镁石层。二者相间排列，即构成绿泥石结构。故为2:1:1型。其滑石层因R^{3+}代替Si而引起的负层电荷，与水镁石层中因R^{3+}代替R^{2+}而引起的过剩正电荷彼此中和。

绿泥石（chlorite）

$(Mg,Al,Fe)_6[(Si,Al)_4O_{10}](OH)_8$

单斜晶系。晶体呈假六方板状，集合体呈鳞片状、土状或球粒状。绿色，但带有黑棕、橙黄、紫、蓝等不同色调，一般来说，含 Fe 越高，颜色越深；玻璃光泽，解理面显珍珠光泽，土状者光泽暗淡。{001}解理完全，薄片具挠性，硬度 2～3，相对密度 2.6～3.3，视组成不同而变动。含 Fe 低的叶绿泥石和斜绿泥石，在 2.7 左右；蠕绿泥石为 2.8 左右；含铁更高的鲕绿泥石和鳞绿泥石均大于 3.0。

是低级变质带中绿片岩相的主要矿物，在火成岩中，绿泥石多为铁镁矿物如闪石辉石、黑云母等的次生矿物。热液蚀变形成的绿泥石在中低温热液矿床中分布广泛，这种围岩蚀变叫做绿泥石化。颗粒极细的绿泥石常见于黏土中，也属黏土矿物。

第五亚类　架状结构硅酸盐矿物

架状结构硅酸盐矿物的结构特征是每个硅氧四面体的所有 4 个角顶均与毗邻的硅氧四面体共用。如果 Si 不被任何其他元素置换时，整个结构是电性中和的，Si 和 O 的原子数之比为 1∶2。这种情况仅见之于石英族矿物中。

但当结构中有 Al^{3+}（或 Be^{2+}、B^{3+} 等）置换 Si^{4+} 时，便会出现多余的负电荷，从而即可进一步与其他阳离子结合而形成硅酸盐。最常见的阳离子是 K^+、Na^+、Ca^{2+}、Ba^{2+} 等。因此，架状结构硅酸盐矿物基本上都是铝硅酸盐。但 Si 被 Al 置换的量是有限的，不能超过总数的一半。这是因为在一个结构中，两个铝氧四面体不能相互共角顶直接相连，其间必须有硅氧四面体隔开。

架状结构硅酸盐中，硅氧或铝氧四面体间的连接方式多种多样。这样形成的四面体骨架，剩余负电荷低，骨架之间能够形成许多巨大的空隙和管道，体积较大而电价较低的 K^+、Na^+、Ca^{2+}、Ba^{2+} 等离子，适宜于占有这样的空隙位置。有的还可以被一些附加阴离子或水分子（沸石水）所占有。

基于架状结构硅酸盐矿物的这种结构特征，除了在其他硅酸盐矿物中所出现的一些类质同像置换方式外，还可出现像 $2Na^+ \rightarrow Ca^{2+}$，即两个半径较大的阳离子置换一个半径与之相近的阳离子的现象。如果结构中没有很大的空隙，此种置换是难以发生的。

在架状结构硅酸盐矿物中，由于硅氧或铝氧四面体间的连结力很强，所以硬度较高。另一方面，由于结构中空隙多，又很少有重金属阳离子，故而比重偏低。此外，阳离子主要是 K^+、Na^+ 和 Ca^+，因而通常呈色白或浅色。

长石族

长石族矿物是地壳中分布最广的矿物，约占地壳中重量的 50%。火成岩中含长石极为普遍,且数量也最多,约占长石总量的60%。另有30%分布在变质岩中,尤以结晶片岩和片麻岩中为主。其余的10%则分布在其他岩石中,主要是碎屑岩和泥质沉积岩中。

1. 成分

长石的主要组分有 3 种:钾长石 $K[AlSi_3O_8]$(Or),钠长石 $Na[AlSi_3O_8]$·(Ab),钙长石 $Ca[Al_2Si_2O_8]$(An)。在高温条件下,Or 和 Ab 可以形成完全类质同像系列,但在低温条件下则只形成有限的类质同像。Or 与 Ab 的类质同像混晶统称为碱性长石。碱性长石里一般含 An 的不超过 5%~10%,其中富 Ab 的成员中所含的 An 数略大于富 Or 成员中所能含的 An 数。Ab 与 An 也能形成类质同像系列,构成斜长石。斜长石中也含有一定数量的 Or 分子,含量通常低于 5%~10%。

至于钡长石 $Ba[Al_2Si_2O_8]$(On)组分,由于在碱性长石或斜长石中含量极少,一般不作考虑。只有当长石中 BaO 含量超过 2%时,则可称做某一长石的含钡亚种。当长石中 On 分子含量超过 90%时,则称做钡长石。不过后者在自然界中很罕见。

Or 和 Ab 在高温(660℃以上)条件下形成的完全类质同像系列中,Ab~Ab_{67} 区间的成员具单斜对称,称为透长石,Ab_{67}~Ab_{100} 区间者则属三斜晶系。其中除近端员组分为钠长石的高温变体外,余者均称做歪长石。随着温度的降低,类质同像置换的范围趋向狭窄,而出现互不混溶区。在该范围内的长石,是两种相的交生体。两种相的成分不同,一种是富 Ab 的低温钠长石,另一种是富 Or 的钾长石,形成条带状嵌晶。这种交生体称作条纹长石。条纹长石一般均以钾长石为主体,钠长石为客体。如果以钠长石为主体而钾长石为客体,则称作反纹长石。

Ab 和 An 形成的类质同像系列,构成斜长石。斜长石按 Ab 分子和 An 分子含量比的不同而被认为划分为 6 个矿物种。这一系列只在高温条件下才近于是完全类质同像,发生于高钠长石与钙长石之间。随着温度的降低,自钠长石和钙长石,其间将分属于几个不同的结构类型,在不同结构类型之间并存在有混溶间隙。成分落在混溶间隙范围内的斜长石,实际上都是由 An 含量不同的两种斜长石组成的超显微的两相交生体。但由于两相都极为细小,在光学显微镜下也不能分辨,因而通常仍把它们视为类质同像混晶。例如块体成分介于 An_{47}~An_{58} 区间内的斜长石,就是由分别具有其两侧边界成分的两种斜长石页片平行叠置而构成的交生体。当入射光在一系列两相界面上反射并干涉后,即可引起美丽的变彩。

2. 双晶

长石族矿物中经常出现双晶,并常被用做鉴定长石种别的重要依据。表16-1列出了常见的一些双晶律。复合双晶也常出现。例如斜长石中的卡钠复合双晶,便是钠长石律双晶和卡尔斯巴双晶复合的结果。

表16-1 长石中常见的双晶律

双晶律	双晶轴	接合面	备 注
钠长石律	⊥(010)	(010)	通常为聚片双晶,仅见于三斜晶系长石中
曼尼巴律	⊥(001)	(001)	通常为简单的接触双晶
巴温诺律	⊥(021)	(021)	通常为简单的接触双晶,斜长石中少见
卡尔斯巴律 肖钠长石律	c轴,即[001] b轴,即[010]	通常为(010) 平行b轴的无理指数面	聚片双晶,仅见于三斜晶系长石中
钠长石 卡尔斯巴律	⊥[001]/(010)①	(010)	

注:①表示在(010)面内且垂直于(001)面晶棱方向。

碱性长石亚族

本亚族包括所有的钾长石,也包括以钠长石分子为主的歪长石。钠长石习惯上归之于斜长石亚族。所有的钾长石(透长石、正长石、微斜长石)的组成成分中均含有一定数量的 Ab 分子和低于 5%～10%的 An 分子。本亚族中除透长石和正长石属单斜晶系外,其余均属三斜晶系。

透长石(sanidine)
$K[AlSi_3O_8]$

单斜晶系。晶体呈平行(010)延展的板状,常见卡尔斯巴律双晶,集合体呈粒状。无色透明,或呈浅黄等色调,玻璃光泽。解理平行{001}和{010}完全,其二者的夹角为90°,硬度6,相对密度2.56～2.57。

是 $K[AlSi_3O_8]$的高温相,常含较多的 Ab 分子,是中酸性火山岩的主要造岩矿物之一,粗面岩中尤为常见。

正长石(orthoclase)
$K[AlSi_3O_8]$

单斜晶系,晶体呈短柱状或厚板状。卡尔斯巴律双晶最为常见,其次为巴温诺律和曼尼巴律双晶。集合体呈粒状。呈肉红色、浅黄色或灰白色,玻璃光泽。解理平行{001}完全,平行{010}完全或中等,其二者的夹角为90°,硬度6,相对密度2.56～2.57。

通常均含有一定的 Ab 分子,是中酸性和碱性火成岩中的主要造岩矿物之一,片麻岩等变质岩中也常以正长石为主要矿物。

微斜长石(microcline)

$K[AlSi_3O_8]$

三斜晶系。晶体呈短柱状,但往往沿 a 轴方向延伸。双晶以由钠长石律和肖长石律两者组成的格子双晶最为普遍,集合体呈块状或粒状。常呈肉红色,有时呈浅黄或灰白色,呈绿色者称天河石。玻璃光泽。解理平行{001}和{010}完全,其二者的夹角为 89°40′,硬度 6,相对密度为 2.56～2.57。微斜长石除溶于氢氟酸外,不溶于其他酸。

其形成温度较正长石低,所以伟晶岩和长英岩中的钾长石以微斜长石为主,热液蚀变过程中的钾长石化,也多为微斜长石。在变质岩中,浅变质带里以微斜长石居多,沉积岩里自生作用过程中可以形成微斜长石。

斜长石亚族

本亚族是由 Ab 和 An 两个端员组分组成的类质同像系列,但常温下在某些区间内并不能相互混溶,在结构、物理性质等方面均有突变。但通常仍习惯地把它看作是完全类质同像系列。本亚族被人为地划分成 6 种:

钠长石(albite) $Ab_{100\sim90}An_{0\sim10}$

奥长石(oligoclase) $Ab_{90\sim70}An_{10\sim30}$

中长石(andesine) $Ab_{70\sim50}An_{30\sim50}$

拉长石(labradorite) $Ab_{50\sim30}An_{50\sim70}$

培长石(bytownite) $Ab_{30\sim10}An_{70\sim90}$

钙长石(anorthite) $An_{10\sim0}Ab_{90\sim100}$

斜长石是分布很广的造岩矿物。随着火成岩类型的不同,所出现的斜长石的成分也有所不同。通常将斜长石划分成酸性、中性及基性 3 类,其间界限大体上在 $An_{30}\sim An_{50}$ 两点。小于 30 者为酸性斜长石,大于 50 者为基性斜长石,介于其间者为中性斜长石。基性岩或超基性岩中一般仅有基性斜长石出现;而中性岩类,则仅出现奥长石、中长石或 An 偏低的拉长石;在酸性岩中则以酸性斜长石为主。

各种斜长石由于它们的化学组成、结构特征、物理性质等方面均作规律的变化,故合并叙述之。

斜长石(plagioclase)

$Na_{1-x}Ca_x[(Al_{1+x}Si_{3-x})O_8]$

三斜晶系。晶体一般呈平行(010)延展的板状。钠长石中呈叶片状者称叶钠长石；如沿 b 轴延伸，称肖钠长石。双晶极为常见，其中以钠长石律双晶最为普遍。此外，卡尔斯巴律双晶、肖钠长石律双晶，以及钠长石-卡尔斯巴律复合双晶均经常出现。集合体呈粒状。白色或灰白色，有的拉长石具变彩，玻璃光泽。$\{001\}$ 及 $\{010\}$ 解理完全，其二者的夹角为 $86°24'\sim 85°50'$，硬度 6，相对密度 2.61～2.76，随含 An 分子增多而强大。

是主要造岩矿物，随火山岩由基性向酸性演化，斜长石成分中 An 的分子含量趋向减小。一般伟晶岩中仅见有钠长石或奥长石。区域变质作用过程中所形成的斜长石，其 An 分子的含量将随变质作用的加深而增高。沉积岩中可以有钠长石作为自生矿物。碎屑岩中也可以有斜长石存在，但是远不及碱性长石普遍。

霞石族

本族矿物霞石系 $Na[AlSiO_4]$-$K[AlSiO_4]$ 类质同像系列的中间成员。纯钠的端员矿物仅人工合成获得，纯钾的端员矿物称钾霞石。自然界产出的霞石其成分中均含钾。其成分中 $K[AlSiO_4]$ 分子含量与 $Na[AlSiO_4]$ 分子含量的比值大约为 1：3，相当于 $Na_3K[AlSiO_4]_4$ 这个化学式。但通常用 $(Na,K)[AlSiO_4]$ 表示。霞石是似长石中最常见的矿物。所谓似长石（副长石）是指组分类似长石，但是 Si：Al 不是碱性长石中的 3：1，而是低于这一比值的那些无水架状结构硅酸盐矿物。霞石、白榴石、方钠石等均属之。它们不能与石英共生。

霞石（nepheline）

$(Na,K)[AlSiO_4]$

六方晶系，晶体呈短柱状，很罕见。通常呈粒状或块状集合体。常呈灰白色、灰色或褐色；晶面上呈玻璃光泽，断口上显油脂光泽，油脂光泽明显的块状霞石称为脂霞石。$\{10\bar{1}0\}$ 解理不完全，硬度 5.5～6，相对密度 2.56～2.66。霞石溶于盐酸，并产生凝胶。

霞石是碱性岩中的典型矿物，主要产于霞石正长岩及其伟晶岩中。

白榴石族

本族矿物白榴石在 605℃ 以上时结晶成等轴晶系，在此温度以下则转变为四方晶系，但仍保持等轴晶系的四角三八面体外形。转变时产生以 (110) 为双晶面的聚片双晶。

白榴石（leucite）

$K[AlSi_2O_6]$

等轴晶系，四方晶系。晶体呈四角三八面体。无色、白色或灰色，玻璃光泽或光泽暗淡。$\{110\}$ 解理极不完全，硬度 5.5～6，相对密度 2.47。

产于第三纪以后或近代富钾而贫硅的碱性火山熔岩中。时代老的熔岩，其中所含的白榴石已经蚀变殆尽。

方柱石族

方柱石族矿物的组成成分有两个端员组分：其一为钠柱石$Na[AlSi_3O_8]_3Cl$；另一为钙柱石$Ca_4[Al_2Si_2O_8]_3CO_3$，二者形成完全类质同像系列。天然产出的方柱石主要为此系列的中间成员。

方柱石（scapolite）

$$(Na,Ca)_4[Al(Al,Si)Si_2O_8]_3(Cl,F,OH,CO_3,SO_4)$$

四方晶系。晶体常呈沿c轴延伸的柱状，集合体呈粒状、致密块状。无色、白色、蓝灰色、浅绿黄色、黄色或紫色，玻璃光泽。{100}解理中等，{110}略差，硬度 5～6，相对密度 2.50～2.78，随成分中钙柱石分子的增加而增加。

产于富钙的区域变质岩和矽卡岩中。

沸石族

沸石族（zeolite）

沸石族的矿物化学通式为$M_xG_y[Al_{x+2y}Si_{n-(x+2y)}O_{2n}]·mH_2O_6$。式中 M 代表$Na^+$、$K^+$等一价阳离子；D 代表$Ca^{2+}$、$Ba^{2+}$、$Sr^{2+}$等二价阳离子。水分子数 m，一般是 $n/2<m<n$。m 的高低反映了结构中空隙体积与整个结构体积间的关系。

沸石族矿物结构内硅氧四面体和铝氧四面体所组成的骨架中有很大的空隙，以及沟通各空腔间的管道，水分子就存在于空腔内。由于管道与外界相通，因此沸石水可因外界环境的改变而改变其含量，但不影响其晶体结构。

工业上应用的沸石，往往要经过加热，使其中的水分子逸去，称为活化。完全活化只需加热到 250℃左右。脱水后的沸石，其结构好象是疏松多孔的海绵体，具有很强的吸附性。它除了能吸收水分子外，还能吸附一些有机分子或其他物质，所以可用做清洁剂。脱水后的沸石，空腔里的金属离子失去了与之配位的极性水分子，它的活性增加了许多。因此沸石又可用做触媒。在化学工业上，这一方面的应用，已占沸石用量的首位。

沸石结构中的管道有一定的孔径，小于此孔径的分子，可以比较自由地在管道中通过，而大于此孔径的分子便会受阻于一边。这种筛选作用，构成了沸石能作为分子筛的特有功能。在近代工业、环保、尖端技术以及农业、轻工等方面，均获得广泛的应用。

此外，沸石族矿物还可以借渗滤作用进行阳离子的交换，例如在其成分中的钠易与周围水溶液中的钙相互交换。人们利用人造钠沸石做滤水剂，把硬水中的钙除去，达到软化的目的。

已知天然沸石有 36 种,其中以斜发沸石(单斜晶系)、浊沸石(单斜晶系)、丝光沸石(斜方晶系)、钠沸石(斜方晶系)和菱沸石(三方晶系)为常见。它们的晶体形态不一,其中属一向延伸类型的,如钠沸石呈柱状、丝光沸石诚针状或纤维状;属二向延展类型的,如片沸石、斜发沸石呈板状;属三向等长类型的,如方沸石呈四角八面体、菱沸石坼菱面体。一般为无色、白色或浅色,玻璃光泽。相对密度轻,一般在 2.0~2.3 之间。大部分沸石的硬度小于 5。

沸石族矿物形成于低温、碱性介质条件下。火山凝灰岩受热液蚀变可大规模形成沸石,并往往与蒙脱石共生。此外,见于火山岩的气孔中成杏仁体产出。

思考题

1. 何谓基性岩、中性岩、酸性岩、无水盐、含水盐和复盐?以碳酸盐矿物为例,各举一种矿物名称及其化学式。
2. 试从晶体结构角度阐明文石的比重为何比方解石大?
3. 如何相互区别方解石、文石、菱镁矿和白云石?
4. 列举哪些磷酸盐矿物可作为原生铀矿床的找矿指示矿物,其找矿标志是什么?
5. 如何解释铜铀云母和钙铀云母的四方板状或鳞片状晶形及平行{001}的极完全解理?
6. 如何区别石膏和硬石膏,硬石膏和重晶石,白钨矿和石英?

第十七章 矿物鉴定和研究方法

矿物的鉴定和研究方法是多种多样的。不同的方法常常从不同的角度直接或间接地揭示矿物的特征。为了比较全面准确地进行矿物的鉴定和研究,常常需要采用多种方法综合研究,才能获得对矿物的全面认识,得出准确的结论。但是对大多数前人已详细研究过的矿物需要鉴定时,对鉴定方法应进行慎重的选择,针对工作目的和要求,能用简单设备解决的,就不必动用复杂的精密设备;能用一种或两种方法的分析数据就能说明或确定的问题,就不要用更多的设备或花费较大的费用来说明同一性质的问题。只有这样,才能节约开支,提高工作效率,符合勤俭节约的原则。

下面将扼要地介绍几种鉴定、研究矿物的方法。

(一) 鉴定和研究矿物的化学方法

这类方法包括简易化学分析和化学全分析。

(1) 简易化学分析法:所谓简易化学分析,就是以少数几种药品,通过简便的试验操作,能迅速定性地检验出样品(待定矿物)所含的主要化学成分,达到鉴定矿物的目的。常用的有斑点法、显微化学分析法及珠球反应等。

斑点法:这一方法是将少量待定矿物的粉末溶于溶剂(水或酸)中,使矿物中的元素呈离子状态,然后加微量试剂于溶液中,根据反应的颜色来确定元素的种类。这一试验可在白瓷板、玻璃板或滤纸上进行。此法对金属硫化物及氧化物的效果较好。现以试黄铁矿中是否含 Ni 为例,说明斑点法的具体作法。

将少许矿粉置于玻璃板上,加一滴 HNO_3 并加热蒸干,如此反复几次,以便溶解进行完全,稍冷后加一滴氨水使溶液呈碱性,并用滤纸吸取,再在滤纸上加一滴2‰的二甲基乙二醛肟酒精溶液(镍试剂),若出现粉红色斑点(二甲基乙二醛镍),表明矿物中确有 Ni 的存在。因此该矿物应为含镍黄铁矿。

显微化学分析法:该法也是先将矿物制成溶液,从中吸取一滴置于载玻片上,然后加适当的试剂,在显微镜下观察反应沉淀物的晶形和颜色等特征,即可鉴定出矿物所含的元素。

这个方法用来区别相似矿物是很有效的,例如呈致密块状的白钨矿 $Ca[WO_4]$

与重晶石 $Ba[SO_4]$ 相似,此时只要在前者的溶液中滴一滴 $1:3H_2SO_4$ 如果出现石膏结晶(无色透明,常有燕尾双晶),表明要鉴定的矿物为白钨矿而不是重晶石。

珠球反应:这是测定变价金属元素的一种灵敏而简易的方法。测定时将固定在玻璃棒上的铂丝之前端弯成一直径约 1mm 的小圆圈,然后放入氧化焰中加热。清污后趁热粘上硼砂(或磷盐),再放入氧化焰中煅烧,如此反复几次,直到硼砂熔成无色透明的小球为止。此时即可将灼热的珠球粘上疑为含某种变价元素的矿物粉末(注意!一定要少),然后将珠球先后分别送入氧化焰及还原焰中煅烧,使所含元素发生氧化、还原反应,借反应后得到的高价态和低价态离子的颜色来判定为何种元素。例如在氧化焰中珠球为红紫色,放入还原焰中煅烧一段时间后变为无色时,表明所试样品应为含锰矿物,具体矿物的名称可根据其他特征确定之。

(2)化学全分析:化学全分析包括定性和定量的系统化学分析。进行这一分析时需要较为繁多的设备和标准试剂,需要较纯(98%以上)和较多的样品,需要较高的技术和较长的时间。因此,这一方法是很不经济的,除非在研究矿物新种和亚种的详细成分、组成可变矿物的成分变化规律以及矿床的工业评价时才采用。通常在使用这一方法之前,必须进行光谱分析,得出分析结果以备参考。

(二)鉴定和研究矿物的物理方法

这类方法是以物理学的原理为基础,借助各种仪器,以鉴定和研究矿物的各种性质。主要有:

(1)偏光显微镜(polariscope)和反光显微镜(reflecting microscope)鉴定法(optical microscope 简称 OM):这是根据晶体的均一性和异向性,并利用晶体的光学性质而制定的一种鉴定、研究矿物的方法,也是岩石学、矿床学经常使用的一种晶体光学方法。应用这种方法时,须将矿物、岩石或矿石磨制成薄片或光片,在透射光或反射光下借显微镜以观察和测定矿物的晶形、解理和各项光学性质(颜色、多色性、反射率、折射率、双折射、轴性、消光角以及光性符号等)。

透射偏光显微镜用以观察和测定透明矿物(非金属矿物)。在装有费氏台的偏光镜下,还可用来研究类质同像系列矿物的成分变化规律以及矿物在空间的排列方位与构造变动之间的关系。借此可以绘制出岩组图,用以解决地质构造问题。反光显微镜(也称矿相显微镜)主要用以观察和测定不透明矿物(金属矿物),并研究矿物相的相互关系以及其他特征,借以确定矿石矿物成分、矿石结构、构造及矿床成因方面的问题。

(2)电子显微镜研究法(electronic microscopy):这是一种适宜于研究 $1\mu m$ 以下的微粒矿物的方法,尤以研究粒度小于 $5\mu m$ 的具有高分散度的黏土矿物最为有效。可基本分为扫描电子显微镜(scanning electron microscope 简称 SEM)和透射电子显微镜（transmission electron microscope 简称 TEM）两种方法。

黏土类矿物由于颗粒极细（一般 $2\mu m$ 左右），常呈分散状态，研究用的样品需用悬浮法进行制备，待干燥后，置于具有超高放大倍数的电子显微镜下，在真空中使通过聚焦系统的电子光束照射样品，可在荧光屏上显出放大数十万倍甚至百万倍的矿物图像，据此以研究各种细分散矿物的晶形轮廓、晶面特征、连晶形态等，用此来区别矿物和研究它们的成因。

此外，超高压电子显微镜发出的强力电子束能透过矿物晶体，这就使得人们长期以来梦寐以求的直接观察晶体结构和晶体缺陷的愿望得到实现。

(3) X 射线分析 (X-ray diffractogram 简称 XRD)：这一方法是基于 X 射线的波长与结晶矿物内部质点间的距离相近，属于同一个数量级（Å），当 X 射线进入矿物晶体后可以产生衍射。由于每一种矿物都有自己独特的化学组成和晶体结构，其衍射图样也各有其独特的特征。对这种图样进行分析计算，就可以鉴定结晶矿物的相（每个矿物种就是一个相），并确定它内部原子（或离子）间的距离和排列方式。因此，X 射线分析已成为研究晶体结构和进行物相分析的最有效方法。

应用 X 射线鉴定和研究矿物，有两种方法：一是单晶法，即利用 X 射线的衍射效应来测定晶体的晶胞参数、空间群以及各个原子（或离子）在晶胞内具体位置的一种方法，通常称为 X 射线结构分析。这种方法因需严格挑选单晶，在应用时受到一定限制。另一种是多晶体法，即通称的粉末法，粉末法是德拜与雪莱在 1916 年发明的，故也叫德拜-雪莱法，这种图像称为粉末图或德拜图。其特点是样品用量少，且不损坏样品，由于这种方法不需要选择单晶，只要有少量（$1mm^3$）结晶粉末即可。因此在矿物学研究特别是在矿物鉴定中应用最为广泛（图 17-1）。

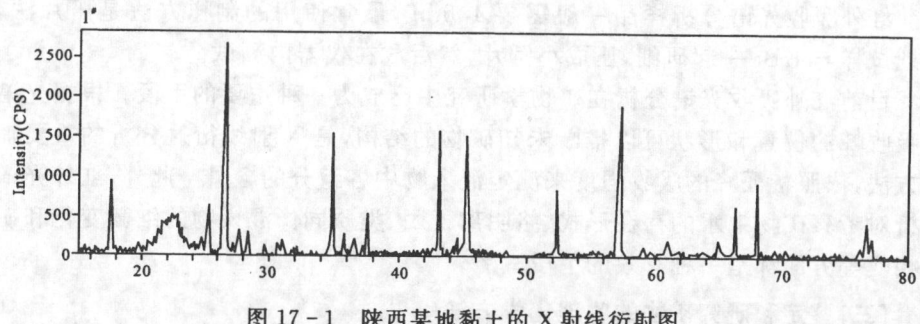

图 17-1　陕西某地黏土的 X 射线衍射图

目前，由于技术的进步，X 射线衍射仪可按程序自动进行面网间距 d 值计算得出衍射强度和卡片对比等工作,对于物相的定性与定量分析来说,X射线衍射仪是一种既能大大提高工作效率而又能确保鉴定质量的好方法。

(4) 光谱分析(spectrochemical analysis):这种方法的理论基础是,各种化学元素在受到高温光源(电弧或电火花)激发时,都能发射出它们各自的特征谱线,经棱镜或光栅分光测定后,既可根据样品所出现的特征谱线进行定性分析,也可按谱线的强度进行定量分析。这一方法是目前测定矿物化学成分时普遍采用的一种分析手段。其主要优点是样品用量少(数毫克),能迅速准确地测定矿物中的金属阳离子,特别是对于稀有元素也能获得良好的结果。缺点是仪器复杂昂贵,并需较好的工作条件。

(5) 电子探针分析(electron probemicroanalysis 简称 EPMA):这是一种最适用于测定微小矿物和包体成分的定性、定量以及稀有元素、贵金属元素赋存状态的方法。其测定元素的范围由从原子序数为5的硼直到92的铀仪器,其主要由探针、自动记录系统及真空泵等部分组成,探针部分相当于一个X射线管,即由阴极发出来的高达 35~50kV 的高速电子流经电磁透镜聚焦成极细小(最小可达 $0.3\mu m$)的电子束——探针,直接打到作为阳极的样品上,此时,由样品内所含元素发生的初级X射线(包括连续谱和特征谱),经衍射晶体分光后,由多道记数管同时测定若干元素的特征X射线的强度,并用内标法或外标法算出元素含量。

(6) 红外吸收光谱(infrared absorption spectrum):简称红外光谱,是在红外线的照射下引起分子中振动能级(电偶极矩)的跃迁而产生的一种吸收光谱。由于被吸收的特征频率取决于组成物质的原子量、键力以及分子中原子分布的几何特点,即取决于物质的化学组成及内部结构,因此每一种矿物都有自己的特征吸收谱,包括谱带位置、谱带数目、带宽及吸收强度等。

红外光谱分析结果通常是以波数作横坐标,以透射百分率或吸收百分率作纵坐标作图,波数是频率的单位,以 cm^{-1} 表示,其数值等于波长的倒数。

红外吸收光谱分析样品一般需要 1.5mg,最常使用的制样方法是压片法,即把试样与 KBr 一起研细,压成小圆片,然后放在仪器内测试。

目前红外吸收光谱分析在矿物学研究中已成为一种重要的手段。根据光谱中吸收峰的位置和形状可以推断未知矿物的结构,是X射线衍射分析的重要辅助方法,依照特征峰的吸收强度来测定混入物中各组分的含量。此外,红外光谱分析对考察矿物中水的存在形式、络阴离子团、类质同像混入物的细微变化和矿物相变等方面都是一种有效的手段。

(三) 鉴定和研究矿物的物理化学方法

当前用于矿物鉴定、研究方面最主要的物理化学方法有热分析、极谱分析及电渗析等。其中,热分析是一种较为普遍的方法,几乎适用于各类矿物,特别是对黏土矿物、碳酸盐、硫酸盐及氢氧化物的鉴定最为有效。

热分析法是根据矿物在不同温度下所发生的脱水、分解、氧化、同质多像转变等热效应特征,来鉴定和研究矿物的一种方法。它包括热重分析和差热分析。

(1) 热重分析(differential thermogravimetric analysis 简称 DTGA):是测定矿物在加热过程中的重量变化来研究矿物的一种方法。由于大多数矿物在加热时因脱水而失去一部分重量,故又称失重分析或脱水试验。用热天平来测定矿物在不同温度下所失去的重量而获得热重曲线。曲线的形式决定于水在矿物中的赋存形式和在晶体结构中的存在位置。不同的含水矿物具有不同的脱水曲线。

这一方法只限于鉴定、研究含水矿物。

(2) 差热分析(differential theronal analysis 简称 DTA):矿物在连续地加热过程中,伴随物理—化学变化而产生吸热或放热效应。不同的矿物出现热效应时的温度和热效应的强度是互不相同的,而对同种矿物来说,只要实验条件相同,则总是基本固定的。因此,只要准确地测定了热效应出现时的温度和热效应的强度,并和已知资料进行对比,就能对矿物作出定性和定量的分析。

差热分析法的具体工作过程是,将试样粉末与中性体(在加热过程中不产生热效应的物质,通常用煅烧过的 Al_2O_3)粉末分别装入样品容器,然后同时送入一高温炉中加热。

由于中性体是不发生任何热效应的物质,所以在加热过程中,当试样发生吸热或放热效应时,其温度将低于或高于中性体。此时,插在它们中间的一对反接的热电偶(铂-铑-铂热电偶)将把两者之间的温度差转换成温差电动势,并借光电反射检流计或电子电位差计记录成差热曲线(图 17-2)。

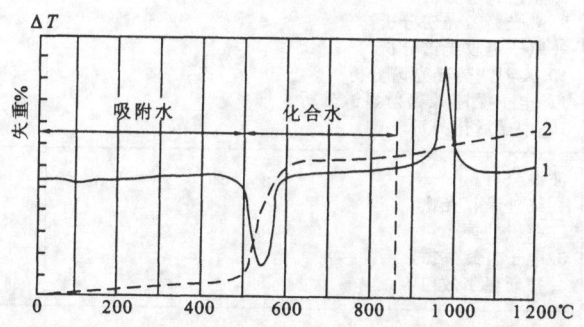

图 17-2 高岭石是差热曲线(1)和脱水曲线(2)

图 17-2 中的实线曲线为高岭石的差热曲线,其横坐标表示加热温度(℃),纵坐标表示发生热效应时样品与中性体的温度差(ΔT)。高岭石的差热曲线特

点是：在580℃时，由于结构水（OH）⁻的失去和晶格的破坏而出现一个大的吸热谷；980℃时，因新结晶成 γ-Al_2O_3，而显示出一个尖锐的放热峰。

差热分析的优点是样品用量少（100～200mg），分析时间短（90分钟以下），而且设备简单，可以自行装置。缺点是许多矿物的热效应数据近似，尤其当混合样品不能分离时，就会互相干扰，从而使鉴定工作复杂化。为了排除这种干扰，应与其他方法（特别是 X 射线分析）配合使用。

一般的对非专业鉴定人员而言，主要是根据工作的目的、要求和具体条件，正确地选择适当而有效的测试方法（表 17-1），按送样要求进行加工，并正确地使用测试结果。

表 17-1 分析目的与分析方法对照表

分析目的	采用的方法	说明
外表特征简易分析	肉眼鉴定法	分析结果较粗略
物相与结构分析	1. 相对密度的测定—比重瓶法、重液悬浮法、有机液体介质称量法、显微比重法、X 射线测定法等 2. 透明矿物的光性测定—偏光显微镜法 3. 不透明矿物的光性测定—反光显微镜法 4. 电子显微镜—SEM 和 TEM 法 5. X 射线衍射分析（XRD）法 6. 热分析—热重分析和差热分析法	根据需要 有选择的测定
化学成分测定	1. 粉末研磨法 2. 斑点试验法 3. 显微化学分析法 4. 染色法 5. 合理分析（化学物相分析） 6. 极谱分析 7. 光谱化学分析 8. 激光显微光谱分析 9. 原子吸收光谱分析 10. X 射线荧光光谱分析 11. 电子探针 X 衍射显微分析 12. 中子活化分析	有定性、半定量、定量 3 种类型
成分和结构分析	波谱分析 1. 红外吸收光谱 2. 核磁共振 3. 电子自旋共振 4. 穆斯堡尔效应	用于化学成分及结构的测定
包裹体的测定	1. 均一法 2. 爆裂法 3. 冷冻法	测定包裹体形成温度、成分、pH 值等物化性质
稳定同位素的测定	1. 质谱分析 2. 离子探针质谱显微分析	研究 H、C、O、S、Sr 等同位素

以上介绍的是目前最常使用的方法,其他方法还很多,如中子活化分析、核磁共振、顺磁共振、穆斯堡尔效应等,需要时可查阅专门资料。

主要参考文献

高富裕,刘贤儒.矿物学.北京:地质出版社,1985
罗谷风.基础结晶学与矿物学.南京:南京大学出版社,1993
潘兆橹.结晶学及矿物学.北京:地质出版社,1993
彭真万,刘青宪等.矿物学基础.北京:地质出版社,2008
秦善,王长秋.矿物学基础.北京:北京大学出版社,2006